"十三五"职业教育国家规划教材

微课版

Oracle数据库
应用技术项目化教程

第二版

新世纪高职高专教材编审委员会 组编

主 编 屈武江

副主编 霍艳飞 于 隆

　　　 陈 艳 文继权

U0245248

大连理工大学出版社

图书在版编目(CIP)数据

Oracle数据库应用技术项目化教程 / 屈武江主编
. — 2 版. — 大连：大连理工大学出版社，2018.9
(2021.4 重印)
新世纪高职高专软件专业系列规划教材
ISBN 978-7-5685-1523-8

Ⅰ. ①O… Ⅱ. ①屈… Ⅲ. ①关系数据库系统－高等
职业教育－教材 Ⅳ. ①TP311.138

中国版本图书馆 CIP 数据核字(2018)第 131033 号

大连理工大学出版社出版

地址：大连市软件园路 80 号　邮政编码：116023
发行：0411-84708842　邮购：0411-84708943　传真：0411-84701466
E-mail：dutp@dutp.cn　URL：http：//dutp.dlut.edu.cn
大连永盛印业有限公司印刷　　大连理工大学出版社发行

幅面尺寸：185mm×260mm　　印张：20　　字数：507 千字
2014 年 10 月第 1 版　　　　　　　2018 年 9 月第 2 版
2021 年 4 月第 2 次印刷

责任编辑：高智银　　　　　　　　责任校对：李　红
　　　　　　　　　封面设计：张　莹

ISBN 978-7-5685-1523-8　　　　　　　　定　价：48.80 元

前　言

《Oracle 数据库应用技术项目化教程》(第二版)是"十三五"职业教育国家规划教材、"十二五"职业教育国家规划教材，也是新世纪高职高专教材编审委员会组编的软件专业系列规划教材之一。

数据库技术是 20 世纪 60 年代发展起来的数据管理技术，是计算机科学技术领域的重要组成部分。Oracle 数据库是世界上性能比较优异的数据库系统之一，市场占有率远远超过其他数据库系统，处于数据库领域的前列。

Oracle(甲骨文)公司于 1989 年正式进入中国市场。Oracle 自开发以来，经历了多个版本的变迁。2003 年，推出了 Oracle Database 10g，实现了从互联网"i"到网格"g"的演变。2007 年 7 月，推出了 Oracle 新版本——Oracle Database 11g (简称 Oracle 11g)，它在 Oracle Database 10g 的基础上新增了多项特性，使 Oracle 数据库更安全、更可靠、性能更好且更容易使用。

教材特色

1. 本教材选取 Oracle Database 11g 作为教学内容的蓝本，贴近软件企业生产实际，充分体现了"技术先进""实用性强"的特点。

2. 本教材以图书销售管理系统为任务驱动教学案例，贯穿整个教学过程。设计数据库时，遵循数据库设计的基本流程，即需求分析、概念结构设计、逻辑结构设计、物理结构设计、数据库的实施和维护，最后通过 ASP. NET 编程语言实现了新闻发布管理系统。教材改变以往平铺直叙的讲授方式，转变为项目化任务驱动教学模式，在结构上安排多个任务，每个任务分解为预备知识和若干个子任务。预备知识为子任务的实践提供必要的理论知识积累，而子任务根据项目的实际需要完成特定的需求。

3. 本教材在课后实训项目的选取上以学生耳熟能详的学生管理系统为典型项目，贯穿整个教材。

4. 本教材针对高职院校学生的特点，以"知识够用"为原则，适当降低教学内容的难度，避免出现过多的专业性术语，力求通俗易懂，简单易用，以适应高职学生学习的能力要求。

5. 本教材采用"小提示""任务实训""应用项目开发""课程设计"等教学环节和安排,加强学生对知识点和实训任务的深入理解。

6. 本教材由北京尚观科技有限公司和高职院校的一线教师合作编写,编写团队成员均具有多年从事 Oracle 数据库技术教学和应用软件开发经验。

7. 教材立体化配套,教学资源丰富。教材课程资源包括教学大纲、PPT 课件、习题参考答案、模拟试卷、脚本文件等,为教师授课和学生自学提供了优质教学资源。

教材内容

本教材共包括十个任务,分别为:①初识图书销售管理系统数据库;②创建图书销售管理数据库和表空间;③创建和操作图书销售管理系统的数据表;④图书销售管理系统的数据查询;⑤图书销售管理系统的业务数据处理;⑥图书销售管理数据库中索引和其他模式对象的应用;⑦图书销售管理数据库的用户权限管理;⑧图书销售管理系统的数据导入和导出;⑨图书销售管理系统的数据备份与恢复;⑩新闻发布管理系统的构建。最后,针对 Oracle 数据库的课程设计与教学安排给出了 Oracle 数据库课程设计任务指导书。

读者对象

本教材全面介绍了 Oracle 数据库应用技术的相关理论知识和应用 Oracle 数据库开发应用软件系统的实现过程,适合作为高职院校计算机相关专业的 Oracle 教材,也可以作为 Oracle 数据库设计应用人员的参考资料。

本教材由大连海洋大学应用技术学院屈武江任主编,大连海洋大学应用技术学院霍艳飞、于隆、陈艳、文继权任副主编,甲骨文(中国)软件系统有限公司张钦建参与编写。具体分工如下:任务1、任务8由屈武江编写;任务2由张钦建编写;任务3由陈艳编写;任务4、任务5由于隆编写;任务6、任务7由霍艳飞编写;任务9、任务10由文继权编写;全书由屈武江负责统稿。

尽管我们在本教材的编写方面做了很多努力,但由于编者水平有限,加之时间紧迫,不足之处在所难免,恳请各位读者批评指正,并将意见和建议及时反馈给我们,以便下次修订时改进。

编　者
2018 年 9 月

所有意见和建议请发往:dutpgz@163.com
欢迎访问职教数字化服务平台:http://sve.dutpbook.com
联系电话:0411-84706671　84707492

目 录

本书微课视频列表

序号	二维码	微课名称	页码
1		实体与实体之间的关系	3
2		数据库的设计	5
3		图书销售管理系统的概念设计	17
4		表空间的管理	60
5		使用 SQL Plus 连接到默认数据库 ORCL	70
6		使用 DBCA 创建图书销售管理数据库	72
7		创建图书销售管理数据库表空间	78
8		创建图书销售管理系统的数据表结构	105
9		设置图书销售管理系统中数据表的完整性	107
10		操作图书销售管理系统的数据表记录	111

（续表）

序号	二维码	微课名称	页码
11		单表查询	119
12		图书销售管理系统的多表连接数据查询	139
13		使用子查询操作图书销售管理系统中的数据	142
14		存储过程在图书销售管理系统业务处理中的应用	185
15		图书销售管理系统中外部表的应用	212
16		授予图书销售管理数据库用户的权限	237
17		导出和导入 SQL Serer 数据库中的数据	255
18		使用 Rman 备份图书销售管理数据库的数据	277

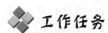
预备知识

知识点 1　数据库系统的基本原理

数据库技术是计算机科学技术中发展最快的重要分支之一,它已经成为计算机信息系统和应用系统的重要技术支撑。数据库技术所研究的问题就是如何科学地组织和存储数据,如何高效地获取和处理数据,而数据处理的中心问题是数据管理。因此,数据管理的发展是数据技术发展的一个重要标志。

1. 数据库的基本概念

(1)数据库(Data Base,DB)

数据库是长期存放在计算机内,有组织、可共享的相关数据集合,它将数据按一定的数据模型组织、描述和存储,具有较小的冗余度、较高的数据独立性和易扩展性,可被各类用户共享等特点。数据库不仅存放数据,而且存放数据之间的联系。

(2)数据库管理系统(Data Base Management System,DBMS)

数据库管理系统是位于用户与操作系统(OS)之间的数据管理软件,它为用户或应用程序提供访问数据库的方法,包括数据库的创建、查询、更新及各种数据控制,它是数据库系统的核心。目前常用的数据库管理系统有 Visual FoxPro、Access、Sybase、SQL Server、Oracle 和 MySQL 等。

(3)数据库应用系统(Data Base Application System,DBAS)

应用数据库技术管理各类数据的软件系统称为数据库应用系统。数据库应用系统的应用非常广泛,它可以用于事务管理、计算机辅助设计、计算机图形分析和处理及人工智能等系统中。图书销售管理系统就是一种数据库应用系统。

(4)数据库系统(Data Base System,DBS)

数据库系统是指引入了数据库技术的计算机系统。数据库系统一般由数据库、数据库管理系统、硬件系统、软件系统和数据库管理员(Data Base Administrator,DBA)以及普通用户构成。

2. 数据管理的发展阶段

随着数据库技术的不断发展和完善,数据管理技术主要经历了三个阶段:人工管理阶段、文件系统阶段、数据库系统阶段。

(1)人工管理阶段

20 世纪 50 年代中期以前,计算机主要用于科学计算,数据处理都是通过手工方式进行的。此阶段没有专门管理数据的软件,也没有像磁盘可以随机存取的外部存储设备。数据由计算或处理它的程序自行携带,数据和应用程序一一对应。因此,这一时期计算机数据管理的特点是:数据的独立性差、数据不能被长期保存、数据的冗余度大、数据面向应用和没有软件对数据进行管理等。

(2)文件系统阶段

20 世纪 50 年代后期到 60 年代中后期,磁盘成为计算机的主要外部存储器,并在软件方面出现了高级语言和操作系统,计算机不仅用于科学计算,还大量用于管理。在此阶段,数据以文件的形式进行组织,并能长期保存在外部存储器上,数据文件的访问通过文件系统来实现,用户能对数据文件进行查询、修改、插入和删除等操作。程序与数据有了一定的独立性,程序和数据分开存储,然而依旧存在数据的冗余度大及数据的不一致性等缺点。

(3)数据库系统阶段

20 世纪 60 年代后期至今,计算机的硬件和软件都有了进一步的发展,计算机用于管理的规模越来越庞大,信息量的爆炸式膨胀带来了数据量的急剧增长,为了解决日益增长的数据量带来的数据管理上的严重问题,数据库技术逐渐发展和成熟起来。

数据库技术使数据有了统一的结构,对所有的数据进行统一、集中、独立的管理,以实现数据的共享,保证数据的完整和安全,提高了数据管理效率。在应用程序和数据库之间有数据库管理系统。数据库管理系统对数据的处理方式与文件系统不同,它把所有应用程序中使用的数据汇集在一起,并以记录为单位存储起来,便于应用程序使用。

数据库系统与文件系统相比,克服了文件系统的缺陷,如数据分散存储、数据独立性差、不能共享、数据冗余度大等。数据库系统在数据管理方面是一次重大的飞跃,主要特点是:数据库中的数据是结构化的、数据冗余度小、易扩充、有较高的数据独立性和较高的数据共享性;数据由 DBMS 统一管理和控制等。

3. 数据模型

(1)信息世界的相关术语

①实体

客观存在并且可以相互区别的事物称为实体。实体可以是具体的事物,也可以是抽象的事件。例如在图书销售管理系统中,供应商、出版社、图书、客户都是实体。

②属性

用来描述实体的特性称为属性。一个实体可以用若干个属性来描述,例如图书销售管理系统中的图书实体由书号、图书名称、作者等若干个属性组成。

③候选码,主码

唯一标识实体的属性或属性的组合称为候选码,一个二维表的候选码可能有多个,从多个候选码中选择一个作为主码,主码也称关键字、主键。例如在图书销售管理系统中出版社实体的主码是出版社编号,供应商实体的主码是供应商编号。

④主属性,非主属性

包含在主码中的属性称为主属性,不包含在主码中的属性称为非主属性,非主属性是相对于主属性来定义的。例如图书销售管理系统中入库单实体的主码为(入库单号,书号,供应商编号),则主属性为入库单号、书号和供应商编号,非主属性为入库日期、入库数量和图书单价。

⑤域

属性的取值范围称为该属性的域。例如在图书销售管理系统中图书实体的数量属性的域限制为 0～200。

⑥实体型和实体集

具有相同属性的实体必然具有共同的特征和性质,用实体名及其属性名的集合来抽象和表达同类实体,称为实体型。例如在图书销售管理系统中,出版社(出版社编号,出版社名,所在城市,出版社地址,邮政编码,联系电话)就是一个实体型。

同类实体的集合称为实体集,例如全体供应商的集合、所有出版社的集合等。

(2)实体与实体之间的联系

在现实世界中,事物内部以及事物之间是有联系的,这些联系在信息世界中反映为实体(型)内部的联系和实体(型)之间的联系。实体内部的联系通常是指组成实体的各属性之间的联系;实体之间的联系通常是指不同实体集之间的联系。两个实体型之间的联系可以分为三类:

实体与实体之间的联系

①一对一联系

如果对于实体集 A 中的每一个实体,实体集 B 中至多存在一个实体与之联系,反之亦然,则称实体集 A 与实体集 B 之间存在一对一联系,记作 1∶1。例如班级和班长,一个班级只有一个正班长,而一个正班长只在一个班级中任职,则班级与班长之间存在一对一联系,电影院中观众与座位之间,乘车旅客与车票之间等都存在一对一的联系。

②一对多联系

如果对于实体集 A 中的每一个实体,实体集 B 中存在多个实体与之联系;反之,对于实体集 B 中的每一个实体,实体集 A 中至多只存在一个实体与之联系,则称实体集 A 与实体集 B 之间存在一对多的联系,记作 1∶n。例如图书销售管理系统中,出版社与图书,一个出版社出版多种图书,一种图书只在一个出版社出版,则出版社与图书之间存在一对多联系。

③多对多的联系

如果对于实体集 A 中的每一个实体,实体集 B 中存在多个实体与之联系,反之,对于实体集 B 中的每一个实体,实体集 A 中也存在多个实体与之联系,则称实体集 A 与实体集 B 之间存在多对多联系,记作 $m:n$。例如在图书销售管理系统中,图书和供应商,一种图书可以从多个供应商处采购,一个供应商也可以供应多种图书,则图书和供应商之间存在多对多联系。

(3)数据模型的分类

模型是对现实世界特征的模拟和抽象,数据模型也是一种模型,在数据库技术中,用数据模型对现实世界数据特征进行抽象,来描述数据库的结构与语义。

数据库管理系统所支持的数据模型分为三种:层次模型、网状模型和关系模型。

①层次模型

用树形结构描述实体及其联系的模型称为层次模型,也称为树状模型。

在这种模型中,数据被组织成由"根"开始的"树",每个实体由根开始沿着不同的分支放在不同的层次上,如果不再向下分支,那么此分支序列中最后的结点称为"叶"。上级结点与下级结点之间为一对一或一对多的联系。层次模型的特点是:有且仅有一个结点无双亲,这个结点称为根结点;除根结点之外,其他结点有且仅有一个双亲。

②网状模型

用网状结构描述实体及其联系的模型称为网状模型,也称网络模型。网状模型的特点是:一个结点可以有多个双亲结点;可以有一个以上的结点没有双亲结点。

③关系模型

用二维表结构描述实体及其联系的模型称为关系模型。它是在严格的数学理论基础上建立的数据模型。

在关系模型中基本数据结构被限制为二维表格。因此,在关系模型中,每一张二维表称为一个关系。关系是由若干行与若干列所构成的,每列描述一个属性,每行描述一个实体。

4. 关系数据库的规范化理论

关系数据库设计的任务是针对一个给定的应用环境,在给定的硬件环境、操作系统及数据库管理系统等软件环境下,创建一个性能良好的数据库模式,建立数据库及其应用系统,使之能有效地存储和管理数据,满足各类用户的需求。关系模式设计的好坏将直接影响到数据库设计的成败,关系模式规范化使之达到较高的范式是设计好关系模式的唯一途径,否则,设计的关系数据库会产生一系列的问题。

利用规范化理论,使关系模式的函数依赖集满足特定的要求,满足特定要求的关系模式称为范式。关系按其规范化程度从低到高可分为 6 级范式,分别称为 1NF、2NF、3NF、BCNF、4NF 和 5NF。规范化程度较高者必是较低者的子集,即:5NF $\in$ 4NF $\in$ BCNF $\in$ 3NF $\in$ 2NF $\in$ 1NF。

一个低一级范式的关系模式,通过模式分解可以转换成若干个高一级范式的关系模式的集合,这个过程被称作关系的规范化。

(1)第一范式(1NF)

关系模式 R 中的每一个属性都是不可再分的最小数据单位,称 R 是满足第一范式的关系。

通俗地讲,第一范式要求关系中的属性必须是原子项,即不可再分的基本类型,集合、数组和结构不能作为某一属性出现,严禁关系中出现"表中有表"的情况。

任何符合关系定义的数据表都满足第一范式的要求。第一范式中的关系虽然可以使用，但存在更新异常、插入异常和较大的数据冗余现象。因此，必须进一步对此关系进行规范化。

（2）第二范式（2NF）

如果关系模式 R 满足第一范式，而且它的所有非主属性完全依赖于关键字（也就是说，不存在部分函数依赖），称 R 是满足第二范式的关系。

根据这一定义，凡是以单个属性作为关键字的关系自动满足 2NF，因为关键字的属性只有一个，就不可能存在部分依赖的情况。因此，第二范式只是针对主关键字是属性组合的关系。

但第二范式仍然不是一个合理的关系，满足第二范式的关系仍存在着插入、删除和修改的异常，存在这些问题的原因是关系模式中存在传递函数依赖，传递函数依赖是导致数据冗余和存储异常的另一个原因。所以，满足第二范式的关系模式还需要向第三范式转化，除去非主属性对关键字的传递函数依赖。

（3）第三范式（3NF）

如果关系模式 R 满足第二范式，而且它的任何一个非主属性都不传递依赖于关键字，则 R 满足第三范式。换句话说，如果一个关系模式 R 不存在部分函数依赖和传递函数依赖，称 R 是满足 3NF 的关系。

一般情况下，3NF 关系排除了非主属性对于主键的部分依赖和传递依赖，它把能够分离的属性尽量分解为单独的关系，满足 3NF 的关系已经减少数据冗余和消除各种异常，所以满足 3NF 的关系是一个合理的关系。当具有几个复合候选键，且键内属性有一部分互相覆盖的关系时，仅满足 3NF 的条件仍可能发生异常，应进一步用 BCNF 的条件去限制。在此不再详述。

5. 数据库的设计

数据库设计是指根据用户需求研究数据库结构并应用数据库的过程，具体地说，是指对于给定的应用环境，构造最优的数据库模式，创建数据库并建立其应用系统，使之能有效地存储数据，满足用户的信息要求和处理要求。也就是把现实世界中的数据，根据各种应用处理的要求，加以合理组织，使之能满足硬件和操作系统的特性，利用已有的 DBMS 来创建能够实现系统目标的数据库。数据库设计的优劣将直接影响到信息系统的质量和运行效果。因此，设计一个结构优化的数据库是对数据进行有效管理的前提和正确利用信息的保证。

按照规范化设计的方法，考虑数据库及其应用系统开发的全过程，数据库的设计分为以下六个设计阶段，分别是：需求分析阶段、概念结构设计阶段、逻辑结构设计阶段、数据库物理设计阶段、数据库实施阶段、数据库运行和维护阶段，如图 1-1 所示。

在数据库设计中，前两个阶段面向用户的应用需求，面向具体的问题，中间两个阶段面向数据库管理系统，最后两个阶段面向具体的实现方法。前四个阶段可统称为"分析和设计阶段"，后面两个阶段统称为"实现和运行阶段"。

（1）需求分析阶段

需求分析简单地说就是分析用户的要求。需求分析是设计数据库的起点，需求分析的结果是否准确反映用户的实际需求，将直接影响到后面各个阶段的设计，并影响到设计结果是否合理和实用。

从数据库设计的角度来看，需求分析的任务是：通过详细调查现实世界处理的对象（如组织、部门、企业等），通过对原系统（手工系统或计算机系统）工作概况的了解，收集支持新系统的基础数据并对其进行处理，在此基础上确定新系统的功能。

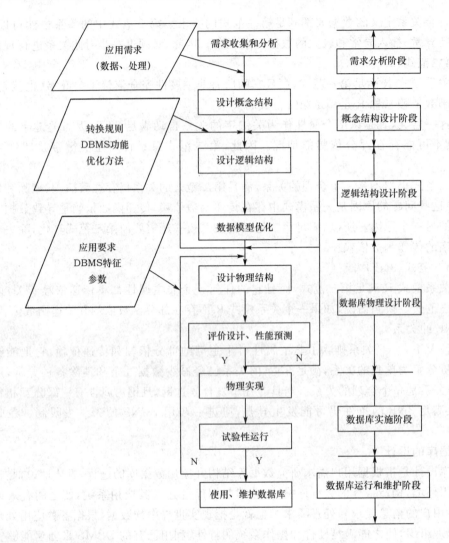

图 1-1 数据库设计阶段

具体地说,需求分析阶段的任务包括下述三项:

①调查分析用户活动

通过对新系统运行目标的研究,对现行系统存在的主要问题以及制约因素的分析,明确用户总的需求目标,确定这个目标的功能域和数据域。

②收集和分析需求数据,确定系统边界

在熟悉业务活动的基础上,协助用户明确对新系统的各种需求,包括用户的信息需求、处理需求、安全性和完整性的需求等。

③编写系统分析报告

需求分析阶段的最后是编写系统分析报告,通常称为需求规范说明书。需求规范说明书是对需求分析阶段的一个总结。编写系统分析报告是一个不断反复、逐步深入和逐步完善的过程。

需求分析的方法有多种,主要方法有自顶向下和自底向上两种,如图 1-2 所示。

其中自顶向下的分析方法(Structured Analysis,SA)是最简单实用的方法。SA 方法从最上层的系统组织机构入手,采用逐层分解的方式分析系统,用数据流图(Data Flow Diagram,

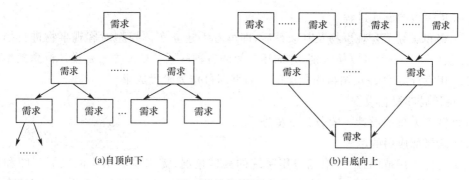

(a)自顶向下　　　　　　　　　　　　　　(b)自底向上

图 1-2　需求分析的方法

DFD)和数据字典(Data Dictionary,DD)描述系统。

(2)概念结构设计阶段

概念模型不依赖于具体的计算机系统,是纯粹反映信息需求的概念结构。概念阶段设计的任务是在需求分析的基础上,用概念数据模型,例如 E-R 数据模型,表示数据及其相互间的联系。

概念模型是对信息世界建模,所以概念模型应该能够方便、准确地表示信息世界中的常用概念。在概念模型的表示方法中,最常用的是 P. P. S. Chen 于 1976 年提出的实体-联系方法(Entity-Relationship Approach),该方法是数据库概念设计的一种简明扼要的方法,也被称为 E-R 模型。在按具体数据模型设计数据库之前,先用实体-联系(E-R)图作为中间信息结构模型表示现实世界中的"纯粹"实体-联系,之后再将 E-R 图转换为各种不同的数据库管理系统所支持的数据模型。这种数据库设计方法,与通常程序设计中画框图的方法类似。

①E-R 模型的图形描述

• 实体:用矩形表示,矩形框内写明实体名。

• 属性:用椭圆形表示,椭圆形框内写上属性名,并用无向边将其与相应的实体连接起来。

• 联系:用菱形表示,菱形框内写上实体间的联系名,并用无向边分别与有关实体连接起来,同时在无向边旁标上联系的类型($1:1$、$1:n$ 或 $m:n$)。

需要注意的是,如果一个联系具有属性,则这些属性也要用无向边与该联系连接起来。

实体之间的联系分为一对一联系、一对多联系、多对多联系,联系又称为联系的功能度,实体之间的联系如图 1-3 所示。该图描述出了班级与班长、班级与学生和学生与课程的联系。

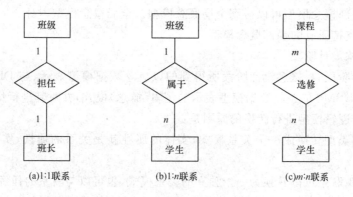

(a)1:1联系　　　　　　　(b)1:n联系　　　　　　　(c)$m:n$联系

图 1-3　两个实体集之间的联系

②E-R 模型的设计过程

在考察和研究了客观事物及其联系后,即可着手建立实体模型对客观事物进行描述。在模型中,实体要逐一命名以便区别,并描述其间的各种联系。E-R 方法是设计概念模型时常用的方法。用设计好的 E-R 图再附相应的说明书即可作为阶段成果。

- 设计局部概念模型

局部概念模型的设计一般分为三步进行:

a. 明确局部应用的范围

明确局部应用范围,就是根据应用系统的具体情况、需求说明书中的数据流图和数据字典,在多层数据流图中选择一个适当层次的数据流,根据应用功能相对独立、实体个数适量的原则,划分局部应用。

在小型系统的开发中,由于整个系统的脉络比较清晰,所以一般以一个小型应用系统作为一个局部 E-R 模型。例如,在图书销售管理系统中,将整个系统划分为出版图书 E-R 模型、图书采购 E-R 模型和图书销售 E-R 模型。

b. 选择实体,确定实体的属性及标识实体的关键字

在实际设计中应该注意,实体和属性是相对而言的,在一种应用环境中某一事物可能作为"属性"出现,而在另一种应用环境中可以作为"实体"出现。划分实体和实体的属性时,一般遵循以下原则:

属性是不可再分的数据项,不能再有需要说明的信息。否则,该属性应定义为实体。

属性不能与其他实体发生联系,联系只能发生在实体之间。

为了简化 E-R 图的处理,现实世界中的对象凡能够作为属性的尽量作为属性处理。

c. 确定实体之间的联系,绘制局部 E-R 模型

确定数据之间的联系,仍是以需求分析的结果为依据。局部 E-R 模型建立以后,应对照每个应用进行检查,确保模型能够满足数据流图对数据处理的需求。

- 设计全局概念模型

各个局部 E-R 模型设计完成后,需要对它们进行合并,集成为一个全局的概念模型,集成的方式有两种:

a. 多个局部 E-R 模型一次性集成。

b. 逐步集成,即首先集成两个比较关键的局部 E-R 图,以后每次将一个新的局部 E-R 图集成进来,直到所有的局部 E-R 图集成完毕。

通过综合局部概念模型可以得到全局概念模型。全局概念模型本身是一个合理、完整、一致的模型,而且支持所有的局部概念模型。

(3)逻辑结构设计阶段

在逻辑设计阶段,将概念设计阶段所得到的以概念数据模型表示、与 DBMS 无关的数据模式,转换成以 DBMS 的逻辑数据模型表示的逻辑(概念)模式,并对其进行优化。

E-R 模型向逻辑模型进行转换的原则是:

①一个实体类型转换成一个关系模式,实体的属性就是关系的属性,实体的键就是关系的键。

②一个 1∶1 联系可以转换为一个独立的关系模式,也可以与联系的任意一端实体所对应的关系模式合并。一般将任意一端实体主键纳入另一个实体作为关系的外键。

③一个 1∶n 联系可以转换为一个独立的关系模式,也可以与联系的任意 n 端实体所对应的关系模式合并。一般把一方关系的主键纳入多方作为关系的外键。

④一个 m∶n 联系必须转换为第三方关系,第三方关系模式的属性包括双方关系的主键和联系的属性,第三方关系的主键是双方关系的主键组合。

(4)数据库物理设计、数据库实施、数据库运行和维护阶段

数据库物理设计是为逻辑数据模型选取一个最适合应用环境的物理结构,即存储结构和存取方法。该阶段的任务是:根据逻辑(概念)模式、DBMS 及计算机系统所提供的手段和所施加的限制,设计数据库的内模式,即文件结构、各种存取路径、存储空间的分配和记录的存储格式等。数据库的内模式虽不直接面向用户,但对数据库的性能影响很大。DBMS 提供相应的 DDL 语句及命令,供数据库设计人员及 DBA 定义内模式之用。

在逻辑数据库结构确定以后,应用程序的编码就可以和物理设计并行地展开。从理论上说,如果数据库的物理数据独立性得到保证,则物理结构的设计及其变更不会影响应用程序。在逻辑设计阶段得出的应用程序设计指南已经为编制程序制定了框架和接口,程序设计人员可以按照具体的数据存取和数据处理要求编写程序模块源代码。

知识点 2　Oracle 数据库系统概述

1. 数据库管理系统的选择

数据库管理系统是用来管理和维护数据库的一种系统软件,它具有数据定义、数据查询、数据操作和数据控制四大功能,提供了数据定义语言、数据操作语言和数据控制语言。目前流行的数据库管理系统有 Visual FoxPro、Access、SQL Server、Oracle 和 MySQL。那么针对不同的应用程序的功能需求,如学生管理系统、图书销售管理系统、商品库存管理系统等,如何选择数据库管理系统,它们分别适用于哪些环境?

(1)流行数据库管理系统介绍

①Visual FoxPro 数据库管理系统

Visual FoxPro 是 Microsoft 公司开发的目前市场上比较灵活的数据库管理系统之一,它可以运行在 Windows 平台上。它的前身是 FoxSoftware 公司推出的 FoxBase 产品,是一种可靠、便捷和高效的数据库产品。目前最新版本为 Visual FoxPro 9.0。

Visual FoxPro 作为一个内嵌数据库管理系统的数据库开发工具,不仅具有数据库管理系统的功能、丰富的数据库连接功能,支持 Internet 和 WWW 服务,支持 Web Service 技术,而且它采用可视化的、面向对象的程序设计方法,大大简化了应用系统的开发过程,具有快速、有效和灵活的特性,特别适用于一般企业和部门的信息管理系统的开发。

②Access 数据库管理系统

Access 是 Microsoft Office 办公自动化组件之一,Access 是桌面型数据库,具有操作灵活、转移方便、运行环境简单和对于小型网站的数据库处理能力较好的优点。缺点是不支持并发处理、数据库易被下载、数据存储量相对较小、数据量过大时严重影响网站访问速度和程序处理速度。为此 Access 适合于小型的应用系统的后台数据库或者作为学习测试开发的数据库系统,在实际运行的应用系统中很少使用 Access 数据库系统。

③SQL Server 数据库管理系统

SQL Server 是微软公司发布的关系型数据库平台产品,最初由 Microsoft、Sybase 及 Ashton-Tate 三家公司联合开发,目前最新版本为 SQL Server 2014。SQL Server 产品不仅包

含了丰富的企业级数据管理功能,还集成了商业智能等特性。它突破了传统意义的数据库产品,将功能延伸到了数据库管理以外的开发和商务智能,为 IT 专家和信息合作者带来了强大的、熟悉的工具,同时减少了在从移动设备到企业数据系统的多平台上创建、部署、管理及使用企业数据和分析应用程序的复杂度。通过全面的功能集和现有系统的集成性以及对日常任务的自动化管理能力,SQL Server 2014 提供了多种版本,分别为不同规模、不同企业提供了一个完整的数据解决方案。

④Oracle 数据库管理系统

Oracle 是 Oracle 公司出品的优秀的数据库管理系统,当前 Oracle 数据库管理系统以及相关的产品几乎在全世界各个工业领域中都有应用。无论是大型企业中的数据仓库应用,还是中小型的联机事务处理业务,都可以找到成功使用 Oracle 数据库系统的典范。到目前为止,11g 是 Oracle 数据库较常用的版本,它是在 10g 的基础上对企业级网格计算进行了扩展,提供了众多特性支持企业网格计算,可以说是目前世界上最好的数据库管理系统之一。

(2)选择数据库管理系统的原则

在了解各种流行数据库管理系统的基础上,要根据具体的应用环境、数据量的大小等考虑选择哪种数据库管理系统,主要考虑如下几点:系统构造数据库的难易程度、程序开发的难易程度、数据库管理系统的性能、对分布式应用的支持、并行处理能力、可移植性和可扩展性、数据完整性约束、并发控制功能、容错能力和安全性控制等诸多因素。

2. Oracle 数据库系统发展历程

Oracle 数据库是一个以关系型和面向对象为中心管理数据的数据库管理软件系统,其在管理信息系统、企业数据处理、因特网及电子商务等领域有着非常广泛的应用。因其在数据安全性与数据完整性控制方面的优越性能,以及跨操作系统、跨硬件平台的数据互操作能力,使得越来越多的用户将 Oracle 作为其应用数据的处理系统。

从 1979 年第一个商用版本诞生以来,Oracle 数据库经历了快速的发展过程。Oracle 数据库系统的发展历程见表 1-1。

表 1-1   **Oracle 数据库系统发展历程**

版本	功能特点
Oracle 第 1 版	1977 年,Larry Ellison、Bob Miner 和 Ed Oates 等人组建了 Relational 软件公司(Relational Software Inc.,RSI)。他们决定使用 C 语言和 SQL 界面构建一个关系数据库管理系统(Relational Database Management System,RDBMS),并很快发布了第一个版本(仅是原型系统)
Oracle 第 2 版	该版本是 1979 年 RSI 第一个向客户发布的产品,可以在装有 RSX-11 操作系统的 PDP-11 计算机上运行的 Oracle 产品,后来又移植到了 DEC VAX 系统
Oracle 第 3 版	该版本加入了 SQL 语言,而且性能也有所提升,其他功能也得到增强。与前几个版本不同的是,这个版本是完全用 C 语言编写的。同年,RSI 更名为 Oracle Corporation,也就是今天的 Oracle 公司
Oracle 第 4 版	该版本既支持 VAX 系统,也支持 IBM VM 操作系统。这也是第一个加入了读一致性(Read-Consistency)的版本
Oracle 第 5 版	该版本可称作是 Oracle 发展史上的里程碑,因为它通过 SQL * Net 引入了客户端/服务器的计算机模式,同时它也是第一个打破 640 KB 内存限制的 MS-DOS 产品
Oracle 第 6 版	该版本除了改进性能、增强序列生成与延迟写入(Deferred Writes)功能以外,还引入了底层锁。除此之外,该版本还加入了 PL/SQL 和热备份等功能。这时 Oracle 已经可以在许多平台和操作系统上运行

（续表）

版本	功能特点
Oracle 第 7 版	该版本在对内存、CPU 和 I/O 的利用方面作了许多体系结构上的变动,这是一个功能完整的关系数据库管理系统,在易用性方面也作了许多改进,引入了 SQL＊DBA 工具和 database 角色,并在原有版本的基础上引入了分布式事务处理功能,增强了数据库的管理能力
Oracle 第 8 版	该版本除了增加许多新特性和管理工具以外,还加入了对象扩展(Object Extension)特性,并且开始在 Windows 系统下使用(以前的版本都是在 UNIX 环境下运行)
Oracle 9i	该版本有 2 个发行版本,Oracle 9i release 1 是 Oracle 9i 的第一个发行版,包含 RAC(Real Application Cluster)等新功能。Oracle 9i release 2 在 release 1 的基础上增加了集群文件系统(Cluster File System)等特性
Oracle 10g	该版本中 Oracle 的功能、稳定性和性能的实现都达到了一个新的水平。最大特性就是加入了网格计算功能。"g"代表"grid(网格)"
Oracle 11g	该版本是目前使用广泛且比较稳定的 Oracle 版本,该版本大幅度提高了系统性能的安全性,并利用最新的数据压缩技术降低了数据存储支出

在长达几十年的软件技术研发中,Oracle 公司不仅提供了高效、强大的数据库管理系统,还推出了一系列基于数据库服务器的管理和开发工具,例如 Designer 和 Developer 产品。这些丰富和高质量的产品使 Oracle 公司牢牢地占据世界三大数据库产品提供商之一和全球第二大独立软件提供商的位置。

本书采用的 Oracle 版本是现在广泛使用的 Oracle 11g。Oracle 11g 数据库是目前业内伸缩性最好、功能最齐全的数据库之一。无论是用于驱动网站、打包应用程序、数据仓库或者是 OLTP 应用程序,Oracle 11g 数据库都是任何专业计算环境的技术基础。以后的介绍和实例都是基于 Oracle 11g 环境的,简称为 Oracle,不再做特别说明。

3. Oracle 的特点

自从 1992 年 6 月 Oracle 公司推出了 Oracle 7 协同服务器数据库,使关系数据库技术迈上了新台阶,也使得 Oracle 的市场占有率达到了 50%。Oracle 之所以倍受用户喜爱是因为它有以下突出的特点:

(1)支持大数据库、多用户、高性能的事务处理

Oracle 支持的数据库大小最大达几百千兆字节,可充分利用硬件设备。支持大量用户同时在同一数据上执行各种数据应用,并使数据争用最小,保证数据一致性。Oracle 可连续 24 小时工作,正常的系统操作(后备或个别计算机系统故障)不会中断数据库的使用,可在数据库级或子数据库级上控制数据库数据的可用性。

(2)Oracle 遵守数据存取语言、操作系统、用户接口和网络通信协议的工业标准

Oracle 是一个开放系统,保护了用户的投资。美国标准化和技术研究所(NIST)对 Oracle 7 Server 进行检验,100% 地与 ANSI/ISO SQL89 标准的二级兼容。

(3)实施安全性控制和完整性控制

Oracle 为限制各监控数据存取提供系统可靠的安全性,Oracle 实施数据完整性,为可接受的数据指定标准。

(4)支持分布式数据库和分布处理

Oracle 为了充分利用计算机系统和网络,允许将处理分为数据库服务器和客户应用程序,所有共享的数据管理由数据库管理系统的计算机处理,而运行数据库应用的工作站集中于解释和显示数据。通过网络连接的计算机环境,Oracle 将存放在多台计算机上的数据组合成

一个逻辑数据库,可被全部网络用户存取。分布式系统像集中式数据库一样具有透明性和数据一致性。

(5)具有可移植性、可兼容性和可连接性

由于 Oracle 软件可在许多不同的操作系统上运行,以致在 Oracle 上所开发的应用可移植到任何操作系统,只需很少修改或不需修改。Oracle 软件同工业标准相兼容,包括许多工业标准的操作系统,所开发的应用系统可在任何操作系统上运行。可连接性是指 Oracle 允许不同类型的计算机和操作系统通过网络共享信息。

(6)除了具有上述特点外,Oracle 11g 还提供了新的技术,如扩展了 Oracle 独家具有的提供网格计算优势的功能,降低了数据库升级以及其他硬件和操作系统更改的成本,显著简化了更改前后的系统测试以便用户可以识别和解决问题、管理自动化提高 DBA 效率等。

任务 1.1　图书销售管理系统数据库的设计

数据库设计是根据用户的需求,在某一具体的数据库管理系统之上,设计数据库的结构和建立数据库的过程,数据库设计分为六个阶段:需求分析阶段、概念结构设计阶段、逻辑结构设计阶段、物理结构设计阶段、数据库实施阶段、数据库运行和维护阶段。

本任务以图书销售管理系统数据库的设计为案例,具体介绍图书销售管理数据库的设计过程和步骤。

子任务 1　图书销售管理系统的需求分析

【任务分析】

数据库应用系统需求分析是对企业现有系统进行充分深入的调查研究,收集基础数据、了解系统运行环境、明确用户的需求、确定应用系统的用户群、确定新系统的功能和系统功能边界,最终撰写需求规格说明书。

图书销售管理系统主要应用于图书供应企业和书店等企事业单位,在对图书供应商和书店进行调查研究的基础上,收集图书销售管理系统的基础数据,确定数据存储、数据打印输出,了解系统的运行环境,明确用户的需求,主要有图书采购、图书库存管理、图书销售以及系统维护等功能,确定系统的功能和功能边界,应用需求分析方法,绘制本系统的用例图和数据流图。

【任务实施】

1. 对图书销售管理系统进行实地调查研究

项目组接受图书销售管理系统的开发设计任务,到图书供应商或书店进行深入的调查研究,图书销售管理系统主要涉及的用户有采购人员、销售人员和系统管理员三类,针对这三类人员分别设计调查问卷或者是现场咨询调查,主要获取如下信息:

(1)用户的工作岗位是什么? 工作性质是什么?

(2)用户需要从数据库中获得哪些信息? 信息具有什么性质?

(3)用户要完成哪些处理功能?

(4)用户对信息处理的响应时间有什么要求?

(5)用户对数据的安全性和完整性有哪些要求?

(6)企业的环境特征、组织结构以及部门的分布情况如何?

(7)对系统费用与利益的限制及未来系统的发展方向有哪些要求?

2. 明确用户群和工作职责

图书销售管理系统的主要用户群为:采购人员、销售人员和系统管理员,这三类人员的主要工作职责是:

(1)采购人员

经调查研究发现,采购人员主要负责本企业图书的采购工作,与图书供应商或出版社联系,进行图书基础信息的记录和检索、图书入库信息的记录和检索。在原始的采购管理模式下,只能通过手工操作方式进行图书的采购,在图书信息的存储和查询过程中存在效率低下、容易出错等问题。希望通过图书销售管理系统的应用,保证数据能长期存储、随时进行图书检索和打印、避免出现数据错误,从而提高图书采购的工作效率。

(2)销售人员

经调查研究发现,销售人员主要负责本企业图书的销售工作,与图书采购者或客户联系,记录图书销售的信息和检索。在原始销售管理模式下,通过手工方式进行图书销售信息的记录,这种方法记录繁琐、查询效率低下,同时在记录销售数据时容易出现图书销售类别混淆的问题。希望通过图书销售管理系统的应用,保证数据长期存储、销售图书操作简单,只需输入图书号和数量即可实现快速销售、随时可进行图书销售信息的检索和打印。

(3)系统管理员

系统管理员主要负责本企业供应商信息管理、客户信息管理和各种数据的存储工作。手工管理模式下,以上信息都是纸质材料登记记载,这种管理容易出现数据丢失、数据不能长期保存、检索效率低的问题。希望通过图书销售管理系统的应用,将供应商信息和客户信息进行长期保存,提高检索效率,同时能实现数据的备份与恢复工作。

3. 收集基础数据

通过对企业环境、组织结构以及使用用户群数据的调查和了解,收集了图书销售管理系统的基础数据如下:

(1)供应商信息

供应商基础数据主要包括供应商编号、供应商名称、所在城市、联系人和联系电话等。

(2)出版社信息

出版社基础数据主要包括出版社编号、出版社名称、所在城市、出版社地址、邮政编码、联系电话等。

(3)客户信息

客户基础数据主要包括客户编号、客户名称、客户性别、客户地址、联系电话、电子邮箱等信息。

(4)图书分类信息

图书分类信息确定图书的类别,基础数据主要包括图书分类号、图书分类名称等。

(5)图书信息

图书信息主要存储图书的所有信息,基础数据主要包括书号、图书名称、ISBN、作者、开本、装帧、版次、出版日期、图书单价、库存数量、页数等。

(6)图书入库信息

图书入库表示采购人员购入图书并记录采购图书的相关信息,基础数据主要包括购入图书的入库单号、入库日期、入库数量、图书单价以及经手人等。

(7)图书销售信息

图书销售表示销售人员销售给客户图书并记录销售图书的相关信息,基础数据主要包括销售图书的销售单号、销售日期、销售数量、销售单价以及经手人等。

4. 确定用户需求

图书销售管理系统主要用户群包括采购人员、销售人员和系统管理员。采购人员使用该系统主要完成图书采购以及采购信息查询。销售人员使用该系统主要完成图书销售管理以及销售信息查询。系统管理员主要负责系统基础数据和数据存储管理工作,如供应商数据的添加、修改和删除等操作。

用户功能需求确定如下:

(1)采购人员功能需求:采购图书基本信息的录入、导出,包括图书信息添加、修改和删除,以及图书采购信息的录入、修改、删除和查询,并负责打印入库单。

(2)销售人员功能需求:图书销售信息的录入、修改、删除和查询,并负责打印销售单。

(3)系统管理员功能需求:出版社信息管理、供应商信息管理、客户信息管理、系统维护,包括供应商信息的添加、修改和删除,客户信息的添加、修改和删除和系统数据库的初始化、备份和恢复工作。

5. 设计数据流图和数据字典

(1)绘制图书销售管理系统用例图,如图 1-4 所示。

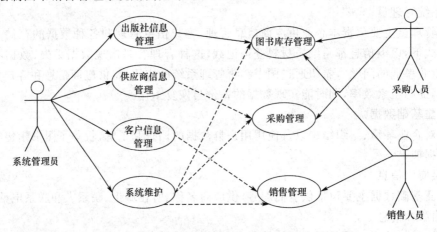

图 1-4   图书销售管理系统用例图

(2)数据流图

①绘制图书销售管理系统顶层数据流图,如图 1-5 所示。

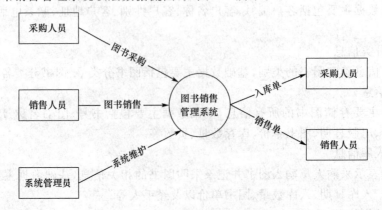

图 1-5   图书销售管理系统顶层数据流图

②绘制图书销售管理系统第一层数据流图，如图 1-6 所示。

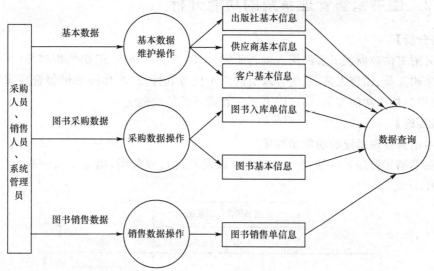

图 1-6 图书销售管理系统第一层数据流图

③绘制供应商数据维护第二层数据流图，如图 1-7 所示。图书采购数据和图书销售数据第二层数据流图略。

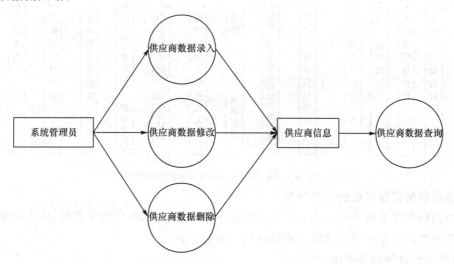

图 1-7 供应商数据维护第二层数据流图

6. 确定系统的运行环境和目标

图书销售管理系统通过计算机技术、网络技术和数据库技术实现图书采购、图书库存和图书销售的现代化管理，系统的目标是：

(1)提高企业的工作效率、降低企业的运行成本、减少人力成本和管理费用。

(2)提高数据信息的准确性，避免出现错误数据。

(3)提高信息的安全性和完整性。

(4)规范企业运行模式，改进管理方法和服务效率。

(5)系统具有良好的人机交互界面，操作简便、快速。

子任务 2 图书销售管理系统的功能分析

【任务分析】

通过对图书供应商或书店的深入调查研究,了解企业的规模、组织结构和部门分布情况,明确图书采购人员、销售人员、系统管理员的工作任务和性质,收集图书销售管理系统的基本数据,明确用户群的功能需求,确定图书销售管理系统的功能。

【任务实施】

1. 图书销售管理系统的功能结构图

根据图书销售管理系统的用户功能需求以及系统边界范围,确定了系统的功能结构,如图 1-8 所示。

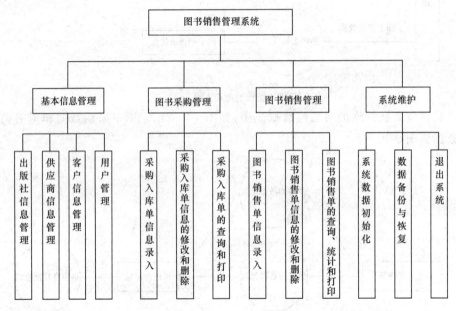

图 1-8 图书销售管理系统的功能结构图

2. 图书销售管理系统的功能分析

图书销售管理系统功能分为基本信息管理子系统、图书采购管理子系统、图书销售管理子系统和系统维护子系统四大功能。具体功能分析如下:

(1)基本信息管理子系统

基本信息管理子系统主要包括出版社信息管理、供应商信息管理、客户信息管理和用户管理。其中出版社信息管理主要包括出版社信息的录入、修改、删除和查询;供应商信息管理主要包括供应商信息的录入、修改、删除和查询;客户信息管理包括客户信息的录入、修改、删除和查询;用户管理包括系统操作用户的添加、修改、删除和用户权限的设置。

(2)图书采购管理子系统

图书采购管理子系统主要包括采购入库单信息录入、采购入库单信息的修改和删除、采购入库单的查询和打印,其中查询包括按入库单号查询、按采购入库日期查询、按图书名称查询以及综合查询等。

(3)图书销售管理子系统

图书销售管理子系统主要包括图书销售单信息录入、图书销售单信息修改和删除、图书销售单查询、统计和打印,其中查询包括按销售单号查询、按销售日期查询、按书号或图书名称查询以及综合查询等。

（4）系统维护子系统

系统维护子系统包括系统数据初始化、数据备份与恢复、退出系统。其中数据初始化包括清空数据库所有数据和按时间段清空入库单和销售单数据,以便减少数据库负担。数据备份与恢复是对数据库进行全部、增量备份,以便在数据库出现故障时及时恢复到最近状态。

子任务 3　图书销售管理数据库的概念设计

【任务分析】

微课

根据图书销售管理系统需求分析阶段收集到的数据和资料,首先对数据利用分类、聚集和概括等方法抽象出实体,然后对系统中列举的实体标注其对应的属性;其次确定实体之间的联系类型（一对一、一对多或多对多）;最后使用 ER-Designer 工具绘制图书销售管理系统的 E-R 模型图。

图书销售管理
系统的概念设计

小提示☞:

在绘制 E-R 图时,按 E-R 图绘制过程,首先绘制局部 E-R 图,然后集成合并为全局 E-R 图。本系统局部 E-R 图分为图书出版 E-R 图、图书采购 E-R 图、图书销售 E-R 图。

1. 确定图书销售管理系统的实体

分析可知,图书销售管理系统涉及的实体主要有出版社、供应商、客户、图书类别、图书等。

2. 确定图书销售管理系统的实体属性

（1）出版社实体属性

出版社实体主要包括出版社编号、出版社名称、所在城市、出版社地址、邮政编码、联系电话等。

（2）供应商实体属性

供应商实体属性主要包括供应商编号、供应商名称、所在城市、联系人和联系电话等。

（3）客户实体属性

客户实体属性主要包括客户编号、客户名称、客户性别、客户地址、联系电话、电子邮箱等信息。

（4）图书类别实体属性

图书类别实体属性主要包括图书分类号、图书分类名称等。

（5）图书实体属性

图书实体属性主要包括书号、图书名称、ISBN、作者、开本、装帧、版次、出版日期、图书单价、库存数量、页数等。

3. 确定图书销售管理系统实体之间的联系

通过分析得出,各实体之间的联系如下:

（1）出版社和图书之间有联系"出版",实体之间是一对多的联系。

（2）供应商和图书之间有联系"采购",实体之间是多对多的联系。

（3）图书类别和图书之间有联系"从属",实体之间是一对多的联系。

（4）客户和图书之间有联系"销售",实体之间是多对多的联系。

【任务实施】

1. 设计局部 E-R 模型

(1)使用 ER_Designer 工具绘制出版社和图书的局部 E-R 图,如图 1-9 所示。

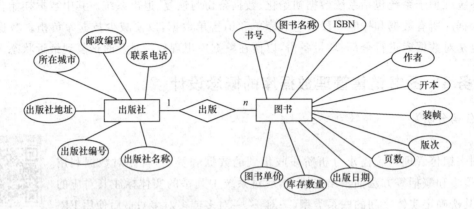

图 1-9 出版社和图书的局部 E-R 图

(2)使用 ER_Designer 工具绘制供应商和图书的局部 E-R 图,如图 1-10 所示。

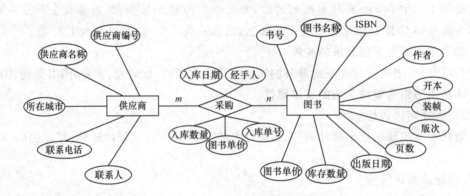

图 1-10 供应商和图书的局部 E-R 图

(3)使用 ER_Designer 工具绘制图书类别和图书的局部 E-R 图,如图 1-11 所示。

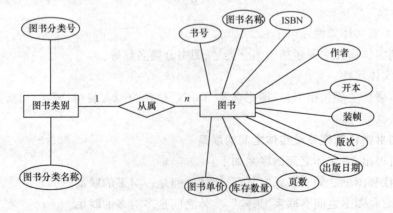

图 1-11 图书类别和图书的局部 E-R 图

（4）使用 ER_Designer 工具绘制客户和图书的局部 E-R 图，如图 1-12 所示。

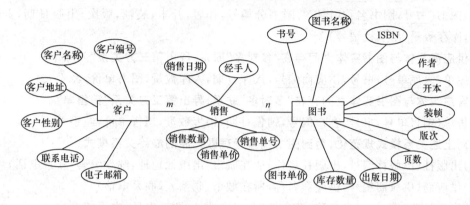

图 1-12　客户和图书的局部 E-R 图

2. 使用 ER_Designer 工具绘制全局 E-R 图，如图 1-13 所示

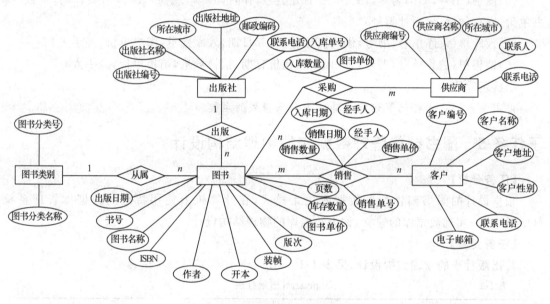

图 1-13　图书销售管理系统的全局 E-R 图

子任务 4　图书销售管理数据库的逻辑设计

【任务分析】

根据任务要求，在图书销售管理数据库概念设计生成的 E-R 模型的基础上，首先将 E-R 模型按照从概念模型转换为逻辑模型的规则将其转换为关系模式，再根据导出的关系模式的功能需求增加关系、属性并规范化得到最终的关系模式。

【任务实施】

1. 将实体转换为关系模式

（1）出版社（出版社编号，出版社名称，所在城市，出版社地址，邮政编码，联系电话）

（2）供应商（供应商编号，供应商名称，所在城市，联系人，联系电话）

（3）客户（客户编号，客户名称，客户性别，客户地址，联系电话，电子邮箱）

(4)图书类别(图书分类号,图书分类名称)

(5)图书(书号,图书名称,ISBN,图书分类号,作者,开本,装帧,版次,出版日期,页数,图书单价,库存数量,出版社编号)

2. 供应商实体与图书实体之间存在"多对多"联系,导出第三方关系"入库单"

入库单(入库单号,书号,供应商编号,入库日期,入库数量,图书单价,经手人)

3. 客户实体与图书实体之间存在"多对多"联系,导出第三方关系"销售单"

销售单(销售单号,书号,客户编号,销售日期,销售数量,销售单价,经手人)

4. 对上述关系模式规范化,得到图书销售管理数据库的最终关系模式

(1)出版社(出版社编号,出版社名称,所在城市,出版社地址,邮政编码,联系电话)

(2)供应商(供应商编号,供应商名称,所在城市,联系人,联系电话)

(3)客户(客户编号,客户名称,客户性别,客户地址,联系电话,电子邮箱)

(4)图书类别(图书分类号,图书分类名称)

(5)图书(书号,图书名称,ISBN,图书分类号,作者,开本,装帧,版次,出版日期,页数,图书单价,库存数量,出版社编号)

(6)入库单(入库单号,书号,供应商编号,入库日期,入库数量,图书单价,经手人)

(7)销售单(销售单号,书号,客户编号,销售日期,销售数量,销售单价,经手人)

小提示 ☞：

以上关系模式中标记下划线的属性为关系模式的主键。

子任务 5　图书销售管理数据库的物理结构设计

【任务分析】

根据设计的图书销售管理数据库关系模式,在计算机上使用特定的数据库管理系统(Oracle 11g)实现数据库的建立,称为数据库的物理结构设计。

【任务实施】

1. 出版社表的物理结构设计,见表 1-2

表 1-2　　　　　　　　　　　　　　presses(出版社表)

字段名	数据类型	约束	字段说明
press_id	VARCHAR2(6)	主键	出版社编号
press_name	VARCHAR2(30)	非空	出版社名称
press_address	VARCHAR2(60)		出版社地址
press_city	VARCHAR2(15)		所在城市
press_postCode	VARCHAR2(6)		邮政编码
press_phone	VARCHAR2(15)		联系电话

2. 供应商表的物理结构设计,见表 1-3

表 1-3　　　　　　　　　　　　　　suppliers(供应商表)

字段名	数据类型	约束	字段说明
supplier_id	VARCHAR2(4)	主键	供应商编号

（续表）

字段名	数据类型	约束	字段说明
supplier_name	VARCHAR2(30)	非空	供应商名称
supplier_city	VARCHAR2(20)		所在城市
supplier_person	VARCHAR2(12)		联系人
supplier_phone	VARCHAR2(15)		联系电话

3. 客户表的物理结构设计，见表1-4

表 1-4 　　　　　　　　　　clients（客户表）

字段名	数据类型	约束	字段说明
client_id	VARCHAR2(10)	主键	客户编号
client_name	VARCHAR2(30)	非空	客户名称
client_sex	VARCHAR2(2)		客户性别
client_address	VARCHAR2(100)		客户地址
client_phone	VARCHAR2(20)		联系电话
client_email	VARCHAR2(30)		电子邮箱

4. 图书类别表的物理结构设计，见表1-5

表 1-5 　　　　　　　　　　booktypes（图书类别表）

字段名	数据类型	约束	字段说明
type_id	VARCHAR2(4)	主键	图书分类号
type_name	VARCHAR2(70)	唯一键	图书分类名称

5. 图书表的物理结构设计，见表1-6

表 1-6 　　　　　　　　　　books（图书表）

字段名	数据类型	约束	字段说明
book_id	VARCHAR2(10)	主键	书号
book_isbn	VARCHAR2(20)	唯一键	ISBN
book_name	VARCHAR2(100)	非空	图书名称
type_id	VARCHAR2(4)	外键，与图书类别表的 type_id 关联	图书分类号
book_author	VARCHAR2(100)		作者
book_format	VARCHAR2(10)		开本
book_frame	VARCHAR2(10)		装帧
book_edition	VARCHAR2(10)		版次
book_date	DATE		出版日期
book_pageCount	INTEGER		页数
book_num	INTEGER		库存数量

（续表）

字段名	数据类型	约束	字段说明
book_price	NUMBER(7,2)		图书单价
press_id	VARCHAR2(6)	外键，与出版社表的 press_id 关联	出版社编号

6. 入库单表的物理结构设计，见表 1-7

表 1-7　　　　　　　　　　　　entryorders（入库单表）

字段名	数据类型	约束	字段说明
entryorder_id	VARCHAR2(10)	非空	入库单号
book_id	VARCHAR2(20)	外键，与图书表的 book_id 关联	书号
entry_date	DATE		入库日期
book_num	INTEGER		入库数量
book_price	NUMBER(7,2)		图书单价
supplier_id	VARCHAR2(4)	外键，与供应商表的 supplier_id 关联	供应商编号
emp_id	VARCHAR2(10)		经手人
Pky_entryorder		主键，entryorder_id 与 book_id 组合	主键定义

7. 销售单表的物理结构设计，见表 1-8

表 1-8　　　　　　　　　　　　saleorders（销售单表）

字段名	数据类型	约束	字段说明
saleorder_id	VARCHAR2(10)	非空	销售单号
book_id	VARCHAR2(10)	外键，与图书表的 book_id 关联	书号
sale_date	DATE		销售日期
sale_num	INTEGER		销售数量
sale_price	NUMBER(7,2)		销售单价
client_id	VARCHAR2(10)	外键，与客户表的 client_id 关联	客户编号
emp_id	VARCHAR2(10)		经手人
Pky_entryorder		主键，saleorder_id 与 book_id 组合	主键定义

子任务6 撰写图书销售管理数据库设计说明书

【任务分析】

根据数据库设计说明书标准规范,撰写图书销售管理系统数据库设计说明书。

【任务实施】

数据库设计说明书规范:

保密级别	公开
版 本 号	V0.1
文档编号	

数据库设计说明书

文档种类:_____

撰写时间:_____

撰写部门:_____

发行范围:_____

1.引言

1.1 编写目的

说明编写这份数据库设计说明书的目的,指出预期的读者。

1.2 背景

说明待开发的数据库的名称和使用此数据库的软件系统的名称。

列出该软件系统开发项目的任务提出者、用户以及即将安装该软件和这个数据库的工作单位。

1.3 术语定义

列出本文件中用到的专门术语的定义、外文首字母组词的原词组。

1.4 参考资料

列出有关的参考资料,如:

(1)本项目经核准的计划任务书或合同、上级机关批文。

(2)属于本项目的其他已发表的文件。

(3)本文件中各处引用到的文件资料,包括所要用到的软件开发标准。

(4)列出这些文件的标题、文件编号、发表日期和出版单位,说明能够取得这些文件的来源。

2.数据库设计的概要

2.1 选用的数据库管理系统

列出采用的数据库管理系统(包括名称、版本/发行号)以及为了适应需求的改变,构建在数据库中的灵活性类型的设计决策。

2.2　数据库/数据文件的形式及物理存储

列出数据库/数据文件在用户应如何呈现的设计决策，它包括数据库/数据文件的形式及物理存储方式。

2.3　数据库分布

列出数据库分布(例如客户/服务器)、主数据库文件的更新和维护等的设计决策，包括一致性的维护、同步的建立/重建、维持、完整性以及业务规则的实施等。

2.4　数据库的安全与保密

列出有关数据库将要提供的可用性、安全性、私密性以及操作连续性的等级和类型的设计决策。

2.5　数据库的备份和恢复

列出包括数据和处理的分布策略、备份和恢复过程中允许的活动以及对新的或非标准技术(如视频和声音等)的特殊考虑。

2.6　自动磁盘管理和空间回收优化的考虑

列出包括自动磁盘管理和空间回收的考虑、优化的策略和考虑、存储和尺寸考虑以及数据库内容的增生和遗产数据的获取。

3.数据库的详细设计

数据库的详细设计是从现实世界出发考虑数据库设计是如何满足用户需求的，是实体级设计。

3.1　需求分析

3.1.1　系统功能图

本部分绘制软件系统的功能结构图。

3.1.2　数据流图

本部分绘制软件系统的顶层数据流图、第一层数据流图和第二层数据流图，并加以说明。

3.1.3　数据字典

对数据库设计涉及的各种项目，如数据项、记录、系、文卷、模式和子模式等一般要建立数据字典，以说明它们的标识符、同义词及有关信息。在本节中要说明对此数据字典设计的基本考虑。

3.2　数据库概念设计

根据需求分析得到的数据库设计实体、属性以及实体之间的联系，建立与具体数据库管理系统无关的概念模型，绘制系统的局部 E-R 模型和全局 E-R 模型。

3.3　数据库逻辑设计

从逻辑上考虑数据库设计是如何满足用户需求的，忽略其内部实现，是实体属性级设计，依据数据库概念设计绘制的 E-R 模型按转换规则将其转换为某种数据库管理系统所支持的关系模式。

3.4　数据库物理设计

从物理上考虑数据库设计是如何实现用户需求的，结合所选取的目标数据库，详细描述数据元素和数据元素集合体。

任务 1.2 Oracle 数据库系统的安装与配置

Oracle 是目前世界上最好的大型数据库管理系统之一,Oracle 11g 是目前广泛使用的版本。如果要使用 Oracle 管理和维护数据库,必须要安装 Oracle 数据库服务器端和客户端。Oracle 的安装程序 Universal Installer 是基于 Java 的图形界面安装向导工具的,利用它可以帮助用户完成不同操作系统环境下不同类型的 Oracle 安装工作。无论在 Windows 环境下,还是在 Linux 环境下,都可以使用 Universal Installer 完成安装。

子任务 1 在 Windows 环境下安装 Oracle 的过程

【任务分析】

Oracle 在 Windows 环境下的安装工作比在 UNIX 环境下要简单得多,不需要设置环境变量和参数,只需要选择 Oracle 数据库系统和实例的数据文件、控制文件和日志文件的安装路径,按提示进行安装即可。

1. Oracle 数据库的安装类型

安装 Oracle 数据库时可选择表 1-9 中的几种安装类型。

表 1-9　　　　　　　　　　Oracle 11g 数据库的安装类型及其说明

安装类型	说　明
企业版(Enterprise Edition)	适用于单机、双机、多 CPU 多节点集群等各种环境,功能齐全,但费用也比较高,适用于对数据库性能及可靠性有相当高要求的大型、超大型用户企业级、高端企业级应用
标准版(Standard Edition)	适用于 1~4 CPU 的服务器,包括 4 CPU 单服务器或 2 台双 CPU 服务器等配置,可以做双机热备或 RAC,价格适中,适用于对数据库性能及安全性有进一步要求的大中型用户工作组级及部门级应用
标准版 One(Standard Edition One)	适用于 1~2 CPU 的服务器,价格有相当的优势,但仅限单机环境,适用于中小型用户入门级应用
个人版(Personal Edition)	提供了单用户的开发和部署环境,它的需求与以上三个版本全兼容

2. 安装 Oracle 数据库的软、硬件需求

在开始安装 Oracle 前,先检查当前所使用的环境是否满足 Oracle 的安装需求。Oracle 在 Windows 环境下对软、硬件的需求见表 1-10。

表 1-10　　　　　　　　Oracle 在 Windows 环境下安装的软、硬件需求

系统需求	说　明
操作系统	Windows XP 专业版、Windows Server 2003 SP2、Windows 7 和 Windows Server 2008
CPU	最低主频在 1.5 GHz 以上
内存	最小为 2 GB,建议使用 4 GB 以上的
虚拟内存	物理内存的 2 倍
磁盘空间	基本安装需要 4 GB 的

【任务实施】

(1)一般情况下,将光盘放入光驱后,Universal Installer 会自动启动,显示如图 1-14 所示的"选择安装方法"界面。如果 Universal Installer 没有自动启动,可以双击光盘中的 Setup.exe 文件启动安装程序。

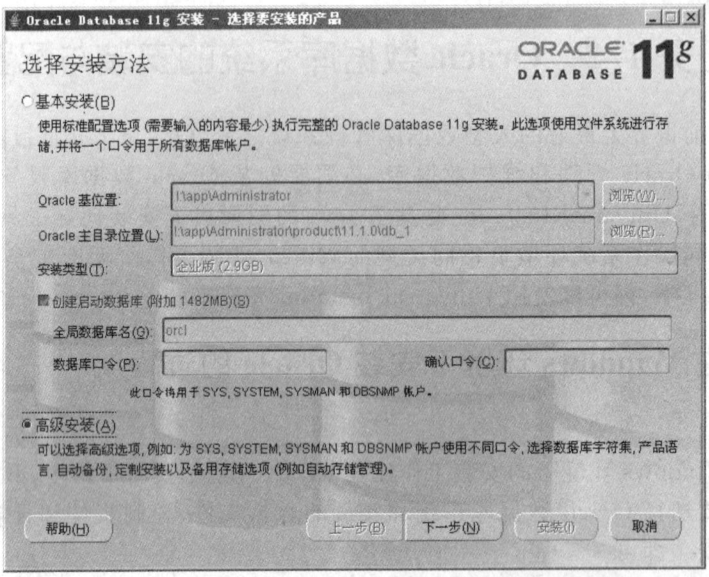

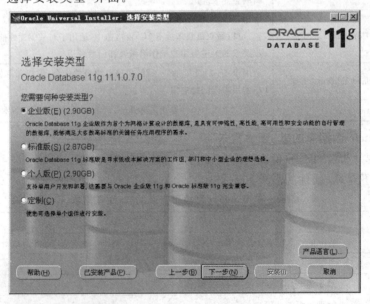

图 1-14　"选择安装方法"界面

　　在 Oracle 中,可选择两种安装方式:一种是默认的"基本安装"方式,在这种方式下,用户只需输入基本信息即可。另一种是"高级方式",在这种方式下可以对安装过程进行更多的选择。本书将以"高级安装"方式介绍 Oracle 的安装过程。

　　(2)选中"高级安装"单选按钮,同时【下一步】按钮变为可用。单击【下一步】按钮,出现如图 1-15 所示的"选择安装类型"界面。

图 1-15　"选择安装类型"界面

　　Oracle 提供以下四种安装类型:

　　①企业版　企业版安装类型是为企业级应用设计的。企业版主要应用于对数据的安全性要求比较高并且以任务处理为中心的数据库环境。

　　②标准版　标准版提供了大部分数据库功能和特性的核心,适用于普通部门级别的应用环境。

③个人版　个人版数据库只提供基本数据库管理服务,它适用于单用户开发环境,对系统配置的要求也比较低。

④定制　定制安装允许用户选择要安装的组件。通过用户的定制能够创建出适合特定环境配置和应用程序需求的数据库服务器;通过定制安装还可以选择安装单个独立的组件。定制安装需要非常熟悉 Oracle 的组成。

(3)选择某一安装类型后,这里选择"企业版",单击【下一步】按钮,进入"安装位置"界面,在此界面中用户可以更改 Oracle 安装的基目录和软件位置,如图 1-16 所示。

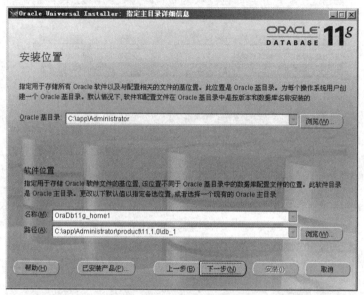

图 1-16　"安装位置"界面

(4)单击【下一步】按钮,进入提供邮件地址接收安全问题的通知界面,默认为空,不必添加,如图 1-17 所示。

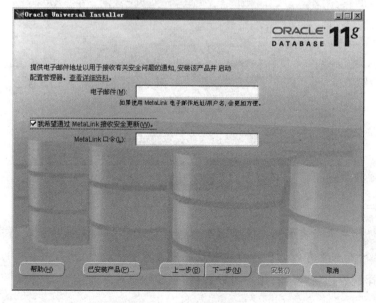

图 1-17　安全问题通知选项

　　(5)单击【下一步】按钮,进入"产品特定的先决条件检查"界面,如图 1-18 所示。在这一步安装程序会检查当前环境是否满足 Oracle 的要求。如果当前环境满足要求,则可单击【下一步】按钮,进入"选择配置选项"界面,如图 1-19 所示。

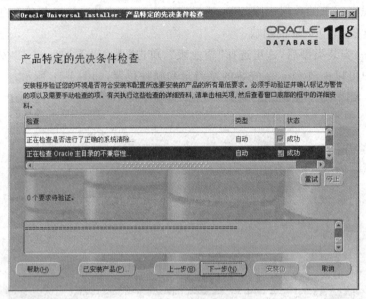

图 1-18　"产品特定的先决条件检查"界面

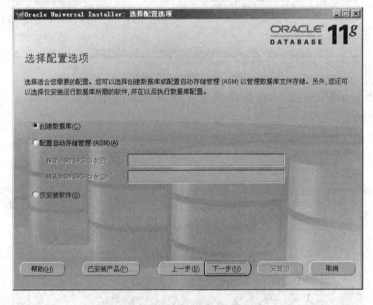

图 1-19　"选择配置选项"界面

小提示:

　　此处需要仔细查看所有的选项是否都已经检验通过。如果有选项出现错误,必须及时修正,然后重新运行直至所有的选项均检验通过方可进入下一步。

　　(6)在"选择配置选项"界面,用户可以选择"创建数据库""配置自动存储管理"或"仅安装软件"选项。

（7）由于首次安装需要创建一个 Oracle 启动数据库，因此不需要改变系统的默认选项。单击【下一步】按钮，进入"选择数据库配置"界面，如图 1-20 所示。

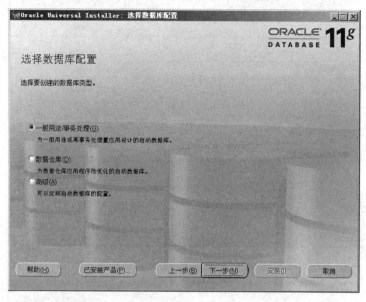

图 1-20　"选择数据库配置"界面

在该界面中，可根据应用的类型选择数据库配置，包括三个选项。如果选择了这三个选项之一，在安装完数据库服务软件后，Universal Installer 将启动 DBCA 来创建所选类型的数据库。"一般用途/事务处理"和"数据仓库"分别是两种典型应用的数据库配置方案，这两种类型的数据库的应用特点如下：

①一般用途/事务处理　该类型的数据库主要针对具有大量并发用户连接，并且用户主要执行简单的事务处理的情况，能为并发事务和复杂查询提供较为优异的性能。

②数据仓库　该类型的数据库适用于对大量数据进行快速访问以及复杂查询的应用环境。

如果选中"高级"单选按钮，则需要在后面的安装过程中手动选择需要安装的组件，并且在安装完数据库服务软件事务后，Universal Installer 同样会启动 DBCA 根据自定义方式创建数据库。对于高级安装类型，需要用户对 Oracle 的安装非常有经验，能够控制整个安装过程。

（8）这里选择"一般用途/事务处理"，单击【下一步】按钮，进入"指定数据库配置选项"界面，如图 1-21 所示。在该界面中，用户可选择数据库的全局名和实例名（SID）。数据库的全局名由数据库名和网络域名组成。SID 是 Oracle 数据库的一个实例名。一般情况下，当安装单个 Oracle 系统时，SID 与数据库全局名相同。

小提示：

　　请用户务必记住在这里设置的全局数据库名与 SID，它们在新建的数据库中将被使用。当用户要登录到数据库时，会用到这个名字。

（9）单击【下一步】按钮，出现如图 1-22 所示的"指定数据库配置详细资料"界面。包括对内存、字符集、安全性和示例方案的配置，一般情况下采用默认配置。

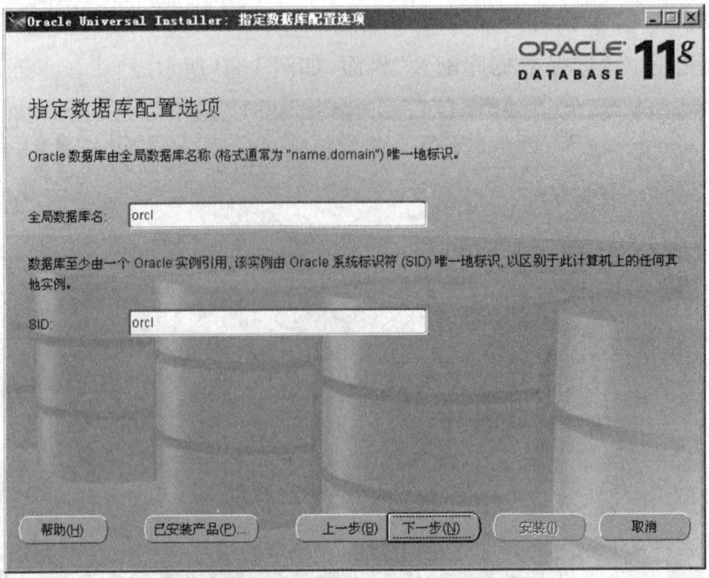

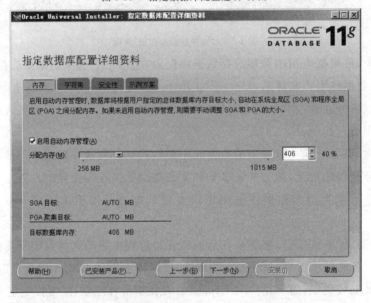

图 1-21 "指定数据库配置选项"界面

图 1-22 "指定数据库配置详细资料"界面

（10）单击【下一步】按钮，出现"选择数据库管理选项"界面，如图 1-23 所示。这一步主要设置使用 Oracle Enterprise Manger 11g Grid Control 集中管理数据库，还是使用 Oracle Enterprise Manger 10g Database Control 来管理每一个数据库。

（11）当选择完数据库管理选项后，下一步需要设置数据库存储选项。"指定数据库存储选项"界面如图 1-24 所示。这一步主要选择存储数据文件的方法。Oracle 提供了以下两种存储方法：

①文件系统　选择该选项后，Oracle 将使用文件系统存储数据库，用户还可以指定存储数据文件的位置。

②自动存储管理　如果选择此选项，Oracle 将数据文件存储在由自动存储管理系统（ASM）管理的磁盘中。

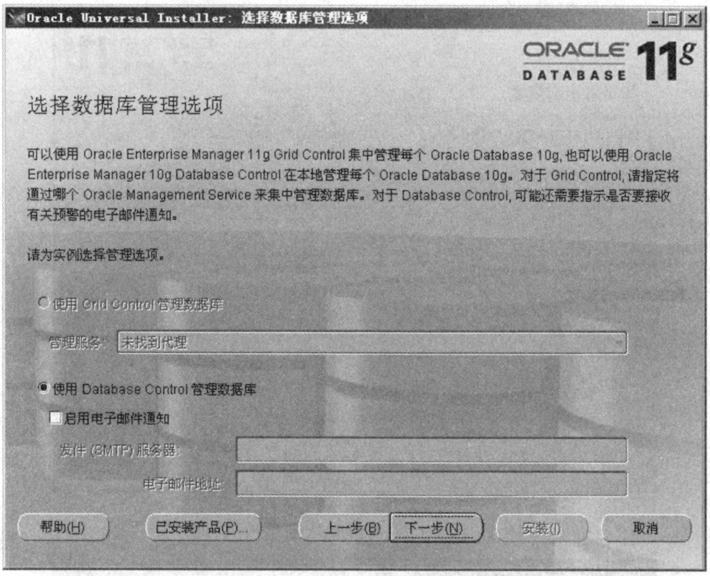

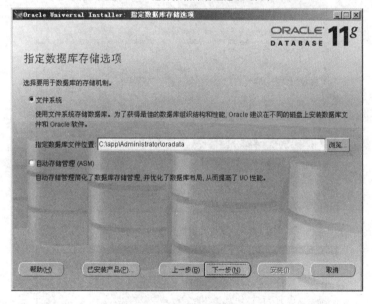

图 1-23　"选择数据库管理选项"界面

图 1-24　"指定数据库存储选项"界面

（12）选中数据库文件存储选项后，单击【下一步】按钮，出现"指定备份和恢复选项"界面，如图 1-25 所示。这一步主要用于指定是否需要启用数据库的自动备份功能。

（13）选中数据库备份和恢复后，单击【下一步】按钮，进入"指定数据库方案的口令"界面，如图 1-26 所示。在该界面中可为 SYS、SYSTEM、SYSMAN 和 DBSNMP 用户分别指定不同的口令，也可以让所有用户使用相同的口令。在此选择让所有用户使用相同的口令。

（14）输入帐户口令后，单击【下一步】按钮，进入"概要"界面，如图 1-27 所示。这里的信息是对前面所做选项的一个总结，可以通过查看其中的信息，判断即将安装的数据库是否满足要求。在确定满足要求的情况下，单击【安装】按钮，则系统开始安装，如图 1-28 所示。

（15）在安装过程中，Oracle 配置助手将先后启动 Oracle 网络配置助手、Oracle 数据库配置助手（DBCA）创建数据库和 ISQL＊Plus 配置助手，如图 1-29 和图 1-30 所示。

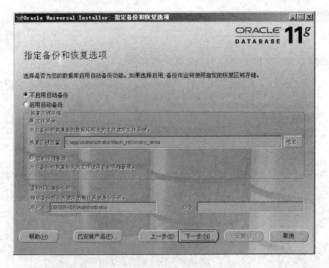

图 1-25 "指定备份和恢复选项"界面

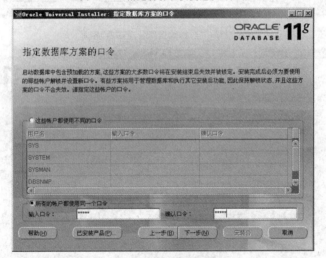

图 1-26 "指定数据库方案的口令"界面

图 1-27 安装的概要信息

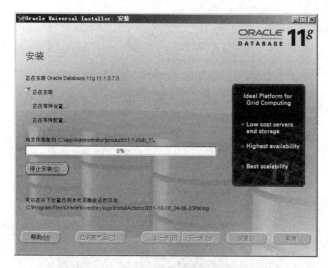

图 1-28　"安装"界面

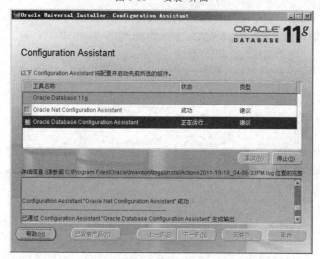

图 1-29　"Configuration Assistant"界面

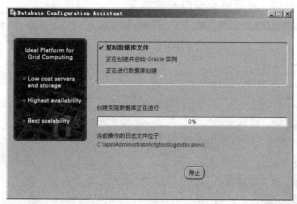

图 1-30　DBCA 创建数据库

（16）当 Oracle 配置助手运行完后，系统会弹出一个关于已生成数据库的信息，如图 1-31 所示。这一步用户需要单击【口令管理】按钮为锁定的数据库帐户解锁并指定口令，如图 1-32 所示。

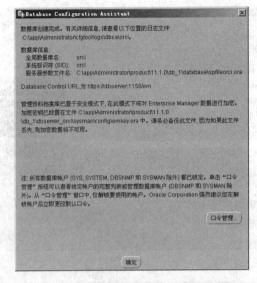

图 1-31　数据库创建完成界面

图 1-32　"口令管理"对话框

(17)关闭数据库配置向导,Oracle 系统安装完成,安装程序 Universal Installer 会弹出如图 1-33 所示界面,该界面提示用户如何登录数据库。

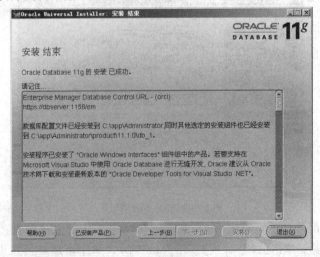

图 1-33　"安装 结束"界面

子任务 2　Oracle 客户端组件的安装与配置

【任务分析】

Oracle 客户端组件用于将未安装服务器端的客户机连接到 Oracle 数据库服务器,安装 Oracle 客户端需要下载 2 个文件压缩包,下载后解压缩到文件夹,双击 Setup.exe 进行 Oracle 客户端组件的安装。

【任务实施】

1. Oracle 客户端组件的安装过程

(1)打开安装文件夹,双击 Setup.exe,打开"选择安装类型"界面,如图 1-34 所示。

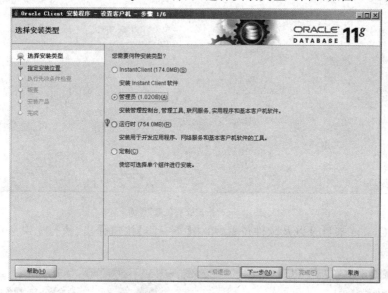

图 1-34　"选择安装类型"界面

(2)在"选择安装类型"界面中,选择"管理员"安装类型,单击【下一步】按钮,打开"选择产品语言"界面,如图 1-35 所示。

图 1-35　"选择产品语言"界面

(3)在"选择产品语言"界面中,选择运行产品时使用的语言为简体中文和英语,单击【下一步】按钮,弹出"指定安装位置"界面,如图 1-36 所示。

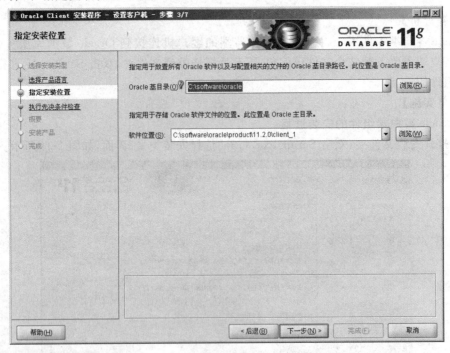

图 1-36 "指定安装位置"界面

(4)选择 Oracle 基目录以及软件位置,单击【下一步】按钮弹出"执行先决条件检查"界面,如图 1-37 所示。

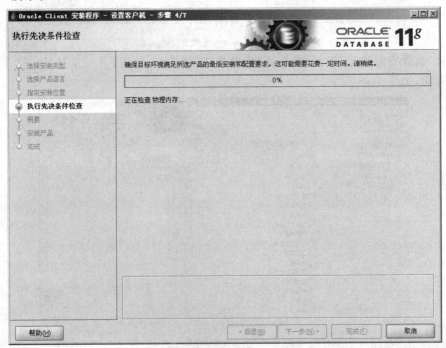

图 1-37 "执行先决条件检查"界面

（5）在"执行先决条件检查"界面单击【下一步】按钮，系统弹出显示前面步骤设置的概要信息界面，如图 1-38 所示。

图 1-38　"概要"界面

（6）在"概要"界面单击【完成】按钮，系统将自动进行 Oracle 11g 客户端组件的安装，如图 1-39 所示，直至安装完成，显示"安装成功"界面。

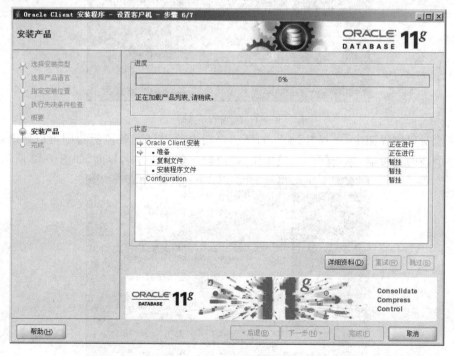

图 1-39　"安装产品"界面

2. Oracle 11g 客户端连接到服务器的配置

(1)配置 Client 的监听

①在"开始"菜单中找到 Oracle Client 的"配置和移植工具",单击 Net Configuration Assistant,启动"Oracle Net Configuration Assistant:欢迎使用"界面,如图 1-40 所示。

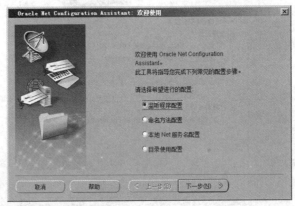

图 1-40　欢迎使用界面

②在欢迎使用界面中,选择"监听程序配置",单击【下一步】按钮,弹出监听程序界面,如图 1-41 所示。

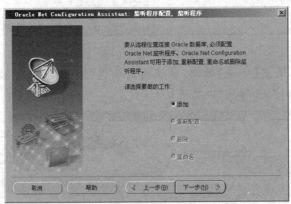

图 1-41　监听程序界面

③在监听程序界面中,选择"添加",如果客户端中原先已配置监听器则可以修改,也可以再添加一个新的监听器,单击【下一步】按钮,弹出输入监听程序名界面,如图 1-42 所示。

图 1-42　输入监听程序名界面

④在"监听程序名"文本框中输入监听程序名 LISTENER,单击【下一步】按钮,弹出选择协议界面,如图 1-43 所示。

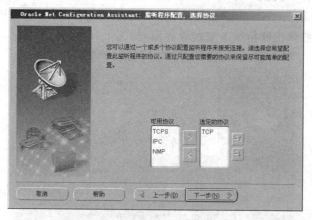

图 1-43 选择协议界面

⑤在选择协议界面中,选择 TCP 协议,单击【下一步】按钮,弹出配置 TCP/IP 协议端口号界面,如图 1-44 所示。

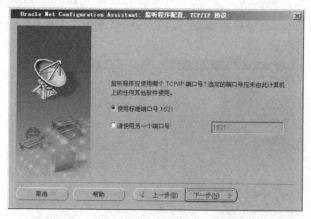

图 1-44 配置 TCP/IP 协议端口号界面

⑥在配置 TCP/IP 协议端口号界面,选择"使用标准端口号 1521"(默认值),单击【下一步】按钮,完成监听程序的配置,弹出询问是否配置另一个监听程序界面,如图 1-45 所示。

图 1-45 是否配置另一个监听程序界面

(2)配置 Client 的本地网络服务名

①在"开始"菜单中找到 Oracle Client 的"配置和移植工具",单击 Net Configuration Assistant,启动 Oracle Net Configuration Assistant 界面,在界面中选中本地网络服务名配置,单击【下一步】按钮弹出网络服务名配置界面,如图 1-46 所示。

图 1-46　网络服务名配置界面

②在网络服务名配置界面中选择"请选择要做的工作"为"添加",如果客户端中原先已配置网络配置名则可以修改,也可以再添加一个新的网络配置名,单击【下一步】按钮,弹出输入服务名界面,如图 1-47 所示。

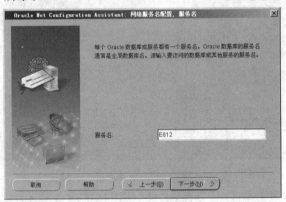

图 1-47　输入服务名界面

③在输入服务名界面中,输入该客户端未使用的服务名,单击【下一步】按钮弹出选择协议界面,如图 1-48 所示。

图 1-48　选择协议界面

④在选择协议界面中,选择该服务连接 Oracle 服务器所使用的协议(如 TCP),单击【下一步】按钮,弹出 TCP/IP 协议配置界面,如图 1-49 所示。

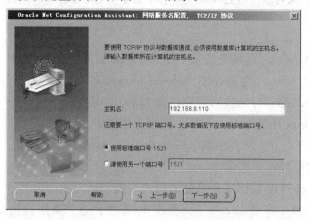

图 1-49　TCP/IP 协议配置界面

⑤在 TCP/IP 协议配置界面中输入该服务连接的 Oracle 主机服务器计算机名或者 IP 号并选择端口号,单击【下一步】按钮,弹出测试界面,如图 1-50 所示。

图 1-50　测试界面

⑥在测试界面,选择"是,进行测试",测试连接 Oracle 主机是否成功,然后单击【下一步】按钮完成测试,测试过程中要输入用户名和口令,如图 1-51 所示。

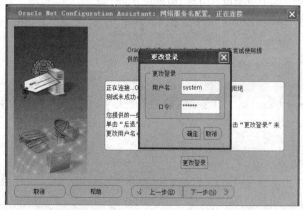

图 1-51　连接到 Oracle 服务器界面

拓展技能   在 Linux 环境下安装 Oracle 11g

【任务分析】

上述介绍了在 Windows 环境下安装 Oracle 11g 数据库服务器和 Oracle 11g 客户端组件，安装过程相对简单。Oracle 11g 数据库支持在 Linux 环境下工作，但安装过程相对比较复杂，在 Linux 环境下安装时必须仔细核对并完成在 Linux 环境下安装 Oracle 11g 数据库前的准备工作，然后完成在 Linux 环境下 Oracle 11g 数据库的安装。

本任务以在 CentOS 5.4 操作系统下安装 Oracle 11g 数据库为例。在 Linux 环境下安装 Oracle 11g 数据库前的准备工作如下：

1. 创建安装 Oracle 11g 数据库所需要的用户和组

在 Linux 操作系统中安装 Oracle 11g 数据库，需要创建如下用户组和用户，见表 1-11。

表 1-11   安装 Oracle 11g 数据库所需的用户组和用户

用户组（用户）描述	用户组名（用户名）
Oracle Inventory 用户组	oinstall
OSDBA 用户组	dba
Oracle software owner 用户	oracle
OSOPER 用户组	oper

（1）判断 Oracle Inventory 用户组 oinstall 和 OSDBA 用户组 dba 是否存在，如果不存在，则创建此用户组，创建的代码如下：

［root@mobile ～］# /usr/sbin/groupadd oinstall

［root@mobile ～］# /usr/sbin/groupadd dba

（2）设定 Oracle software owner 用户"oracle"为用户组"oinstall"和"dba"的成员

［root@mobile ～］# /usr/sbin/usermod -g oinstall -G dba oracle

［root@mobile ～］# id oracle

Uid＝501（oracle）gid＝501（oinstall）groups＝501（oinstall），502（dba）context＝root：system_r：unconfined_t：SystemLow-SystemHigh

（3）设定 Oracle software owner 用户"oracle"的密码

以 root 用户身份登录 Linux 系统，执行如下指令设定 Oracle software owner 用户"oracle"的密码。

［root@mobile ～］# passwd oracle

2. 配置内核参数

使用 root 用户登录 CentOS 5.4 系统，修改/etc/sysctl. conf，在该文件中添加以下参数。

fs. aio-max-nr＝1048576

fs. file-max＝6815744

kernel. shmall＝2097152

kernel. shmmax＝536870912

kernel. shmmni＝4096

kernel. sem＝250 32000 100 128

net. ipv4. ip_local_port_range＝9000 65500

net. core. rmem_default＝262144

net. core. rmem_max＝4194304

net. core. wmem_default＝262144

net. core. wmem_max＝1048586

修改完成后，以 root 用户身份执行如下指令使内核配置参数生效。

［root@mobile ～］＃ /sbin/sysctl -p

3. 添加 Oracle software owner 用户"oracle"的限制参数

为了提高 Oracle 软件的性能，必须为 oracle 用户添加 Shell 限制参数。

（1）添加如下项目到文件/etc/security/limits. conf 中

oracle soft nproc 2047

oracle hard nproc 16384

oracle soft nofile 1024

oracle hard nofile 65536

（2）添加如下项目到文件/etc/pam. d/login 中

session required pam_limits. so

（3）添加如下项目到文件/etc/profile(BSHELL)中

```
if [ $ USER= "oracle" ]; then
    if [ $ SHELL= "/bin/ksh" ]; then
        ulimit -p 16384
        ulimit -n 65536
    else
        ulimit -u 16384 -n 65536
    fi
fi
```

4. 创建安装 Oracle 11g 所需要的目录

（1）以 root 用户登录，创建安装 Oracle 11g 数据库所需要的目录结构。

［root@mobile ～］＃ mkdir -p /mount_point/app/

［root@mobile ～］＃ chown -R oracle:oinstall /mount_point/app/

［root@mobile ～］＃ chmod -R 775 /mount_point/app/

（2）使用 root 用户创建安装 Oracle 11g 数据库时使用的临时文件夹。

［root@mobile ～］＃ mkdir /mount_point/tmp

［root@mobile ～］＃ chmod a＋wr /mount_point/tmp

5. 设置 oracle 用户的环境变量

在使用 oracle 用户开始运行"Oracle Universal Installer"进行 Oracle 11g 数据库的安装工作之前，执行如下指令，检查并设置 oracle 用户的环境变量。检查 oracle 用户环境变量的代码如下：

［root@mobile ～］＃ su- oracle

［oracle@mobile ～］＃ more . bash_profile

通过修改 oracle 用户主目录下的文件". bash_profile"，添加如下项目设置 oracle 用户的环境变量。

ORACLE_BASE＝/u01

ORACLE_HOME=＄ORACLE_BASE/oracle

ORACLE_SID=orcldb

PATH=＄ORACLE_HOME/bin：＄PATH

export ORACLE_BASE ORACLE_HOME ORACLE_SID PATH

【任务实施】

（1）以 oracle 用户身份登录控制台，进入 Oracle 11g 安装包目录"ora_install"，执行安装程序"runInstaller"，出现"选择安装方法"界面，如图 1-52 所示。

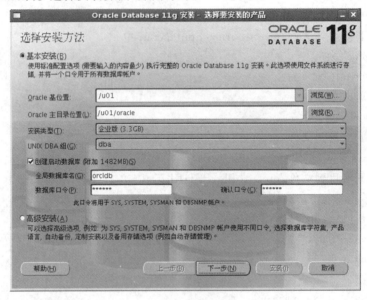

图 1-52　"选择安装方法"界面

（2）在"选择安装方法"界面中指定 Oracle 基位置、Oracle 主目录位置、数据库的安装类型、DBA 用户组和 Oracle 实例名等信息后，单击【下一步】按钮进入"指定产品清单目录和身份证明"界面，如图 1-53 所示。

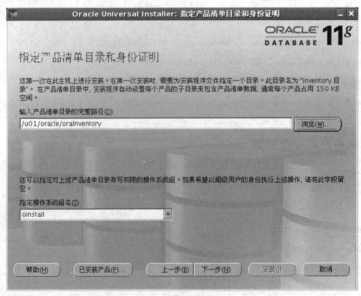

图 1-53　"指定产品清单目录和身份证明"界面

（3）在"指定产品清单目录和身份证明"界面中指定产品清单目录的完整路径和 Oracle 数据库的操作系统组名等信息后，单击【下一步】按钮进入"产品特定的先决条件检查"界面，如图 1-54 所示。

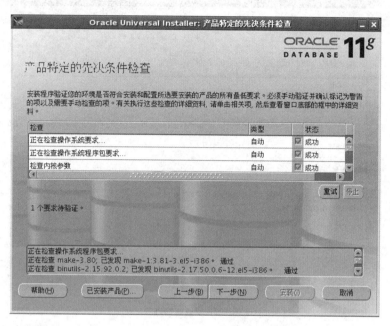

图 1-54　"产品特定的先决条件检查"界面

（4）当"产品特定的先决条件检查"界面中所有项目检验通过后，单击【下一步】按钮进入"Oracle Configuration Manager 注册"界面，如图 1-55 所示。

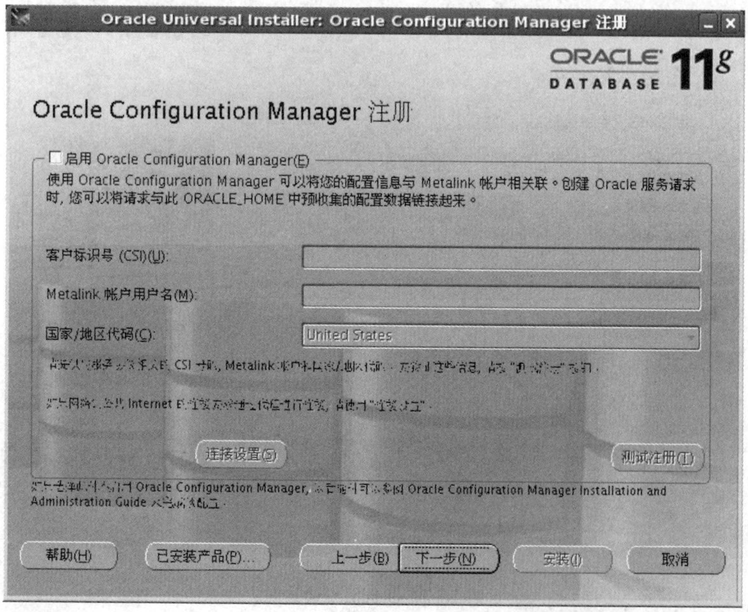

图 1-55　"Oracle Configuration Manager 注册"界面

（5）在"Oracle Configuration Manager 注册"界面中不做任何设置，直接单击【下一步】按钮进入"概要"界面，如图 1-56 所示。

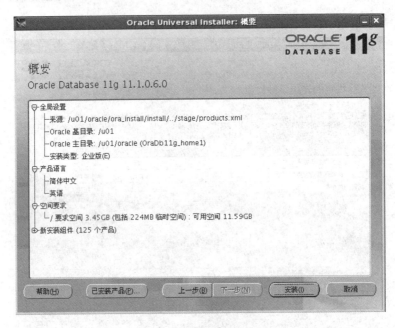

图 1-56　"概要"界面

（6）在"概要"界面中将输出当前设定的 Oracle 安装配置参数信息，若确认配置参数设定无误，则直接单击【安装】按钮开始 Oracle 安装，如图 1-57 所示。

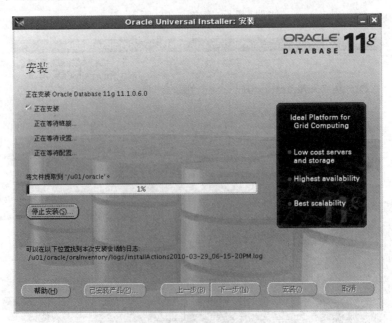

图 1-57　Oracle 安装进度

（7）当 Oracle 系统软件安装完成后，将会执行 DBCA 程序进行 Oracle 实例的创建工作，当 Oracle 实例创建完成后系统会提示用户更改系统帐号的口令，如图 1-58、图 1-59 所示。

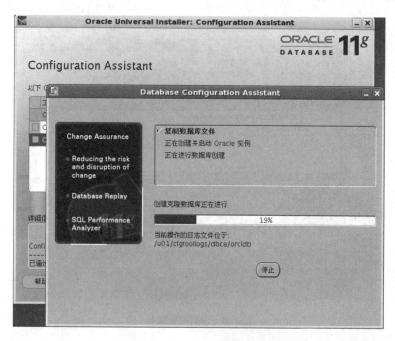

图 1-58　Oracle 实例安装进度界面

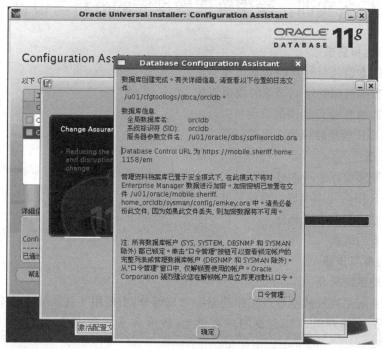

图 1-59　Oracle 实例口令管理界面

（8）最后以 root 用户身份登录系统，然后执行 orainstRoot. sh 和 root. sh 脚本，如图 1-60 所示。

（9）在 Linux 或 UNIX 安装期间，接受默认的本地 bin 目录。完成脚本后，退出所有相关的帐户和窗口，结束整个 Oracle 11g 数据库在 Linux 系统上的安装过程。安装过程即将结束时，请记下 URL 以备将来使用。

图 1-60　执行配置脚本

任务实训　学生管理数据库的分析与设计

一、实训目的和要求

1.掌握数据库设计与开发的基本步骤

2.能读懂数据流图并绘制简单的数据流图

3.掌握局部和全局 E-R 图的绘制

4.掌握将 E-R 模型转换为关系模式的方法

二、实训准备

1.掌握数据库设计的基本过程

2.掌握 E-R 图的基本组成以及绘制步骤

3.掌握数据流图的组成部分

4.理解关系的范式

三、实训内容与步骤

1.学生管理系统简介

学生管理系统是高校教学管理工作的重要组成部分,主要用于高校学生档案管理、学生成绩管理和课程信息管理等。其主要用户有学生、教师和系统管理员,这三类人员的主要需求是:

(1)学生需求

学生是学生管理系统的主要使用人员,主要需求有查看选修的课程列表、学生选课、查看学生选课情况和查看课程考试成绩等。

(2)教师需求

教师在学生管理系统中承担着学生选课成绩的管理工作,主要需求有查看学生的选课信息、打印课程选课学生列表、课程选课学生成绩的录入、修改和打印学生成绩等。

（3）系统管理员需求

系统管理员在学生管理系统中承担学生信息、课程信息和教师信息的管理和维护工作,主要需求有学生信息的添加、修改和删除,教师信息的添加、修改和删除,课程信息的添加、修改和删除,查看学生的选课信息,用户的添加、修改和删除等。同时要做好学生管理系统数据库的初始化操作、数据备份和恢复等。

2. 学生管理系统的数据库设计

（1）学生管理系统数据库的需求分析

分析学生管理系统需求,完成学生管理系统用例图、数据流程图、用户功能需求以及功能结构图的绘制。

（2）学生管理系统数据库的概念设计

根据学生管理系统的需求分析,绘制学生管理数据库的局部 E-R 图和全局 E-R 图。

（3）学生管理系统数据库的逻辑设计

依据学生管理数据库概念设计阶段绘制的全局 E-R 图,完成从概念模型转换为关系模型,导出关系模式。

（4）学生管理系统数据库的物理设计

在此阶段完成学生管理数据库数据表结构的构建。

（5）撰写学生管理系统数据库设计说明书

任务小结

本任务主要介绍了数据库的基本原理和 Oracle 数据库系统概述,在数据库的基本原理部分重点介绍了数据库的基本概念、数据管理的发展阶段、数据模型、关系数据库的规范化理论以及数据库设计的步骤。在 Oracle 数据库系统概述部分重点介绍了根据不同的实际应用,如何选择数据库管理系统以及 Oracle 数据库系统的发展历程和特点。

本任务详细介绍了 Oracle 11g 在 Windows 环境下数据库服务器安装和 Oracle 11g 客户端组件的安装与配置过程,同时简单介绍了 Oracle 11g 在 Linux 环境下的安装准备工作和安装过程。

思考与练习

一、填空题

1. 数据管理经历了_____、_____和_____三个发展阶段。

2. 数据模型分为_____、_____和_____三种。

3. _____模型采用二维表结构描述实体以及实体之间的联系。

4. 在信息世界中,客观存在并且可以相互区别的事物称为_____。

5. 属性的取值范围称为该属性的_____。

6. 两个不同实体集的联系有_____、_____和_____。

7. 数据库系统通常由_____、_____、_____和_____五个部分组成。

8.如果一个关系模式 R 的每个属性的域都只包含单一的值,则称 R 满足第_____范式。

9.关系模式 R 满足第二范式,如果消除关系中所有非主属性对主关键字的_____依赖,则 R 关系满足第三范式。

10.数据库设计的六个主要阶段是_____、_____、_____、_____、_____和_____。

11.数据库系统的逻辑设计主要是将_____转化成 DBMS 所支持的数据模型。

二、选择题

1.下列实体类型的联系中,属于一对一联系的是(   )。

A.省对省会的所属联系　　　　　　　B.父亲对孩子的亲生联系

C.教研室对教师的所属联系　　　　　D.供应商与工程项目的供货联系

2.下面对关系的叙述中,(   )是不正确的。

A.关系中的每个属性是不可分解的

B.在关系中元组的顺序是无关紧要的

C.任意的一个二维表都是一个关系

D.每个关系只有一种记录类型

3.下列选项中,(   )不是由于关系模式设计不当所引起的问题。

A.数据冗余　　　B.插入异常　　　C.删除异常　　　D.丢失修改

4.任何一个满足 2NF,但不满足 3NF 的关系模式都存在(   )。

A.主属性对主键的部分依赖　　　　　B.非主属性对主键的部分依赖

C.主属性对主键的传递依赖　　　　　D.非主属性对主键的传递依赖

5.E-R 模型的三要素是(   )。

A.实体、属性和实体集　　　　　　　B.实体、属性和联系

C.实体、键、联系　　　　　　　　　D.实体、域和候选键

三、简答题

1.试述数据管理技术发展的几个阶段及其特征。

2.什么是数据库?数据库有哪些主要特征?

3.数据库系统的组成部分有哪些?

4.简述三种数据模型及其特点。

5.试举例说明实体之间的一对一、一对多和多对多联系。

6.解释以下术语:数据库、数据库管理系统、数据库系统、实体、实体型、实体集、属性、域。

7.简述数据库设计的六个主要阶段。

8.概念模型 E-R 图转换为逻辑模型关系模式的转换规则有哪些?

9.针对不同的应用环境和应用需求,如何选择数据库管理系统?

四、综合题

某医院病房管理系统中有如下信息:

科室:科室编号,科室名称,地址,电话

病房:病房号,床位数

医生:工作证号,姓名,性别,职称,工作日期

患者:病历号,姓名,性别,身份证号

其中,一个科室有多个病房和多个医生,一个病房只属于一个科室,一个医生只在一个科室工作;一个患者的主治医生只有一个,一个主治医生可以诊治多个患者;一个病房可以有多个患者,一个患者只能在一个病房。

要求:

1. 绘制医院病房管理系统数据库的局部 E-R 图。

2. 绘制医院病房管理系统数据库的全局 E-R 图。

3. 将全局 E-R 图转换为关系模式,并指出各关系的主关键字和外部关键字。

任务2　创建图书销售管理数据库和表空间

学习重点与难点

- Oracle 数据库系统的体系结构和表空间
- Oracle 11g 管理工具 Enterprise Manager 以及 SQL Plus 的使用
- Oracle 11g 数据库的创建与管理
- Oracle 11g 数据库表空间的使用

学习目标

- 了解 Oracle 数据库系统的体系结构
- 掌握 Oracle 数据库表空间的概念以及分类
- 掌握 Oracle 11g Enterprise Manager 管理工具的使用
- 掌握 Oracle 11g 的 SQL Plus 的使用
- 掌握使用 DBCA 创建和删除数据库
- 学会 Oracle 11g 数据库表空间的建立和管理

工作任务

1. Oracle 11g 管理工具的使用。
2. 使用 SQL Plus 工具登录 Oracle 服务并正确执行 SQL 命令。
3. 管理图书销售管理数据库服务。
4. 创建图书销售管理数据库表空间。

预备知识

知识点1　Oracle 数据库的体系结构

数据库体系结构是从某一角度来分析数据库的组成和工作过程,以及分析数据库如何管理和组织数据的。了解 Oracle 的体系结构不仅可以使用户对 Oracle 数据库有一个从外到内的整体认识,而且对今后的具体操作具有一定的指导意义。

1. Oracle 数据库系统结构概述

Oracle 数据库系统是具有管理 Oracle 数据库功能的计算机系统。一个运行的 Oracle 数据库可以被看成一个 Oracle 服务器(Oracle Server),该服务器由数据库(Database)和实例(Instance)组成。一般情况下,一个 Oracle Server 包含一个实例和一个与之对应的数据库,这时数据库被称作单节点数据库,每一个运行的 Oracle 数据库与一个 Oracle 实例相联系。

一个 Oracle 实例是存取和控制数据库的软件机制。每次在数据库服务器上启动一个数据库时,将分配系统全局区(System Global Area,SGA),并启动有一个或多个 Oracle 进程。

该 SGA 和 Oracle 进程的结合被称为一个 Oracle 数据库实例,用于管理数据库数据,为该数据库一个或多个用户提供服务。一个 Oracle 数据库就是一系列物理文件(包括数据文件、控制文件、日志文件等)的集合或与之对应的逻辑结构(包括表空间、段等)。简单地说,就是一系列与磁盘有关系的物理文件的组合。

实例与数据库的关系如图 2-1 所示。

实例1:SGA+Oracle进程	实例2:SGA+Oracle进程	……	实例n:SGA+Oracle进程
数据库			

图 2-1　实例与数据库的关系

在 Oracle 系统中,SID 是一个经常出现的变量,如环境变量 ORACLE_SID,初始化文件 initSID.ora,那究竟什么是 SID 呢? 其实 SID 就是 Oracle 实例的标识,不同的 SID 对应不同的内存缓冲(SGA)和不同的 Oracle 进程。这样一来,一台物理的服务器上就可以有多个 SID 的数据库实例。

Oracle 数据库服务器的系统结构如图 2-2 所示。

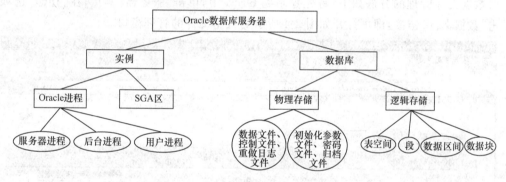

图 2-2　Oracle 数据库服务器的系统结构

2. Oracle 数据库的物理存储结构

Oracle 数据库创建后生成的操作系统文件就是 Oracle 数据库的物理存储结构,从物理存储结构上分析,一般 Oracle 数据库在物理上主要由三种类型的文件组成,分别是数据文件(*.dbf)、控制文件(*.ctl)和重做日志文件(*.log)。Oracle 的物理存储结构图如图 2-3 所示。

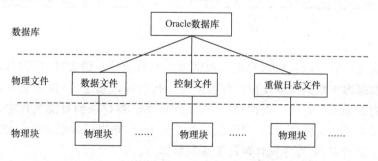

图 2-3　Oracle 的物理存储结构图

(1)数据文件

数据文件(Data File)是指存储数据库数据的文件,数据库中的所有数据最终都保存在数据文件中,例如,表中的记录、索引等。在存取数据时,Oracle 数据库系统首先从数据文件中读取数据,并存储在内存的数据缓冲区中。当用户查询数据时,如果所要查询的数据不在数据缓冲区中,则 Oracle 数据库会启动相应的进程,从数据文件中读取数据,并保存到数据缓冲区中。当用户修改数据时,用户对数据的修改首先保存在数据缓冲区中,然后由 Oracle 的后台进程(DBWn)将数据写入数据文件中。通过这种数据存取方式减少磁盘的 I/O 操作,提高系统的响应性能。数据文件通常是后缀名为.dbf 的文件。

数据文件一般有以下特点:

①一个数据文件只对应一个数据库,而一个数据库通常包含多个数据文件。

②一个表空间(数据库存储的逻辑单位)由一个或多个数据文件组成。

③数据文件可以通过设置自动扩展参数,实现自动扩展的功能。

要了解数据库中数据文件的信息,可以查询数据库字典 dba_data_files 和数据字典 v$datafile。

数据库字典 dba_data_files 描述了数据文件的名称、标识、大小以及对应的表空间信息等。

通过 Oracle Enterprise Manager(OEM)可以很容易地实现对数据文件的管理。在 OEM 中对数据文件管理的方法如下:首先登录到 OEM 中,单击"服务器"链接,在"存储"选项组中单击"数据文件"链接,即可打开如图 2-4 所示的数据文件的管理窗口。

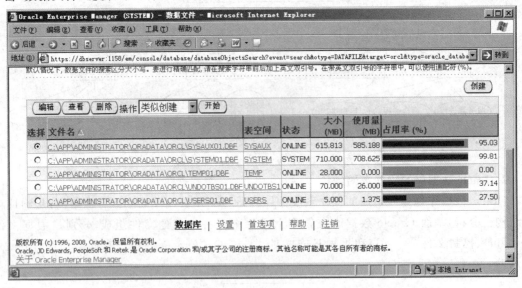

图 2-4   数据文件的管理窗口

(2)重做日志文件

重做日志文件(Redo Log File)是记录数据库所有修改信息的文件,简称日志文件。其中修改信息包括数据库中数据的修改信息和数据库结构的修改信息等,例如删除表中的数据或删除表中的一列。如果只是进行查询操作,则该操作不会被记录到日志文件中。日志文件是数据库系统中最重要的文件之一,它可以保证数据库安全,是进行数据库备份与恢复的重要途径。如果日志文件受损,数据库同样可能无法正常运行。

当数据库中出现修改信息时,修改后的数据信息会首先存储在内存的数据缓冲区中,而对应的日志信息则被存储在日志缓冲区中,在达到一定日志数量时,由 Oracle 的后台进程 LGWR 将日志写入日志文件中。提交修改后,数据文件中只保留修改后的数据,而日志文件中既保留修改后的数据,又保留修改前的数据,为日后的数据恢复提供数据依据。

（3）控制文件

控制文件（Control File）是一个很小的二进制文件，用于描述和维护数据库的物理结构，数据控制文件一般是在安装 Oracle 系统时自动创建的，并且其存放路径由服务器参数文件 spfilesid.ora 的 CONTROL_FILES 的参数值来确定。

在 Oracle 数据库中，控制文件相当重要，它存放数据库中数据文件和日志文件的信息，Oracle 数据库在启动时需要访问控制文件，在数据库的使用过程中，数据库需要不断更新控制文件，由此可见，一旦控制文件受损，那么数据库将无法正常工作。

一个数据库至少应该包含一个以上的控制文件，Oracle 11g 默认包含了三个控制文件，每个控制文件都包含了相同的信息。

（4）参数文件

Oracle 数据库的物理结构除了三类主要文件外，还有一种重要的文件：参数文件。参数文件用于记录 Oracle 数据库的基本参数信息，主要包括数据库名、控制文件所在路径和进程等。参数文件分为文本参数文件（Parameter File，PFILE）和服务器参数文件（Server Parameter File，SPFILE）。文本参数文件为 init＜SID＞.ora，服务器参数文件为 spfile＜SID＞.ora 或 spfile.ora。

当数据库启动时，将打开上述两种参数文件中的一种，数据库实例首先在操作系统中查找服务器参数文件 SPFILE，如果找不到，则查找文本参数文件 PFILE。如果参数文件被修改，则必须重新启动数据库，新参数才会生效。

3. Oracle 数据库的逻辑存储结构

Oracle 数据库的逻辑结构主要是指从数据库使用者的角度来考查数据库的组成，自上而下包括表空间（Tablespace）、段（Segment）、数据区间（Data Extent）、数据块（Data Block），如图 2-5 所示。它们将支配一个数据库的物理空间如何使用。

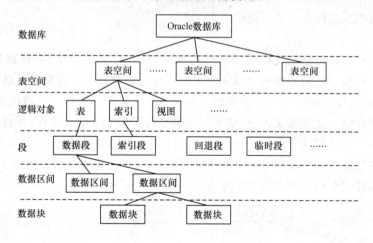

图 2-5　Oracle 的逻辑存储结构图

（1）数据块

数据块是 Oracle 用来管理存储空间的最小单元，也是最小的逻辑存储单元。Oracle 数据库在进行输入输出操作时，都是以块为单位进行逻辑读写操作的。

（2）盘区

在 Oracle 数据库中，盘区是磁盘空间分配的最小单位，是由一系列物理上连续的数据块构成的存储空间。一个或多个数据块组成一个盘区，而一个或多个盘区组成一个段，当一个段中的所有空间使用完时,系统将自动为该段分配一个新的盘区。

在创建表时,Oracle 将为表创建一个数据段,并为数据段分配一个称为初始区的盘区。这时由于表中不包含任何记录,所以初始区中的每个数据块都是未使用的。但随着向表中添加数据,初始区中的块将逐渐被写满。当初始区中的所有数据块都被写满时,Oracle 将为数据段再分配一个新的盘区。

(3)段

段不是存储空间的分配单位,而是一个独立的逻辑存储结构。段存于表空间中,并且由一个或多个盘区组成。按照段中存储数据的特征,可以将段分为 5 种类型:数据段、索引段、临时段、LOB 段和回退段。

①数据段   数据段用于存储表中的数据。如果用户在表空间中创建一个表,那么系统会自动在该表空间中创建一个数据段,而且数据段的名称与表的名称相同。在一个表空间中创建多个表,相应的在该表空间中就有多个数据段。

②索引段   索引段用于存储用户在表中建立的所有索引信息。如果用户创建一个索引,则系统会为该索引创建一个索引段,而且索引段名称与索引名称相同。如果创建的是分区索引,则系统为每个分区索引创建一个索引段,所有未分区的索引都使用一个索引段来保存数据。

③临时段   临时段用于存储临时数据。当用户使用 SQL 语句进行排序或者汇总时,则在用户的临时表空间中自动创建一个临时段,并在排序或汇总结束时,临时段将自动消除。

④LOB 段   当表中含有如 CLOB 和 BLOB 等大型对象类型数据时,系统将创建 LOB 段以存储相应的大型对象数据。LOB 段是独立于保存表中其他数据的数据段。

⑤回退段   回退段用于存储用户数据被修改之前的值,以便在特定条件下回退用户对数据的修改。Oracle 利用回退段来恢复回退事务对数据库所做的修改,或者为事务提供一致性保证。每个数据库至少拥有一个回退段。

(4)表空间

Oracle 数据库的物理结构是由数据文件组成的,但在逻辑上,Oracle 将数据库中所有数据文件所占用的磁盘空间划分成一个或多个表空间进行管理。一个表空间可以包含多个数据文件,但一个数据文件只能属于一个表空间。如果一个表空间只对应一个数据文件,则该表空间的所有对象都存储在此数据文件中;如果一个表空间对应多个数据文件,可将一个对象的数据存储在该表空间的任意一个数据文件中,也可将同一个对象的数据分布在多个数据文件中。表空间利用增加数据文件扩大其大小,表空间的大小为组成该表空间的数据文件大小的和。表空间与数据文件的对应关系如图 2-6 所示。

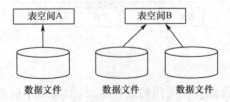

图 2-6   表空间与数据文件之间的对应关系

在每一个数据库中,都有一个名为 SYSTEM 的表空间,即系统表空间。该表空间是在创建数据库时自动创建的,用于存储系统的数据字典以及系统的管理信息,也用于存储用户数据表、索引等对象。除了系统表空间外,Oracle 数据库系统还创建了其他的表空间。如

SYSAUX 表空间、TEMP 表空间、USERS 表空间和 UNDO 表空间。其中,SYSAUX 表空间作为 SYSTEM 表空间的辅助表空间,一般不用于存储用户数据,由系统内部自动维护。UNDO 表空间则专门用来在自动撤销管理方式下存储撤销信息,除了回退段外,在撤销表空间中不能建立任何其他类型的段,也就是说,用户不能在 UNDO 表空间中创建数据库对象。TEMP 表空间主要用于存储在执行 SQL 语言时所产生的临时数据(主要是排序或汇总时产生的临时数据)。临时表空间是通用的,所有用户都使用 TEMP 作为临时表空间。

4. Oracle 数据库的内存结构

内存结构是 Oracle 数据库体系结构中最为重要的部分之一,内存也是影响数据库性能的主要因素。在 Oracle 数据库中,服务器内存的大小将直接影响数据库的运行速度,特别是多个用户连接数据库时,服务器必须有足够的内存支持,否则有的用户可能连接不到服务器或查询速度明显下降。

Oracle 的主要内存结构包括系统全局区、程序全局区、排序区和软件代码区。

(1)系统全局区

系统全局区(System Global Area,SGA)是内存结构的主要组成部分,是 Oracle 为一个实例分配的一组共享内存缓冲区,保存着 Oracle 系统与所有数据库用户的共享信息,包括数据维护、SQL 语句分析和重做日志管理等,是实例的主要部分。

当启动 Oracle 时,系统会先在内存中规划一个固定区域,用来存储每个使用者所需存取的数据以及 Oracle 运作时必备的系统信息。当实例启动时,SGA 的存储自动被分配;当实例关闭时,SGA 的存储被回收。SGA 包含几个重要区域和一个可选区域,分别是:数据库缓冲区、重做日志缓冲区、共享池和大型池。

①数据库缓冲区

数据库缓冲区保存了最近从数据文件中读取的数据块。如果用户再次使用这些数据块中的数据,就可以直接从缓冲区中找到并返回给用户,由此提高速度。另外,当用户对数据进行修改时,先对缓冲区中的数据进行修改,再通过 DBWR 进程写到数据文件中去。

②重做日志缓冲区

重做日志缓冲区保存了对数据库进行修改的重做日志记录。这些记录在特定的条件下被后台进程 LGWR 写入重做日志文件。

③共享池

共享池又称为 SQL 共享池,相当于程序高速缓冲区,存放已经解析过的 SQL 代码,这样,如果有会话还需要再次执行这段代码就可以直接使用,加速 SQL 指令的执行速度,这部分缓冲区被称作库缓存。共享池中还包括数据字典缓存,存放在解析 SQL 语句时所需要的系统信息,可能包含对象名称、列定义、权限设置和存储控制等,加快对 SQL 语句的执行速度。

④大型池

大型池用于提供一个大的缓冲区供数据库的备份与恢复操作使用,它是 SGA 的可选区域。

(2)程序全局区

程序全局区(Program Global Area,PGA)是包含单独用户或服务器数据和控制信息的内存区域。PGA 是用户连接到 Oracle 数据库并创建一个会话时,由 Oracle 自动分配的。与 SGA 有所不同,PGA 是非共享区,只有服务进程本身才能访问它自己的 PGA 区,每个服务器都有自己的 PGA 区。PGA 是数据库服务器内存中为单个用户进程分配的专用的内存区域,是用户进程私有的,不能共享,其他进程不能读写该内存区域中的任何数据。

（3）排序区

排序区用于为排序显示的 SQL 语句提供内存空间,系统使用专门的内存区域进行数据的排序,这部分空间称为排序区。在 Oracle 数据库中,排序区存在于请求排序的用户进程的内存中,使用排序区可以显著提高排序操作的速度。排序区的大小可以随着排序量的大小而增长,但受初始化参数的限制。

（4）软件代码区

软件代码区（Software Code Area,SCA）用于存储正在执行的或可以执行的程序代码,可以为共享或非共享。Oracle 系统进程是共享的,用户进程可以是共享或非共享的。

5. 实例的进程结构

当数据库启动时,系统先启动实例,自动分配 SGA,并启动 Oracle 的多个后台进程,内存区域和后台进程合称为一个 Oracle 实例。当用户连接到 Oracle 数据库实例进行事务处理的过程中,一定会产生不同类型的进程实现事务处理。一般来说,存在三种类型的进程,用户进程、服务器进程和后台进程。用户进程是用户向服务器发出访问或请求信息的进程。一些软件或工具可以产生用户进程,实现与数据库的通信,如 SQL Plus 等。服务器进程是接收用户进程信息并根据请求与数据库进行通信的进程。这些通信实现数据操作,完成用户对数据库数据的处理要求。

（1）DBWR 进程

DBWR 进程称为数据库写入进程,该进程将缓冲区中的数据写入数据文件,是负责缓冲存储区管理的一个 Oracle 后台进程。当缓冲区中的某一缓冲区被修改时,它被标志为"脏",DBWR 的主要任务是将"弄脏"的缓冲区数据写入磁盘,使缓冲区保持"干净"。由于缓冲区的数据被用户进行修改占用,空闲缓冲区的数目就减少。当未使用的缓冲区的数目过少,以致用户进程要从磁盘数据文件读入块到内存存储区而无法找到空闲的缓冲区时,DBWR 将管理缓冲区,使用户可得到空闲的缓冲区。

（2）LGWR 进程

LGWR 称为日志写入进程,它将重做日志缓存中的重做记录写入联机重做日志文件,是负责管理日志缓冲区的一个 Oracle 后台进程。数据库在运行时,如果对数据库进行修改,就会产生日志信息,日志信息首先保存在缓冲区中。当日志信息达到一定数量时,则由 LGWR 将日志缓冲区的日志数据写入日志文件。

LGWR 进程不是随时都在运行的,只有在下述情况之一发生时,才产生 LGWR 进程。

①当用户进程提交一个事务时。

②每 3 秒即发生一次超时,出现超时将启动 LGWR 进程。

③当日志缓冲区的 1/3 已满时将日志缓冲区输出。

④当 DBWR 将"脏"数据缓存写入数据文件时,将日志缓冲区输出。

日志缓冲区是一个循环缓冲区,当 LGWR 日志缓冲区中的日志数据写入磁盘日志文件中后,服务器进程又可以将新的日志数据保存到日志缓冲区中。

LGWR 进程同步写入在线日志文件组的多个日志成员文件中,如果日志文件组的某个成员文件被删除或者不可使用,则 LGWR 进程可以将日志信息写入该组的其他文件中,从而不影响数据库正常运行,但会在警告日志文件中记录错误。如果整个日志文件组都无法正常使用,则 LGWR 进程会失败,并且整个数据库实例将挂起,数据库发生故障,直到问题被解决。

（3）ARCH 进程

ARCH 进程称为归档进程，用于将写满的日志文件复制到归档日志文件中，防止日志文件组中的日志信息由于日志文件组的循环使用而被覆盖。

Oracle 数据库有两种运行模式：归档模式和非归档模式。如果数据库运行在非归档模式下，则日志文件在切换时，将被直接覆盖，不会产生归档日志。当数据库运行在归档模式下时，如果发生日志切换，则启动归档进程 ARCH 将已满的日志文件复制到指定的存储设备中，以避免已经写满的日志文件被覆盖。

如果要启动 ARCH 进程，除需要数据库运行在归档模式下外，还需要设置初始化参数 ARCHIVE_LOG_START 为 TRUE。该进程启动后，数据库将具有自动归档功能。如果该参数为 FALSE，则即使数据库运行在归档模式下，ARCH 进程也不会被启动。

（4）CKPT 进程

CKPT 进程被称为检查点或检验点进程，一般在发生日志切换时自动产生，用于缩短实例恢复所需的时间，它是一个可选进程。

检查点就是一个事件，当该事件发生时，数据库缓冲中的"脏"缓存块将被写入数据文件，同时系统对数据库的控制文件和数据文件进行更新，以记录当前数据库的状态。在通常情况下，在日志切换时产生。检查点可以保证所有修改过的数据缓冲区数据都被写入磁盘数据文件，此时数据库处于一个完整状态。如果数据库崩溃，只需要将数据库恢复到上一个检查点，以缩短恢复所需的时间。

检查点进程 CKPT 负责执行检查点并更新控制文件，启用 DBWR 进程将"脏"缓存块中的数据写入数据文件。在通常情况下，该任务由 LGWR 执行，当然也可以让 CKPT 进程运行，将原来由 LGWR 进程执行的检查点的工作分享出来，由 CKPT 进程实现。对于许多应用情况，CKPT 进程是不必要的。只有当数据库有许多数据文件，并且 LGWR 在检查点时明显地降低性能的情况下才使 CKPT 运行。

（5）SMON 和 PMON 进程

SMON 进程被称为系统监控进程，是在数据库中许多实例被启动时，负责对数据库进行恢复操作。如果数据库非正常关闭，则当下次启动数据库实例时，SMON 进程将根据重做日志文件对数据库进行恢复。除此之外，SMON 进程还负责回收临时表空间或临时段中不再使用的存储空间，以及合并各个表空间中的空闲空间碎片。

PMON 进程称为进程监控进程，是在用户进程出现故障时执行进程恢复，负责清理内存存储区和释放该进程所使用的资源。在一些情况下，用户与 Oracle 数据库的连接可能会非正常终止。如在用户没有从数据库中正常退出的情况下，关闭了客户端程序，Oracle 将启动 PMON 进程来启动清除中断或失败的用户进程，释放该进程所使用的系统资源。

（6）RECO 进程

RECO 进程被称为恢复进程，负责在分布式数据库环境中自动恢复那些失败的分布式事务。在分布式数据库系统中包含多个数据库实例，它们就像一个实例一样运行，其中任何一个实例都可以修改其他数据库的数据。分布式数据库系统允许在多个数据库中进行数据的修改，RECO 进程负责查找分布在网络中的进程，帮助修复由于通信失败的修改过程。RECO 进程不断尝试所需的连接，使分布式系统更快地从通信故障中恢复过来。

知识点 2　表空间管理

微课

表空间是 Oracle 数据库中最大的逻辑存储结构,它与操作系统中的数据文件相对应,用于存储数据库中用户创建的所有内容。表空间是一个逻辑概念,所有的数据和值实际上放在一个或多个物理文件中,一个物理文件对应一个表空间,在创建数据库时就要创建表空间,并指定数据文件。

表空间的管理

1.基本表空间

在创建数据库时,Oracle 会自动地创建一系列表空间,例如 system 表空间。用户可以使用这些表空间进行数据操作。但是,在实际应用中,如果所有用户都使用系统自动创建的这几个表空间,将会严重影响 I/O 性能。因此,需要根据实际情况创建不同的表空间,这样既可以减轻系统表空间的负担,又可以使得数据库中的数据分布更清晰。

（1）创建表空间

创建表空间需要使用 CREATE TABLESPACE 语句,基本语法如下:

```
CREATE [TEMPORARY|UNDO] TABLESPACE tablespace_name
[DATAFILE datafile_tempfile_spacification]
[BLOCKSIZE number K]
[ONLINE|OFFLINE]
[LOGGING|NOLOGGING]
[FORCE LOGGING]
[DEFAULT STORAGE storage]
[COMPRESS|NOCOMPRESS]
[PERMANENT|TEMPORARY]
[EXTENT MANAGEMENT DICTIONARY|LOCAL [AUTOALLOCATE|UNIFORM SIZE number
K|M]]
[SEGMENT SPACE MANAGMENT AUTO|MANUAL];
```

语法说明如下:

①TEMPORARY|UNDO:表示创建的表空间的用途。TEMPORARY 表空间用于存放排序等操作中产生的数据;UNDO 表空间用于存储修改之前数据的“前”影像,以便在撤销删除操作时,能够恢复为原来的数据。

②BLOCKSIZE number K:表示创建非标准数据块表空间。

③ONLINE|OFFLINE:使用 ONLINE 选项,表示表空间立即可用;如果使用 OFFLINE,则创建的表空间不可用。

④LOGGING| NOLOGGING:指定所有保存在该表空间中的默认日志选项。使用 LOGGING 时,将生成表空间的日志记录选项,用来记录该表空间中数据对象的任何操作;使用 NOLOGGING 时,将不生成日志记录选项。

⑤FORCE LOGGING:该子句迫使 Oracle 生成表空间的日志记录项,而不用考虑 LOGGING 或者 NOLOGGING 的设置。该日志记录项记录数据库中对象的创建或者更改操作。

⑥DEFAULT STORAGE storage:用来设置保存在表空间中的数据库对象的默认存储参数。如果在创建数据库对象时指定存储参数,该参数仅在数据字典管理的表空间内有效;在本地化管理的表空间中,虽然可以使用该选项,但不起作用。

⑦COMPRESS|NOCOMPRESS：COMPRESS 选项表示将对数据块中的数据进行压缩，压缩的结果是消去列中的重复值。当检索数据时，Oracle 会自动对数据解压缩。NOCOMPRESS 表示不执行压缩。

⑧PERMANENT|TEMPORARY：PERMANENT 表示将持久保存表空间的数据库对象；TEMPORARY 选项表示临时保存数据库对象。

⑨EXTENT MANAGEMENT DICTIONARY|LOCAL〔AUTOALLOCATE|UNIFORM SIZE number K|M〕：该子句决定创建的表空间是数据字典还是本地化管理表空间。如果是本地化管理表空间，可使用 UNIFORM 和 AUTOALLOCATE 关键字。

- UNIFORM：表示表空间中所有盘区的大小相同。
- AUTOALLOCATE：表示盘区大小由 Oracle 自动分配。该选项为默认值。

⑩SEGMENT SPACE MANAGMENT AUTO|MANUAL：该子句表示表空间中段的管理方式是自动管理还是手动管理方式。默认为 AUTO，自动管理方式。

其中〔DATAFILE datafile_tempfile_spacification〕完整语法如下：

```
DATAFILE|TEMPFILE file_name SIZE K|M REUSE
[AUTOEXTEND OFF|ON
[NEXT number K|M
MAXSIZE UNLIMITED|number K|M]];
```

- REUSE：如果该文件已存在，则清除该文件，并重新创建；如未使用这个关键字，则当数据文件已存在时将出错。
- AUTOEXTEND：指定数据文件是否为自动扩展。
- NEXT：如果指定数据文件为自动扩展，则使用该参数指定数据文件每次扩展的大小。
- MAXSIZE：当数据文件为自动扩展，使用该参数指定数据文件所扩展的最大限度。

【示例 2-1】　创建一个永久性表空间 myspace。

```
SQL>CREATE TABLESPACE myspace
  2    DATAFILE 'E:\APP\Administrator\oradata\orcl\myspace.dbf'
  3    SIZE 50M
  4    AUTOEXTEND ON NEXT 5M
  5    MAXSIZE 100M;
```

表空间已创建。

（2）表空间状态属性

表空间的状态属性决定了表空间的使用情况，主要有在线、离线、只读和读写 4 种。通过设置表空间的状态属性，可以对表空间的使用进行管理。

①在线（ONLINE）

当表空间的状态为 ONLINE 时，才允许访问该表空间中的数据，ONLINE 状态属性表示表空间在线且处于读写状态。如果表空间不是 ONLINE 状态的，可以使用 ALTER TABLESPACE 语句将其状态修改为 ONLINE 状态，语句格式如下：

```
ALTER TALESPACE tablespace_name ONLINE;
```

②离线（OFFLINE）

当表空间的状态为 OFFLINE 时，不允许访问该表空间中的数据。

当表空间不是 OFFLINE 状态时,可以使用 ALTER TABLESPACE 语句将其状态修改为 OFFLINE 状态,语句格式如下:

ALTER TALESPACE tablespace_name ONLINE parameter;

其中,parameter 表示将表空间切换为 OFFLINE 状态时使用的参数,主要有以下几种:

- NORMAL:指定表空间以正常方式切换到 OFFLINE 状态。
- TEMPORARY:指定表空间以临时方式切换到 OFFLINE 状态。
- IMMEDIATE:指定表空间以立即方式切换到 OFFLINE 状态。
- FOR RECOVER:指定表空间以恢复方式切换到 OFFLINE 状态。

【示例 2-2】　将表空间 myspace 的状态属性设置为 OFFLINE 状态。

SQL>ALTER TABLESPACE myspace OFFLINE NORMAL;

表空间已更改。

③只读(READ ONLY)

当表空间的状态为 READ ONLY 时,虽然可以访问表空间的数据,但访问仅仅限于读取,而不能进行任何更新或删除操作。

当表空间不是 READ ONLY 状态时,则可以使用 ALTER TABLESPACE 语句将其状态修改为 READ ONLY 状态,语句格式如下:

ALTER TALESPACE tablespace_name READ ONLY;

④读写(READ WRITE)

当表空间的状态为 READ WRITE 时,可以对表空间进行正常访问,包括对表空间中的数据进行查询、更新和删除等操作,如果将表空间的状态属性设置为 READ WRITE,则当前的表空间状态必须为 READ ONLY。

可以使用 ALTER TALESPACE 语句将表空间状态设置为 READ WRITE 状态,语句格式如下:

ALTER TALESPACE tablespace_name READ WRITE;

【示例 2-3】　将表空间 myspace 状态属性设置为 READ WRITE,然后通过数据字典 dba_tablespaces 查看当前数据库中表空间的状态。

SQL>ALTER TABLESPACE myspace READ WRITE;

表空间已更改。

SQL>SELECT tablespace_name,status FROM dba_tablespaces;

TABLESPACE_NAME	STATUS
SYSTEM	ONLINE
SYSAUX	ONLINE
UNDOTBS1	ONLINE
TEMP	ONLINE
USERS	ONLINE
EXAMPLE	ONLINE
MYSPACE	READ WRITE

(3)表空间重命名

在需要的情况下,可以对表空间进行重命名,修改表空间的名称不会影响到表空间中的数据,但不能修改系统表空间 system 与 sysaux 的名称。重命名表空间的语法如下:

ALTER TABLESPACE tablespace_name RENAME TO new_tablespace_name

【示例 2-4】　将表空间 myspace 的名称重命名为 myspace1。

SQL>ALTER TABLESPACE myspace RENAME TO myspace1；

(4)表空间中数据文件的管理

①修改表空间中数据文件的大小

创建表空间时需要为表空间对应的数据文件指定大小，数据文件的大小是根据预算而设置的，实际需要存储的数据有可能会超出这个预算值，如果表空间所对应的数据文件都被写满，则无法再向该表空间中添加数据，但可以通过 ALTER DATABASE 语句修改表空间的数据文件的大小。修改表空间中数据文件大小的语法如下：

ALTER DATABASE DATAFILE file_name RESIZE newsize K|M；

语法说明如下：

• file_name：数据文件的名称与路径。

• RESIZE newsize：修改数据文件的大小为 newsize。

【示例 2-5】　将表空间 myspace 对应的数据文件大小修改为 50M，然后通过数据字典 dba_data_files 查看其数据文件信息。

SQL>ALTER DATABASE

 2　DATAFILE 'E:\app\Administrator\oradata\orcl\myspace. dbf'

 3　RESIZE 50M；

数据库已更改。

SQL>COLUMN file_name FORMAT A35；

SQL>COLUMN tablespace_name FORMAT A7；

SQL>SELECT tablespace_name,file_name,bytes

 2　FROM dba_data_files

 3　WHERE tablespace_name='myspace'；

②增加表空间的数据文件

增加新的数据文件需要使用 ALTER TABLESPACE 语句,其语法如下：

ALTER TABLESPACE tablespace_name

ADD DATAFILE

File_name size number K|M

 [

   AUTOEXTEND OFF|ON

   [NEXT number K|M MAXSIZE UNLIMITED|number K|M]

 ]

[,....]

【示例 2-6】　为表空间 myspace 增加两个新的数据文件。

SQL>ALTER TABLESPACE myspace

 2　ADD DATAFILE

 3　'E:\app\Administrator\oradata\orcl\myspace02. dbf'

 4　SIZE 10M

 5　AUTOEXTEND ON NEXT 5M MAXSIZE 40M'

 6　'E:\app\Administrator\oradata\orcl\myspace03. dbf'

 7　SIZE 10M

 8　AUTOEXTEND ON NEXT 5M MAXSIZE 40M；

③删除表空间的数据文件

可以删除表空间的数据文件，但要删除的数据文件不允许包含数据。删除表空间的数据文件的语法如下：

```
ALTER TABLESPACE tablespace_name
DROP DATAFILE file_name;
```

【示例 2-7】　删除 myspace 表空间数据文件'E：\app\Administrator\oradata\orcl\myspace03.dbf'。

SQL＞ALTER TABLESPACE myspace

　2　DROP DATAFILE 'E：\app\Administrator\oradata\orcl\myspace02.dbf'

表空间已更改。

（5）删除表空间

当不再需要某个表空间时，可以删除该表空间，但要求用户具有 DROP TABLESPACE 系统权限。删除表空间需要使用 DROP TABLESPACE 语句，其语法如下：

```
DROP TABLESPACE tablespace_name
[INCLUDING CONTENTS [AND DATAFILES]]
```

语法说明如下：

①INCLUDING CONTENTS：表示删除表空间的同时，还删除表空间中的所有数据库对象。

②AND DATAFILES：表示删除表空间的同时，还删除表空间所对应的数据文件。如果不使用此选项，则删除表空间实际上仅是从数据字典和控制文件中将该表空间的有关信息删除，而不会删除操作系统中与该表空间对应的数据文件。

【示例 2-8】　删除 myspace 表空间。

SQL＞DROP TABLESPACE myspace

　2　INCLUDING CONTENTS AND DATAFILES；

表空间已删除。

2. 临时表空间

临时表空间是一个磁盘空间，主要用于存储用户在执行 ORDER BY 等语句进行排序或汇总时产生的临时数据，它是所有用户公用的。默认情况下，所有用户都使用 temp 作为临时表空间。

创建临时表空间时需要使用 TEMPORARY 关键字，并且与临时表空间对应的是临时文件，由 TEMPFILE 关键字指定，而数据文件由 DATAFILE 关键字指定。

【示例 2-9】　创建临时表空间 mytemp。

SQL＞CREATE TEMPORARY TABLESPACE mytemp

　2　TEMPFILE 'E：\app\Administrator\oradata\orcl\mytemp.dbf'

　3　SIZE 10M

　4　AUTOEXTEND ON NEXT 2M MAXSIZE 20M；

表空间已创建。

使用临时表空间时需要注意以下事项：

①临时表空间只能用于存储临时数据，不能存储永久性数据，当排序或汇总结束后，系统将自动删除临时文件中存储的数据。

②临时表空间的文件为临时文件,在数据字典 dba_data_files 不再记录有关临时文件的信息。

③临时表空间的盘区管理方式都是 UNIFORM,所以在创建临时表空间时,不能使用 AUTOALLOCATE 关键字指定盘区的管理方式。

3. 大文件表空间

大文件表空间是 Oracle 10g 引进的一个新表空间类型,主要用于处理存储文件大小不够的问题。与普通表空间不同的是,大文件表空间只能对应唯一数据文件或临时文件,而普通表空间则可以对应 1 022 个数据文件或临时文件。但大文件表空间对应的数据文件可达 4G 个数据块大小,而普通表空间对应的文件最大可达 4M 个数据块大小。

创建大文件表空间使用 BIGFILE 关键字,而且只能为其指定一个数据文件或临时文件。

【示例 2-10】　创建一个大文件表空间 mybigspace。

```
SQL>CREATE BIGFILE TABLESPACE mybigspace
  2   DATAFILE 'E:\app\Administrator\oradata\orcl\mybigspace.dbf'
  3   SIZE 10M;
表空间已创建。
```

4. 非标准数据块表空间

非标准数据块表空间是指其数据块大小不基于标准数据块大小的表空间。在创建表空间时,可以使用 BLOCKSIZE 子句,该子句用来另外设置表空间中的数据块大小,如果不指定该子句,则默认的数据块大小由系统初始化参数 db_block_size 决定。在数据库创建之后无法再修改该参数的值。

Oracle 11g 允许用户创建非标准表空间,使用 BLOCKSIZE 子句指定表空间中数据块的大小,但是必须有数据缓冲区参数 db_nk_cache_size 的值与 BLOCKSIZE 参数的值相匹配。如 BLOCKSIZE 为 16k,则必须设置 db_16k_cache_size 的值,否则创建表空间时会报错。

【示例 2-11】　创建一个非标准数据块表空间 nonstandard,其数据块大小设置为 16k。

```
SQL>CREATE TABLESPACE nonstandard
  2   Datafile 'E:\app\Administrator\oradata\orcl\nonstandard'
  3   SIZE 5M
  4   BLOCKSIZE 16k;
表空间已创建。
```

5. 设置默认表空间

在 Oracle 中,用户的默认永久性表空间为 users,默认临时表空间为 temp。如果所有用户都使用默认的表空间,无疑会增加 users 和 temp 表空间的负担。

Oracle 允许使用非 user 表空间作为默认的永久性表空间,使用非 temp 表空间作为默认的临时表空间。设置默认表空间使用 ALTER DATABASE 语句,语法如下:

ALTER DATABASE DEFUALT [TEMPPORARY] TABLESPACE tablespace_name;

其中 TEMPORARY 关键字表示设置默认临时表空间,如果不使用该关键字,则表示设置默认永久性表空间。

【示例 2-12】　将 myspace 表空间设置为默认的永久性表空间,将 mytemp 表空间设置为默认临时表空间。

```
SQL>ALTER DATABASE DEFAULT TABLESPACE myspace;
数据库已更改。
```

SQL>ALTER DATABASE DEFAULT TEMPORARY TABLESPACE mytemp;

数据库已更改。

6. 撤销表空间

当对数据库中的数据进行更新后,Oracle 将会把修改前的数据存储到撤销表空间中,如果用户需要对数据进行恢复,就会使用到撤销表空间中存储的撤销数据。

(1)管理撤销表空间的方式

Oracle 11g 支持两种管理撤销表空间的方式:自动撤销管理和回退段撤销管理。其中自动撤销管理是 Oracle 在 Oracle 9i 之后引入的管理方式,使用这种方式时,Oracle 系统自动管理撤销表空间。回退段撤销管理是 Oracle 的统计管理方式,要求数据库管理员通过创建回退段为撤销操作提供存储空间。

一个数据库实例只能采用一种撤销管理方式,由参数 undo_management 决定。

①自动撤销管理

如果选择自动撤销管理方式,则应将参数 undo_management 的值设置为 AUTO,并且需要在数据库创建一个撤销表空间,Oracle 系统在安装时会自动创建一个撤销表空间 undotbs1。系统当前所使用的撤销表空间由参数 undo_tablespace 决定。

②回退段撤销管理

如果选择使用回退段撤销管理方式,则应将参数 undo_management 的值设置为 MANUAL,并且需要设置下列参数。

- rollback_segments:设置数据库所使用的回退段名称。
- transactions:设置系统中的事务总数。
- transactions_per_rollback_segment:指定回退段可以服务的事务个数。
- max_rollback_segments:设置回退段的最大个数。

(2)创建与管理撤销表空间

Oracle 11g 默认采用自动撤销管理方式,这种方式需要用到撤销表空间。

①创建撤销表空间

创建撤销表空间需要使用 CREATE UNDO TABLESPACE 语句,与创建普通表空间类似,但也有限制,说明如下:

- 撤销表空间只能使用本地化管理表空间类型,即 EXTENT MANAGEMETN 子句只能指定 LOCAL。
- 撤销表空间的盘区管理方式只能使用 AUTOALLOCATE。
- 撤销表空间的段的管理方式只能为手动管理方式,即 SEGMENT SPACE MANAGEMENT 只能指定 MANUAL。

【示例 2-13】 创建一个撤销表空间 myundo。

SQL>CREATE UNDO TABLESPACE myundo

　2　DATAFILE 'E:\app\Oraclefile\myundo. dbf'

　3　SIZE 10M;

表空间已创建。

②修改撤销表空间的数据文件

撤销表空间主要由 Oracle 系统自动管理,所以对撤销表空间的数据文件的修改主要基于以下几种形式:

- 为撤销表空间添加新的数据文件。
- 移动撤销表空间的数据文件。
- 设置撤销表空间的数据文件的状态为 ONLINE 或 OFFLINE。

以上几种修改方式同样使用 ALTER TABLESPACE 语句来实现,与普通表空间的修改相同。

③切换撤销表空间

一个数据库可以有多个撤销表空间,但数据库一次只能使用一个撤销表空间。如果要将使用的撤销表空间切换为其他表空间,则修改参数 undo_tablespace 的值即可。

【示例 2-14】　将当前数据库使用的撤销表空间切换为 myundo。

SQL>ALTER SYSTEM SET UNDO_TABLESPACE='myundo';

系统已更改。

小提示 :

如果要切换的表空间不是撤销表空间,或者表空间正在被其他数据库使用,将切换失败。

(3)修改撤销记录的保留时间

在 Oracle 中,撤销表空间中的撤销记录的保留时间参数 undo_retention 决定,默认为 900 秒,900 秒后,撤销记录将从撤销表空间中清除。

如果应用中需要修改保留时间,可以使用 ALTER SYSTEM 语句修改参数 undo_retention 的值。

【示例 2-15】　将当前数据库撤销记录的保留时间修改为 1200 秒。

SQL>ALTER SYSTEM SET undo_retention=1200;

系统已更改。

(4)删除撤销表空间

删除撤销表空间同样需要使用 DROP TABLESPACE 语句,但删除的前提是该撤销表空间此时没有被数据库使用,如果正在使用,则应先进行表空间切换操作。

【示例 2-16】　将当前数据库使用的撤销表空间切换为默认值,并将撤销表空间 myundo 删除。

SQL>ALTER SYSTEM SET UNDO_TABLESPACE='undotbs1';

系统已更改。

SQL>DROP TABLESPACE myundo INCLUDING CONTENTS AND DATAFILES;

表空间已删除。

7. 与表空间和数据文件相关的数据字典

Oracle 系统为数据库管理员方便管理表空间以及数据文件,提供了一系列与表空间和数据文件相关的数据字典,通过这些数据字典,可以了解表空间的状态及其数据文件信息等。常用的相关数据字典见表 2-1。

表 2-1　　　　　　　　　　　与表空间和数据文件相关的数据字典

名　称	说　明
dba_data_files	记录数据库实例中所有数据文件及表空间的信息
v＄datafile	记录数据库实例中数据文件被使用情况的统计信息
v＄datafile_header	记录数据文件使用中的头部信息
dba_tablespaces	记录数据库所有表空间的状态信息

（续表）

名　称	说　明
dba_free_space	记录表空间中空闲空间的信息
dba_extents	记录段的扩展信息
dba_temp_files	记录临时表空间及其临时文件的信息
dba_tablespace_groups	记录临时表空间组及其成员的信息
v＄tempfile	记录数据库实例中临时文件被使用情况的统计信息
v＄rollstat	记录撤销表空间中所有撤销段的信息
v＄transaction	记录所有事务所使用的撤销段信息
dba_undo_extents	记录撤销表空间中每个盘区所对应的事务提交时间

任务 2.1　Oracle 11g 管理工具的使用

在 Oracle 数据库系统中，可以使用两种方式执行命令。一种是通过各种图形化工具，另一种方式是直接在 SQL Plus 工具中使用。各种图形化工具的特点是直观、简单、容易操作，而直接使用命令则需要记忆具体的语法形式。但是，图形工具的灵活性比较差，不利于用户对命令和其选项的理解，使用命令则非常灵活，也有利于加深用户对复杂命令的理解，可以完成某些图形工具无法完成的任务。

子任务 1　Oracle Enterprise Manager 的使用

【任务分析】

Oracle 企业管理器（Oracle Enterprise Manager，OEM）是 Oracle 功能非常强大的系统管理工具，它是一个基于 Java 的框架系统，该系统集成了多个组件，为用户提供了一个功能强大的图形用户界面，是通过一组 Oracle 程序，为管理分布式环境提供了管理服务。OEM 将中心控制台、多个代理、公共服务以及工具合为一体，提供了一个集成的综合性系统平台管理 Oracle 数据库环境。

Oracle 11g 的 Oracle Enterprise Manager 管理工具不仅可以管理本地数据库，也可以管理网络环境数据库及 RAC 环境数据库。不论管理何种环境的数据库，OEM 都采用 HTTPS 进行数据库访问，也就是采取 3 层结构访问 Oracle 数据库系统。

在成功安装 Oracle 11g 后，Oracle Enterprise Manager 一般也随之安装成功，如果要使用 Oracle Enterprise Manager，需要通过浏览 HTTP 或 HTTPS 协议来启动。启动 Oracle Enterprise Manager 有两种方式：

（1）选择【开始】→【程序】→【Oracle-OraDb11g_home1】→【Database Control-orcl】，系统会打开浏览器，显示 Oracle Enterprise Manager 的登录界面。

（2）打开浏览器 Internet Explorer，在地址栏输入：https://dbserver：1158/em，启动 Oracle Enterprise Manager。

【任务实施】

（1）打开 Windows 的 IE 浏览器，在地址栏输入 https://dbserver：1158/em，按回车键出现如图 2-7 所示的登录界面。

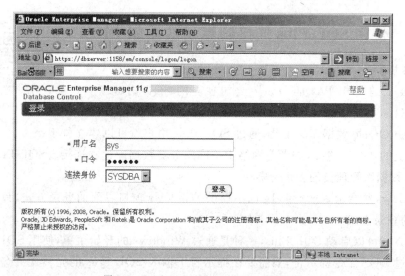

图 2-7　Oracle Enterprise Manager 登录界面

小提示：

在地址栏中输入 https://dbserver:1158/em,其中 dbserver 为计算机名称,1158 为 Oracle 启动 Oracle Enterprise Manager 管理工具的端口号。

(2)在如图 2-7 所示的界面输入登录的用户名和口令,选择连接身份,单击【登录】按钮。用户名在安装后激活了 sys 和 system,其中 sys 为数据库管理员,system 为默认的操作员。

(3)登录后,出现如图 2-8 所示的 Oracle Enterprise Manager 管理工具操作界面,在 Oracle Enterprise Manager 管理工具操作界面中,用户可以对数据库实例进行各种操作。

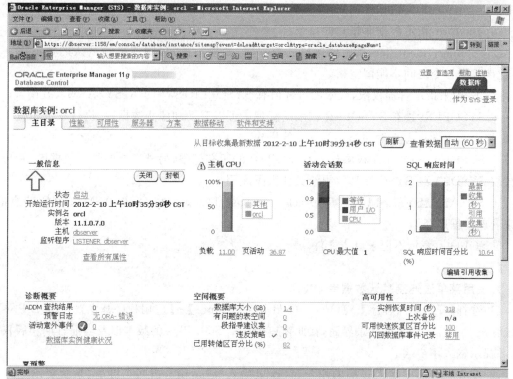

图 2-8　Oracle Enterprise Manager 管理工具操作界面

子任务 2　使用 SQL Plus 连接到默认数据库 ORCL

使用 SQL Plus 连接到
默认数据库 ORCL

【任务分析】

Oracle 11g 的 SQL Pus 是 Oracle 公司独立的 SQL 语言工具产品，"Plus"表示 Oracle 公司在标准 SQL 语言基础上进行了扩充。SQL Plus 是一个连接到 Oracle 数据库的工具，通过 SQL Plus 用户就可以建立位于相同服务器上的数据库连接，或者与网络中不同服务器数据库建立连接。SQL Plus 工具可以满足 Oracle 数据库管理员的大部分需求。

在 Windows 平台上，Oracle 11g 已不提供 Windows 窗口界面的登录方式，只提供了一种类似 DOS 的登录方式。

有两种方式可以启动 SQL Plus，一种是通过 Windows 的开始菜单，使用 SQL Plus 工具；另一种是通过 DOS 命令提示符，只需要在提示符下输入 SQL Plus 的完整文件名即可。SQL Plus 一般位于安装 Oracle 数据库时，所选择安装的"C:\app\Administrator\product\11.1.0\db_1\BIN"目录下。当启动 SQL Plus 后，系统将显示版本号、日期和版权信息，并提示输入用户名和密码。

要从命令行启动 SQL Plus，可以使用 sqlplus 命令。命令的一般格式如下：

```
sqlplus [username[/password][@connect_identifier]][AS[SYSOPER|SYSDBA|SYSASM|]
<logon>为：(<username>[/<password>][@<connect_identifier>]|/NOLOG)
    [AS SYSDBA|AS SYSOPER|AS SYSASM]|/NOLOG|[EDITION=value]
```

语法说明如下：

①username：指定数据库帐户用户名。

②password：指定数据库帐户的口令。

③@connect_identifier：指定要连接的数据库，如果不指定，则连接到默认的数据库。注意：此参数与口令之间不能留空格。

④AS：用来指定管理权限，权限的可选值有 SYSOPER，SYSDBA，SYSASM。其中：

• SYSOPER：具有 SYSOPER 权限的管理员可以启动和停止数据库、执行联机和脱机备份、归档当前重做日志文件和连接数据库等操作。

• SYSDBA：SYSDBA 权限包含 SYSOPER 的所有权限，另外还能够创建数据库，并且可以授权 SYSDBA 或 SYSOPER 权限给其他数据库用户。

• SYSASM：SYSASM 权限是 Oracle Database 11g 新增特性，是 ASM 实例所特有的，用来管理数据库存储。

⑤NOLOG：表示不记录日志文件。

【任务实施】

1.使用菜单法连接默认数据库 ORCL

(1)选择【开始】→【程序】→【Oracle-OraDb11g_home1】→【应用程序开发】→【SQL Plus】。系统弹出 DOS 窗口，显示登录界面，在此窗口中显示 SQL Plus 的版本以及当前日期和版权信息，并提示输入用户名。

(2)在登录界面中输入正确的用户名，这里输入"system"，按回车键后，系统提示输入口令，这里输入口令为"system"，SQL Plus 将连接到默认数据库。

（3）连接到数据之后，显示 SQL＞提示符，用户可以输入要执行的 SQL 命令，命令必须以"；"或"/"结束，例如执行"SELECT name FROM V＄DATABASE；"语句，查看当前数据库的名称，如图 2-9 所示。

图 2-9　执行 SQL 命令

2. 通过命令行连接到默认数据库 ORCL

（1）单击【开始】→【运行】，弹出"运行"对话框，如图 2-10 所示，在对话框中输入 cmd，按回车键后进入 DOS 控制台，如图 2-11 所示。

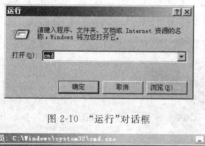

图 2-10　"运行"对话框

图 2-11　进入 DOS 控制台

（2）在 DOS 控制台界面中输入命令：sqlplus system/system，按回车键后连接到默认数据库，如图 2-12 所示。

图 2-12　从命令行连接数据库

任务 2.2   使用 DBCA 创建图书销售管理数据库

【任务分析】

Oracle 11g 数据库安装时，已经通过"创建数据库"选项创建了一个数据库 ORCL。如果在安装 Oracle 时没有创建数据库，或者需要另外创建新的数据库，有两种方法：一种是通过 DBCA（Database Configuration Assistant）工具创建数据库，另一种是通过 SQL 语句的 CREATE DATABASE 命令创建数据库。DBCA 是一款图形化用户界面的工具，用来帮助数据库管理员快速、直观地创建数据库。DBCA 中内置了几种典型的数据库模板，通过使用数据库模板，用户只需要做很少的操作就能够完成数据库的创建。使用 SQL 语句创建数据库比较复杂，本书对此不予介绍。

同时，在一台 Oracle 数据库服务器中允许创建多个数据库，但为了使 Oracle 数据库服务系统充分利用服务器的资源，建议在一台服务器上只创建一个数据库。

本任务使用 DBCA 创建图书销售管理系统的数据库 book。

微课

使用 DBCA 创建
图书销售管理数据库

【任务实施】

（1）单击【开始】→【程序】→【Oracle-Oradb11g_home1】→【配置和移置工具】→【Database Configuration Assistant】命令，打开 DBCA 的欢迎使用界面，如图 2-13 所示。

图 2-13   DBCA 的"欢迎使用"界面

（2）在欢迎使用界面单击【下一步】按钮，进入选择要执行的操作界面，如图 2-14 所示。

图 2-14   选择要执行的操作界面

小提示🖝：

在操作界面中,共有 5 个选项,其中,"创建数据库"用于创建一个新的数据库;"配置数据库选件"用于对已存在的数据库进行配置;"删除数据库"用于删除某个数据库;"管理模板"用于创建或删除数据库模板;"配置自动存储管理"用于创建和管理 ASM(Automated Storage Management,自动存储管理系统)及其相关的磁盘组。

(3)选中"创建数据库"单选按钮,单击【下一步】按钮,进入创建数据库的第二步,即选择创建数据库时所使用的模板,如图 2-15 所示。

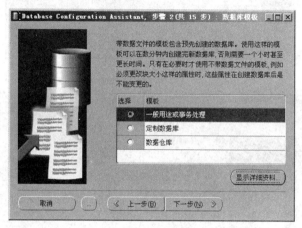

图 2-15　选择创建数据库的模板

(4)选中"一般用途或事务处理"选项,单击【下一步】按钮,进入数据库标识界面,如图 2-16 所示。这里将全局数据库名称设置为 book,而数据库实例名(SID)默认与全局数据库名相同,也为 book。

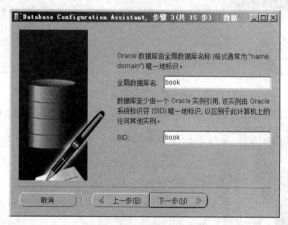

图 2-16　设置数据库标识

(5)输入全局数据库名和 SID 后,单击【下一步】按钮,进入数据库管理选项界面,如图 2-17 所示。

(6)在数据库管理选项界面,采用默认设置,单击【下一步】按钮,进入数据库身份证明界面,选择"所有帐户使用同一管理口令",并设置好口令,这里设置为 system,如图 2-18 所示。

(7)单击【下一步】按钮,进入存储选项界面,在该界面中选择"文件系统"选项,如图 2-19 所示。

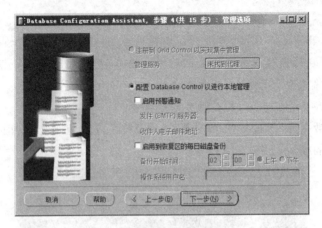

图 2-17　数据库管理选项界面

图 2-18　数据库身份证明界面

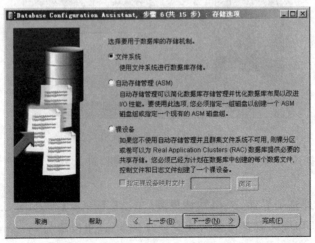

图 2-19　设置数据库的存储选项

(8)单击【下一步】按钮,进入数据库文件所在位置界面,如图 2-20 所示。在该界面中设置数据库文件的存储位置。

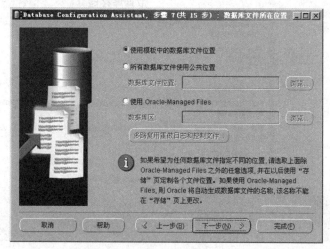

图 2-20 设置数据库文件的存储位置

小提示:

为了提高 Oracle 的性能,建议将数据库的数据文件与控制文件、日志文件存放在不同的路径中。

(9)设置好存储位置后,单击【下一步】按钮,进入恢复配置界面,采用默认设置,如图 2-21 所示。

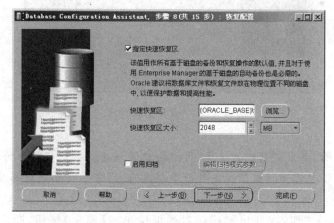

图 2-21 设置数据库的恢复配置

(10)单击【下一步】按钮,进入数据库内容界面,在该界面中可以对示例方案及定制脚本进行配置,采用默认设置。

(11)单击【下一步】按钮,进入初始化参数界面,在该界面中可以对内存、大小、字符集和连接模式进行配置,采用默认设置。

(12)单击【下一步】按钮,进入安全设置界面,在该界面中采用默认设置。

(13)单击【下一步】按钮,进入自动维护界面,在该界面中选择"启用自动维护任务"选项。

(14)单击【下一步】按钮,进入数据库存储界面,在该界面中可以指定数据库的存储参数,如图 2-22 所示。

(15)单击【下一步】按钮,进入创建选项界面,如图 2-23 所示。

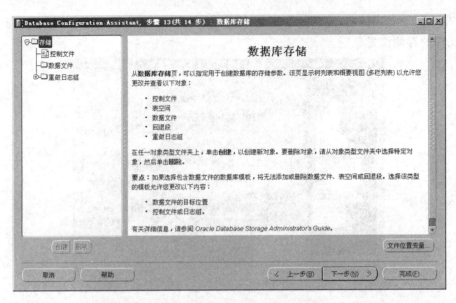

图 2-22 设置数据库的存储参数

图 2-23 数据库的创建选项

小提示:

　　创建选项有 3 种,其中,"创建数据库"用于按配置创建数据库;"另存为数据库模板"用于将创建数据库的配置另存为模板,"生成数据库创建脚本"用于将创建数据库的配置以脚本的形式保存起来。

　　(16)单击【完成】按钮,在弹出的确认对话框中单击【确定】按钮,即可开始新数据库的创建。

任务 2.3 管理图书销售管理数据库服务

子任务 1 图书销售管理系统数据库后台服务的管理

【任务分析】

　　图书销售管理数据库创建后,系统将自动在后台运行对应的数据库实例等进程,如果想启动或停止 Oracle 数据库的服务,可以通过命令实现,也可以通过控制面板来实现。本任务通过控制面板来实现对图书销售管理数据库后台服务的管理。Oracle 对应的数据库服务进程主要有如下几种：

（1）OracleDBconsoleorcl：OEM 控制台的服务进程。

（2）OracleJobScheduler＜SID＞：定时器的服务进程。其中＜SID＞为创建该数据库实例时为其配置的实例名。

（3）Oracle＜ORACLE_HOME_NAME＞TNSListener：监视器，监听程序的服务进程。其中＜ORACLE_HOME_NAME＞表示 Oracle 的主目录。

（4）OracleService＜SID＞：Oracle 数据库实例的服务进程，其中＜SID＞为实例名。

【任务实施】

（1）选择【开始】→【设置】→【控制面板】，在打开的"控制面板"窗口中，双击"管理工具"，再双击"服务"图标，打开"服务"窗口，在该窗口中可以查看 Oracle 服务信息，如图 2-24 所示。

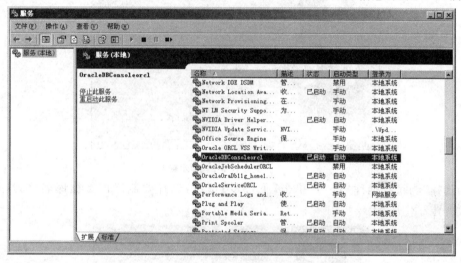

图 2-24　管理工具的"服务"窗口

（2）如果要对 Oracle 服务进行管理，可以右击服务选项，在弹出的快捷菜单中选择"属性"命令，打开如图 2-25 所示的 OracleDBConsoleorcl 的属性对话框，在该对话框中可以设置该服务的启动类型：自动、手动或禁用，同时还可以更改服务的状态等。

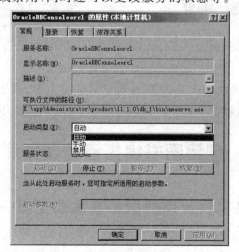

图 2-25　OracleDBCconsoleorcl 的属性对话框

子任务 2　删除数据库

【任务分析】

当数据库实例在系统中不再需要时,为了提高系统和数据库的执行效率,可以删除不需要的数据库。本子任务以删除 ORCL 数据库为例,介绍使用 DBCA 工具删除数据库。

【任务实施】

(1)选择【开始】→【程序】→【Oracle-OraDb11g_home1】→【配置和移植工具】→【Database Configuration Assistant】命令,打开 DBCA 的欢迎使用界面,单击【下一步】按钮,弹出数据库操作界面,如图 2-26 所示。

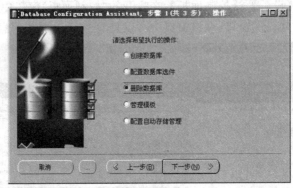

图 2-26　删除数据库操作步骤 1

(2)选择"删除数据库"选项,单击【下一步】按钮,选择要删除的数据库名称,这里选择 ORCL,如图 2-27 所示。

图 2-27　删除数据库操作步骤 2

(3)单击【完成】按钮,弹出确认对话框,在确认对话框中单击【是】按钮,开始删除数据库,数据库删除完毕后弹出确认对话框,完成删除操作。

任务 2.4　创建图书销售管理数据库表空间

微课

创建图书销售管理
数据库表空间

子任务 1　创建图书销售管理数据库基本表空间——bookspace

【任务分析】

图书销售管理数据库创建时,Oracle 会自动为其创建一系列表空间,如 system 表空间,用户可以使用这些表空间进行数据操作，也可以根据实际情况创建用户自定义的表空间。本任务使用 CREATE TABLESPACE 语句为图书销售管理数据库创建基本表空间 bookspace。

【任务实施】

（1）选择【开始】→【程序】→【Oracle-OraDb11g_home1】→【应用程序开发】→【SQL Plus】。系统弹出 DOS 窗口，显示登录界面，在此窗口中显示 SQL Plus 的版本以及当前日期和版权信息，并提示输入用户名，这里输入"system"，按回车键后，系统提示输入口令，这里输入口令为"system"，SQL Plus 将连接到默认数据库 book。

（2）在 SQL Plus 窗口中输入如下代码，建立图书销售管理数据库的基本表空间 bookspace。

```
SQL>CREATE TABLESPACE bookspace
  2    DATAFILE 'E:\APP\Administrator\oradata\book\bookspace.dbf'
  3    SIZE 100M
  4    AUTOEXTEND ON NEXT 10M
  5    MAXSIZE 500M;
表空间已创建。
```

上述创建表空间 bookspace 的语句中，指定其对应的数据文件名称和路径，数据文件初始大小为 100 MB，自动增长，每次增长大小为 10 MB，最大可为 500 MB。

子任务 2　创建图书销售管理数据库临时表空间——booktempspace

【任务分析】

用户在使用图书销售管理数据库时，如在执行 ORDER BY 语句进行排序或汇总时，产生的临时数据默认会使用 temp 表空间，它是所有用户共用的表空间。本子任务使用 CREATE TABLESPACE 语句为图书销售管理数据库创建临时表空间 booktempspace。

【任务实施】

（1）选择【开始】→【程序】→【Oracle-OraDb11g_home1】→【应用程序开发】→【SQL Plus】。系统弹出 DOS 窗口，显示登录界面，提示输入用户名，这里输入"system"，按回车键后，系统提示输入口令，这里输入口令为"system"，SQL Plus 将连接到默认数据库（如果已登录到 SQL Plus 则此步骤可省略）。

（2）在 SQL Plus 窗口中输入如下代码，建立图书销售管理数据库的临时表空间 booktempspace：

```
SQL>CREATE TEMPORARY TABLESPACE booktempspace
  2    TEMPFILE 'E:\app\Administrator\oradata\book\booktempspace.dbf'
  3    SIZE 10M
  4    AUTOEXTEND ON NEXT 2M MAXSIZE 20M;
表空间已创建。
```

上述创建表空间 booktempspace 语句中，关键字 TEMPORARY 表示创建的是临时表空间，指定其对应的数据文件名称为 booktempspace.dbf，数据文件初始大小为 10 MB，自动增长，每次增长大小为 2 MB，最大可为 20 MB。

子任务 3　创建图书销售管理数据库大文件表空间——bookbigspace

【任务分析】

用户操作图书销售管理数据库，当存储文件空间大小不够时，可以使用大文件表空间，本任务使用 CREATE TABLESPACE 语句为图书销售管理数据库创建永久性表空间 bookbigspace。

【任务实施】

(1)选择【开始】→【程序】→【Oracle-OraDb11g_home1】→【应用程序开发】→【SQL Plus】。系统弹出 DOS 窗口,显示登录界面,提示输入用户名,这里输入"system",按回车键后,系统提示输入口令,这里输入口令为"system",SQL Plus 将连接到默认数据库。

(2)在 SQL Plus 窗口中输入如下代码,建立图书销售管理数据库的大文件表空间 bookbigspace:

```
SQL>CREATE BIGFILE  TABLESPACE bookbigspace
  2   DATAFILE 'E:\app\Administrator\oradata\bookl\bookbigspace.dbf'
  3   SIZE 100M
  4   AUTOEXTEND ON NEXT 20M;
表空间已创建。
```

上述创建大文件表空间 bookbigspace 语句中,关键字 BIGFILE 表示创建的是大文件表空间,指定其对应的数据文件名称为 bookbigspace.dbf,数据文件初始大小为 100 MB,自动增长,每次增长大小为 20 MB,数据文件最大无限制。

子任务 4　设置 bookspace 为图书销售管理数据库的默认表空间

【任务分析】

用户在操作 Oracle 数据库时,在默认情况下使用的永久性表空间为 users,临时表空间为 temp。如果所有用户都使用这两个表空间,无疑增加了 users 和 temp 表空间的负担,Oracle 允许将用户表空间设置为默认的永久性表空间和临时表空间。

本任务的功能是使用 ALTER DATABASE 设置图书销售管理数据库的默认表空间为 bookspace。

【任务实施】

(1)选择【开始】→【程序】→【Oracle-OraDb11g_home1】→【应用程序开发】→【SQL Plus】。系统弹出 DOS 窗口,显示登录界面,提示输入用户名,这里输入"system",按回车键后,系统提示输入口令,这里输入口令为"system",SQL Plus 将连接到默认数据库。

(2)在 SQL Plus 窗口中输入如下代码,将 bookspace 表空间设置为默认的永久性表空间,将 booktemp 表空间设置为默认临时表空间。

```
SQL>ALTER DATABASE DEFAULT TABLESPACE bookspace;
数据库已更改。
SQL>ALTER DATABASE DEFAULT TEMPORARY TABLESPACE booktemp;
数据库已更改。
```

任务小结

本任务主要介绍了 Oracle 数据库系统的体系结构、数据库表空间的相关概念、分类及创建修改表空间的命令。通过任务的操作实施,重点介绍了 Oracle Enterprise Manager 管理工具的使用、Oracle 应用程序 SQL Plus 工具的使用,包括使用两种方法登录 Oracle 数据库服务器和正确执行 SQL 语句的方法、使用 DBCA 创建、修改和删除数据库。建议学生通过本任务的实施能熟练使用 Enterprise Manager 管理工具、SQL Plus 工具和 DBCA 管理工具。

任务实训 学生管理系统数据库和表空间的管理

一、实训目的和要求

1. 掌握使用 sqlplus 命令登录到指定数据库
2. 掌握使用 DBCA 工具创建学生管理系统数据库
3. 掌握数据库表空间的建立和使用

二、实训知识准备

1. Oracle 数据库系统体系结构
2. Oracle 数据库表空间的相关概念以及分类
3. Oracle 数据库表空间的建立、修改和删除命令
4. Enterprise Manager 管理工具的使用
5. SQL Plus 工具的使用
6. DBCA 管理工具的使用

三、实训内容和步骤

1. 使用 sqlplus 命令登录到默认数据库

使用 sqlplus 命令登录到默认数据库有两种方法,一种是使用菜单法,另一种是在 DOS 控制台使用 sqlplus 命令。

(1)使用菜单法登录到默认数据库

操作方法请参考任务 2.1 中的子任务 2。

(2)在 DOS 提示符控制台使用 sqlplus 命令登录到默认数据库

2. 使用 sqlplus 登录到指定数据库

在一台 Oracle 服务器上可以安装多个 Oracle 数据库,当用户对数据库进行操作时,必须连接到要操作的数据库,登录到指定的数据库有两种方法,一种是在 SQL Plus 工具软件中使用 connect 命令实现,另一种是在 DOS 提示符控制台,直接使用 SQL Plus 命令实现。

(1)在 SQL Plus 工具软件中,使用 connect 命令连接到指定数据库

首先启动 SQL Plus 工具软件登录到默认数据库,然后在提示符 SQL>后输入命令格式:

Connect 用户名/密码@数据库名称

例如:connect system/system@orcl,按回车键后连接到 orcl 数据库。

(2)在 DOS 命令控制台使用 sqlplus 命令连接到指定数据库

首先进入 DOS 命令控制台,然后在提示符后输入如下命令格式,按回车键后连接到 orcl 数据库。

sqlplus system/system@orcl

3. 使用 DBCA 管理工具创建学生管理系统数据库 student,帐户密码统一为 student

操作步骤参考任务 2.2。

4. 为学生管理数据库创建基本表空间 studentspace

操作步骤参考任务 2.4 子任务 1。

5. 为学生管理数据库创建存储临时数据的临时表空间 studenttempspace

操作步骤参考任务 2.4 子任务 2。

6. 为学生管理数据库创建存储撤销数据撤销表空间 studentundospace

操作步骤参考知识点 2 表空间中的创建撤销表空间实例。

思考与练习

一、填空题

1. Oracle 数据库系统的物理存储结构主要由 3 类文件组成,分别为数据文件、_____、控制文件。

2. Oracle 数据库从逻辑存储结构的角度可以分为表空间、_____、数据区间、_____。一个数据库实例由多个表空间组成,一个表空间由多个_____组成,一个_____由多个区组成,一个区由多个_____组成。

3. 用户对数据库的操作如果产生了日志信息,则该日志信息首先被存储在_____中,随后由_____进程保存到_____。

4. 一个表空间物理上对应一个或多个_____文件。

5. 在 Oracle 的逻辑存储结构中,根据存储数据的类型,可以将段分为_____、索引段、临时段、_____和_____。

6. 在 Oracle 的逻辑存储结构中,_____是最小的 I/O 单元。

7. 如果一个服务器进程非正常终止,Oracle 系统会使用_____进程来释放它所占用的资源。

8. 在创建永久性表空间和撤销表空间时,需要使用 DATAFILE 关键字指定其数据文件,而如果是创建临时表空间,则应该使用_____关键字为其指定临时文件。

9. 表空间的状态属性主要有_____、_____、_____和_____。

10. 创建临时表空间需要使用_____关键字,创建大文件表空间需要使用_____关键字,创建撤销表空间需要使用_____关键字。

11. Oracle 默认的永久性表空间为_____,默认的临时表空间为 temp。

12. Oracle 中管理撤销表空间的方式有_____撤销管理和_____段撤销管理。

二、选择题

1. 下列对数据文件的叙述中,正确的是(   )。

A. 一个表空间只能对应一个数据文件

B. 一个数据文件可以对应多个表空间

C. 一个表空间可以对应多个数据文件

D. 数据文件存储了数据库中的所有日志信息

2. 下面对 Oracle 的逻辑存储结构叙述中,正确的是(   )。

A. 一个数据库实例由多个表空间组成   B. 一个段由多个数据块组成

C. 一个区由多个段组成   D. 一个数据块由多个区组成

3. 下列选项中,(   )后台进程用于将数据缓冲区中的数据写入数据文件。

A. LGWR   B. DBWR   C. CKPT   D. ARCT

4. 解析后的 SQL 语句在 SGA 的(   )区域中进行缓存。

A. 数据缓冲区   B. 日志缓冲区

C. 共享池   D. 大型池

5. 如果服务器进程无法在数据缓冲区中找到空闲缓存块，以添加从数据文件中读取的数据块，则将启动（　　）进程。

A. CKPT　　　　　　B. SMON　　　　　　C. LGWR　　　　　　D. DBWR

6. 当数据库运行在归档模式下时，如果发生日志切换，为了保证不覆盖旧的日志信息，系统将启动（　　）个进程。

A. CKPT　　　　　　B. SMON　　　　　　C. ARCH　　　　　　D. DBWR

7. 下列选项中，（　　）进程用于将修改过的数据从内存保存到磁盘数据文件中。

A. CKPT　　　　　　B. SMON　　　　　　C. LGWR　　　　　　D. DBWR

8. 下列选项中，（　　）是 Oracle 最小的存储分配单元。

A. 表空间　　　　　　B. 段　　　　　　C. 盘区　　　　　　D. 数据块

9. 下列选项中，（　　）正确描述了 Oracle 数据库的逻辑存储结构。

A. 表空间由段组成，段由盘区组成，盘区由数据块组成

B. 段由表空间组成，表空间由盘区组成，盘区由数据块组成

C. 盘区由数据块组成，数据块由段组成，段由表空间组成

D. 数据块由段组成，段由盘区组成，盘区由表空间组成

10. 在 SQL Plus 中连接数据库时，可以使用 CONNECT 命令，下列选项中，（　　）命令是正确的。其中，用户名为 scott，密码为 123456，数据库名为 oracl。

A. CONNECT scott/123456；　　　　　B. CONNECT 123456/scott；

C. CONN scott/123456 sysdba；　　　　D. CONN scott/001214 @orcl as sysdba；

11. 下列选项中，（　　）不属于表空间的状态属性。

A. ONLINE　　　　B. OFFLINE　　　　C. OFFLINE DROP D. READ

12. 将表空间的状态切换为 OFFLINE 时，不可以指定（　　）切换参数。

A. NORMAL　　　　B. IMMEDIATE　　　　C. TEMP　　　　D. FOR RECOVER

13. 在表空间 space 中没有存储任何数据，现在需要删除该表空间，并同时删除对应的数据文件，可以使用（　　）语句。

A. DROP TABLESPACE space；

B. DROP TABLESPACE space INCLUDING DATAFILES；

C. DROP TABLESPACE space INCLUDING CONTENTS AND DATAFILES；

D. DROP TABLESPACE space AND DATAFILES；

14. 使用如下语句创建一个临时表空间 temp：

CREATE（＿＿＿＿＿）TABLESPACE temp

（＿＿＿＿＿）'F:\Oraclefile\temp. dbf'

SIZE 10M

AUTOEXTEND ON

NEXT 2M

MAXSIZE 20M；

请从下列选项中选择正确的关键字补充上面的语句。（　　）

A.（不填），DATAFILE　　　　　　B. TEMP，TEMPFILE

C. TEMPORARY，TEMPFILE　　　　　D. TEMP，DATAFILE

15. 下列将临时表空间 temp 设置为默认临时表空间的语句正确的是(　　)。

A. ALTER DATABASE DEFAULT TABLESPACE temp;

B. ALTER DATABASE DEFAULT TEMPORARY TABLESPACE temp;

C. ALTER DEFAULT TEMPORARY TABLESPACE TO temp;

D. ALTER DEFAULT TABLESPACE TO temp;

三、简答题

1. 简述 Oracle 物理存储结构的组成以及各文件的使用。

2. 简述 Oracle 逻辑存储结构的构成以及各组成部分的关系。

3. 什么是 Oracle 的实例？它由哪几部分构成？

4. 简要介绍 Oracle 的后台进程及其作用。

5. 简述表空间的状态属性分为哪几种？分别表示什么含义？

6. 如果初始化参数 d_block_size 的值为 16 kB，那么还能设置 db_16k_cache_size 的参数值吗？请结合本任务的内容，创建一个非标准数据块表空间。

7. 在实际应用中，需要临时创建一个表来使用，那么是否可以将该表创建在临时表空间中？

学习重点与难点

- Oracle 数据类型和函数
- 数据表结构的建立
- 数据表的完整性
- 数据表结构的修改与删除
- 对数据表中数据的操作

学习目标

- 掌握 SQL 语句的特点和功能
- 掌握 Oracle 常用函数的使用
- 掌握表结构的创建、修改与删除
- 掌握数据完整性的实施方法
- 掌握数据操作语言

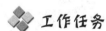 工作任务

1. 图书销售管理系统数据表结构的建立与删除。
2. 图书销售管理系统数据表完整性的创建。
3. 图书销售管理系统数据表结构的修改。
4. 图书销售管理系统数据表中数据的操作。

预备知识

知识点 1　　SQL 语言概述

1. SQL 语言的发展

结构化查询语言(Structured Query Language)最早是 IBM 圣约瑟研究实验室为其关系数据库管理系统 SYSTEM R 开发的一种查询语言,它的前身是 SQUARE 语言。SQL 语言具有结构简洁、功能强大、简单易学等特点,自从 IBM 公司 1981 年推出以来,SQL 语言得到了广泛的应用。SQL 语言的发展主要经历了以下阶段:

1970 年 6 月,IBM 圣约瑟研究实验室的高级研究员埃德加·弗兰克·科德(Edgar Frank Codd)发表了题为"用于大型共享数据库的关系数据模型"的论文,文中首次提出了数据库的关系模型。

1972 年,他提出了关系代数(Relational Algebra)和关系演算(Relational Calculus),定义了关系的并(Union)、交(Intersection)、差(Difference)、投影(Project)、选择(Selection)、连接

(Join)等各种基本运算,为以后成为标准的结构化查询语言 SQL 奠定了基础。

1974 年,同一实验室的 D. D. Chamberlin 和 R. F. Boyce 针对 Codd′s Relational Algebra 的关系数据库管理系统 SYSTEM R,研制出一套规范语言 SEQUEL(Structured English Query Language)。

1976 年 11 月,实验室在 IBM Journal of R&D 上公布了新版本的 SQL(称为 SEQUEL/2)。

1979 年,Oracle 公司首先提供商用的 SQL,IBM 公司在 DB2 和 SQL/DS 数据库系统中也实现了 SQL。

1986 年 10 月,美国 ANSI 颁布了以 SQL 作为标准语言的关系数据库管理系统,称 SQL86。

1987 年,国际标准化组织(ISO)采纳 SQL86 为国际标准。

1989 年,美国 ANSI 采纳在 ANSI X3. 135-1989 报告中定义的关系数据库管理系统的 SQL 标准语言,被称为 ANSI SQL 89。

1992 年,ISO 和 IEC 发布了 SQL 国际标准,被称为 SQL-92。ANSI 随之发布的相应标准是 ANSI SQL-92。ANSI SQL-92 有时被称为 SQL 2。

1999 年,再次发布 SQL99。

2003 年,ANSI 发布了 SQL 99 下一个升级版,并把它称为 SQL 3(或 SQL 2003)。

2006 年,ANSI 发布新 SQL 2006 标准,ANSI SQL 2006 的发布是在 SQL 3 的基础上演化而来的,SQL 2006 新增了 SQL 与 XML(Extensible Markup Language)间的交互标准。

2. SQL 语言的特点和功能

SQL 的本义是结构化查询语言,实际上不仅仅是查询语言,而是用户和 RDBMS(关系数据库管理系统)交互通信的语言和工具,通过 SQL 语言,可以完成数据库的使用、管理和维护等工作。

(1)SQL 语言的特点

①SQL 类似自然语言,语言简洁,易学易用。

②SQL 是一个非过程化的语言,是面向集合操作的语言,只需提出“做什么”而不必知道“怎么做”。

③SQL 是一种交互式语言,使用灵活,功能强大。

④SQL 是自含式语言,又是嵌入式语言。既可独立使用,也可嵌入 Java、C 等宿主语言中。

⑤SQL 语言集数据定义、数据操纵和数据控制功能于一体,语言风格统一,可以独立完成数据库的全部操作。

(2)SQL 语言的功能

①数据定义语言(Data Definition Language,DDL)

用于操作数据库中元数据的语言,主要用于定义和管理数据库以及各种数据库对象的语言,DDL 主要包括 CREATE、ALTER 和 DROP 等语句。在 Oracle 中,数据库对象包括:表、视图、同义词、序列、索引、存储过程、函数、程序包、触发器等。这些数据库对象都可以通过创建、修改和删除完成元数据的操作。

②数据操作语言(Data Manipulation Language,DML)

用于操作数据库中数据的语言,主要用于查询、插入、修改、删除数据库中的用户数据,DML 主要包括 INSERT、UPDATE、DELETE 等语句,在应用开发中使用最频繁。

③数据控制语言(Data Control Language,DCL)

用于维护数据库安全性的语言,主要用于分配、修改用户或角色的权限,控制用户对数据的存取。DCL 主要包括 GRANT、REVOKE 等权限控制语句。

知识点 2　Oracle 数据类型和函数

1. 数据类型

在创建基本表时必须为列(也称字段)指定数据类型,数据类型决定了数据的存储格式、约束以及取值范围,所以在创建表之前,要先介绍一下 Oracle 所支持的数据类型。

Oracle 基本数据类型主要包括字符类型、数字类型、日期时间类型、大对象类型等。

(1)字符类型

①CHAR(size):用于指定固定长度的字符串。Oracle 会确保 CHAR 类型列的所有值都以指定的长度存储,如果插入值的长度小于列的长度,数据库会用空格补齐,如果插入值的长度大于列的长度,数据库会返回错误消息。CHAR 类型的默认长度是 1 个字节,最大长度是 2 000 个字节。

②VARCHAR2 (size):用于指定变长的字符串。如果创建一个 VARCHAR2 类型的列,必须指定该列能容纳的最大字节数或字符数。如果插入值的长度小于列的长度,数据库会以插入值的实际长度存储,如果插入值的长度大于列的长度,数据库会返回错误消息。VARCHAR2 的最小长度是 1 个字节,最大长度是 4 000 个字节。

③NCHAR(size):用于指定 UNICODE 类型的固定长度的字符串。该类型可以实现国际化,支持各种各样的字符,在创建数据库时可以指定数据库采用的字符集。最大长度为 2 000 个字节,具体的字符个数由数据库采用的字符集编码方式来确定。注意,CHAR 类型的数据不能插入 NCHAR 类型列中,NCHAR 类型的数据也不能插入 CHAR 类型列中。NCHAR 类型的字符串常量前面必须使用 N 标记,例如:N$'$Oracle 11g$'$,如果插入值的长度小于列的长度,数据库会用空格补齐;如果插入值的长度大于列的长度,数据库会返回错误消息。

④NVARCHAR2 (size):用于指定 UNICODE 类型变长的字符串。如果创建一个 NVARCHAR2 类型的列,也必须指定该列能容纳的最大字节数或字符数。如果插入值的长度小于列的长度,数据库会以插入值的实际长度存储;如果插入值的长度大于列的长度,数据库会返回错误消息。最大长度是 4 000 个字节,具体的字符个数由数据库采用的字符集编码方式来确定。

(2)数字类型

①NUMBER[(precision [,scale])]:用于声明数字类型的数据,可以声明整数,也可以声明精确小数。precision 表示精度位,十进制位数的总宽度,包括整数部分和小数部分,precision 的位数最大为 38 位,如果不指定 precision,则默认为 38 位,scale 表示小数点之后的位数;如果不指定 scale,则意味着定义整数类型。数据的绝对值表示的范围是 $1.0 \times 10^{-130} \leqslant |n| < 1.0 \times 10^{126}$。

例如:

• NUMBER　如果在定义字段时没有指定精度和范围,则表示字段的取值范围为 NUMBER 数据类型的最大取值范围。

• NUMBER(8,2)　指定字段的取值为 8 个数字长,允许在小数点后出现 2 个数字。

• NUMBER(3)　该字段的取值范围为 3 个位数的整数。

- NUMBER(5,10)　当范围大于精度时,在有效数字前需要填补 0,以描述一个非常小的数值。例如:数字 0.001234,使用 NUMBER(2,4)表示为 0.0012。

②FLOAT[(precision)]:表示浮点数,是 NUMBER 类型的子类型,precision 表示十进制位数的总宽度,但不能指定 scale。

③BINARY_FLOAT:32 位的单精度浮点数,需要用 5 个字节存储。其中包含一个描述长度的字节。

④BINARY_DOUBLE:64 位的双精度浮点数,需要用 9 个字节存储,其中包含一个描述长度的字节。

（3）日期时间类型

Oracle 提供的日期时间类型可以存储日期和时间的组合数据。日期时间类型有 DATE 和 TIMESTAMP。

①DATE 类型:该类型精度到秒,DATE 由年、月、日、时、分、秒构成,DATE 类型的字面常量可以使用 DATE'2011-12-25'格式指定。使用 SYSDATE 函数可以获得当前系统日期。

②TIMESTAMP 类型:该类型精确度到纳秒,TIMESTAMP 由年、月、日、时、分、秒构成,秒的分数精度可以有 0~9 位数字,默认是 6 位数字,所以,TIMESTAMP 类型比 DATE 类型精确度高,但 DATE 类型更简洁。

（4）大对象(LOB)类型

LOB 数据类型用于大型的、未被结构化的数据,例如、二进制文件、图片文件和其他类型的外部文件;LOB 数据类型可以直接存储在数据库内部,也可以将数据存储在外部文件中,而仅将指向数据的指针存储在数据库中。LOB 数据类型分为 BLOB、CLOB 和 BFILE 数据类型。

BLOB 类型用于存储二进制对象。典型的 BLOB 可以包括图像、音频文件以及视频文件等。在 BLOB 类型的字段中能够存储最大为 128 TB 的二进制对象。

CLOB 类型用于存储字符格式的大型对象,CLOB 类型的字段能够存储最大为 128 TB 的字符对象。

BFILE 类型用于存储二进制格式的文件,在 BFILE 类型的字段中可以将最大为 128 TB 的二进制文件作为操作系统文件存储在数据库外部,文件的大小不能超过操作系统的限制;BFILE 类型的字段中仅保存二进制文件的指针,并且 BFILE 字段是只读的,不能通过数据库对其中的数据进行修改。

2. 函数

在 Oracle 数据库中,提供了大量的函数,使用这些函数可以大大提高计算机语言的运算和判断功能。Oracle 函数主要有字符串函数、数学函数、日期时间函数、转换函数和聚合函数。Oracle 常用函数见表 3-1~表 3-5。

表 3-1　Oracle 常用字符串函数

函数格式	功能说明	示例	结果
ASCII (string)	返回与指定的字符对应的十进制 ASCII 值	ASCII('A') ASCII('a') ASCII('0')	65 97 48
CHR(x)	返回给定整数所对应的 ASCII 字符	CHR(54740) CHR(65)	'赵' 'A'

（续表）

函数格式	功能说明	示例	结果
CONCAT（string1，string2）	连接两个字符串（连接符(‖)将两个字符串用‖连接起来，与 CONCAT 功能相同）	CONCAT('010-'，'88888888')‖'转 23'	'010-88888888 转 23'
INITCAP（string）	返回字符串并将字符串的第一个字母变为大写	INITCAP('smith')	'Smith'
INSTR(C1,C2,start,count)	在字符串 C1 中搜索 C2 字符串，返回字符串 C2 中第一个字符在字符串 C1 中的位置。其中 start 表示在字符串 C1 中搜索 C2 的起始位置，默认为 1。Count 表示强迫 INSTR 跳过前几次与字符串匹配，给出下一次匹配的位置，如果 count 指定 3，表示匹配第三次的位置，默认为 1	INSTR('Oracle traning','ra',1,2)	9
LENGTH（string）	返回字符串的长度	LENGTH('abcdef')	6
LOWER(string)	将字符串中所有的字符变为小写	LOWER('AaBbCcDd')	'aabbccdd'
UPPER(string)	将字符串中所有的字符变为大写	UPPER('AaBbCcDd')	'AABBCCDD'
LPAD(string,count[,char])	将字符 char 填充在字符串 string 的左边，其中 count 为填充的字符的个数，char 为被填充的字符，默认值为空格	LPAD('gao',7,'＊')	'＊＊＊＊＊＊＊gao'
RPAD(string,count[,char])	将字符 char 填充在字符串 string 的右边，其中 count 为填充的字符的个数，char 为被填充的字符，默认值为空格	RPAD('gao',5,'＊')	'gao＊＊＊＊＊'
LTRIM(string[,char])	删除字符串 string 中左边出现的字符 char	LTRIM(' gao jing ',' ')	'gao jing '
RTRIM(string[,char])	删除字符串 string 中右边出现的字符 char	RTRIM(' gao jing ',' ')	' gao jing'
SUBSTR(string,start,count)	在字符串 string 中从 start 开始，取 count 个子字符	SUBSTR('13088888888',3,8)	'08888888'
REPLACE(string,s1,s2)	替换字符串。在字符串 string 中查找字符串 s1，若找到则用字符串 s2 替换；若没指定第三个参数 s2，则每当查找到指定的字符串时，删除该字符串	REPLACE（'he love you','he','I'）	'I love you'
TRIM( )	用于删除字符串两边的空格	TRIM(' tech ')	'tech'

表 3-2　　　　　　　　　　　　Oracle 常用数学函数

函数格式	功能说明	示例	结果
ABS(value)	返回指定数值的绝对值	ABS(-100)	100
CEIL(value)	返回大于或等于 value 的最小整数值	CEIL(3.1415927) CEIL(-3.1415927)	4 -3
FLOOR（value）	返回小于或等于 value 的最大整数值	FLOOR(2345.67) FLOOR(-2345.67)	2345 -2346
MOD(n1,n2)	返回一个 n1 除以 n2 的余数	MOD(10,3) MOD(3,3)	1 0

（续表）

函数格式	功能说明	示例	结果
POWER(n1,n2)	返回 n1 的 n2 次方根	POWER(2,10) POWER(3,3)	1024 27
ROUND(value, precision)	返回 value 按 precision 精度进行四舍五入的值（precision 默认值为 0）	ROUND(55.567,2) ROUND(55.567,−1) ROUND(55.567,0)	55.57 60 56
TRUNC(value, precision)	返回 value 按 precision 精度截取后的值	TRUNC(89.985,2) TRUNC(89.985) TRUNC(89.985,−1)	89.98 89（即取整） 80
SQRT(value)	返回 value 的平方根，对负数的使用，SQRT 是无意义的	SQRT(64) SQRT(10)	8 3.1622777
SIGN(value)	返回 value 的符号，大于 0 返回 1，小于 0 返回−1，等于 0 返回 0	SIGN(123) SIGN(−100) SIGN(0)	1 −1 0

表 3-3　　　　　　　　　　　　　Oracle 常用日期时间函数

函数格式	功能说明	示例	结果
SYSDATE()	获取系统的当前日期 （假设当前日期为'21-6-05'）	SYSDATE()	'21-6-05'
ADD_MONTHS (date,count)	在指定的日期 date 上增加 count 个月	ADD_MONTHS (sysdate,2) ADD_MONTHS (sysdate,−2)	'21-8-05' '21-4-05'
LAST_DAY (date)	返回日期所在月的最后一天	LAST_DAY(sysdate)	'30-6-05'
MONTHS_BETWEEN (date1,date2)	返回 date1 到 date2 间隔多少个月	MONTHS_BETWEEN ('19-12-1999','19-3-1999')	9
NEXT_DAY (date,'x')	返回日期 date 之后的下一个星期几的日期，x 为星期几	NEXT_DAY('18-5-2010','星期五')	'21-5-10'
CURRENT_TI MESTAMP()	返回当前会话时区中的当前日期	CURRENT_ TIMESTAMP()	'21-6-05 10.13.08.220589 上午＋08:00'

表 3-4　　　　　　　　　　　　　Oracle 常用转换函数

函数格式	功能说明	示例	结果
TO_CHAR(date, 'format')	按照 format 格式，将数字或日期时间类型的数据转换成字符串	TO_CHAR(SYSDATE, 'yyyy/mm/dd hh24: mi:ss')	'2013/06/21 21:14:41'
TO_DATE(string, 'format')	按照 format 格式，将字符串转化为日期时间数据；如果省略了 format 格式，则默认的日期时间格式是 DD-MM-YY	TO_DATE('2005.06. 21','yyyy-mm-dd')	'2013-06-21'
TO_NUMBER (char)	将包含数字的字符串转换成数字数据	TO_NUMBER ('1999')	1999

表 3-5   **Oracle 常用聚合函数**

函数格式	功能说明	示例	结果
AVG (DISTINCT |ALL)	求平均值,其中,All 表示对所有的值求平均值,DISTINCT 表示只对不同的值求平均值,相同的只取一次	已知 table3 表中 3 个职工的 sal(工资)分别为:1111.11,1111.11,5555.55	
		SELECT AVG(Distinct sal) FROM table3; SELECT AVG(all sal) FROM table3;	3333.33 2592.59
SUM (DISTINCT |ALL)	其中,ALL 表示对所有的值求和,DISTINCT 表示只对不同的值求和,相同的只取一次	SELECT SUM(distinct sal) FROM table3; SELECT SUM(all sal) FROM table3;	6666.66 7777.77
MAX (DISTINCT |ALL)	求最大值,其中 ALL 表示对所有的值求最大值,DISTINCT 表示对不同的值求最大值,相同的只取一次	SELECT MAX(all sal) FROM table3;	5555.55
MIN (DISTINCT |ALL)	求最小值,其中 ALL 表示对所有的值求最小值,DISTINCT 表示对不同的值求最小值,相同的只取一次	SELECT MIN(all sal) FROM table3;	1111.11
COUNT(X)	返回记录的统计数量	SELECT COUNT(*) FROM table3;	3

知识点 3   数据表结构的建立与删除

1. 表特性

在 Oracle 数据库系统中,表是最基本的逻辑存储单元,数据被保存在行列中。定义表时必须使用一个表名和一个列集合。每一列必须有列名,并指定数据类型及其长度,在定义表时可以为列指定完整性约束规则。表中可以包含虚拟列,虚拟列的值是由表达式(表达式可以包含来自同一个表的列、常量、SQL 函数以及自定义函数)计算而来的,表中并不存储虚拟列的值,因此也不能修改虚拟列的值。

(1)表的相关概念

同一概念在关系代数中与在具体数据库实例中用词是不同的,表 3-6 是概念的比较。

表 3-6   **概念比较**

关系代数	数据库实例
关系	表,二维表,基表,基本表,数据表
元组	行,记录
属性	列,字段

(2)表的特性

①表是由行和列构成的二维表。

②每列都具有相同的数据类型、宽度、完整性约束。

③不允许存在完全相同的重复行。

④列的前后顺序无关紧要。

⑤行的前后顺序无关紧要。

⑥支持集合操作。

2. 创建表

在 Oracle 数据库系统中,表的种类比较多,例如基本表、临时表、分区表、簇表、外部表、嵌套表等,下面主要介绍基本表的创建。

创建表的基本语法如下:

```
CREATE TABLE   table_name
(
column datatype [DEFAULT expr][{ inline_constraint }...]
[,(column datatype [DEFAULT expr][{ inline_constraint }...]...
[,column    AS (column_expression)]
[,out_of_line_constraint]
);


inline_constraint::=
[ CONSTRAINT constraint_name ]
{ [ NOT ] NULL
| UNIQUE
| PRIMARY KEY
| references_clause
| CHECK (condition)
}


out_of_line_constraint::=
[ CONSTRAINT constraint_name ]
{ UNIQUE (column [,column ]...)
| PRIMARY KEY (column [,column ]...)
| FOREIGN KEY (column [,column ]...) references_clause
| CHECK (condition)
}
references_clause::=
REFERENCES   table_name   [(column[,column ]...)]
[ON DELETE { CASCADE|SET NULL } ]
```

说明:

①table_name:指定创建表的名称。

②column:指定列的名称;datatype:指定列的数据类型;expr 是具体的默认值。

③inline_constraint:表示定义列级约束,完整性约束将在知识点 4 中详细介绍。

④out_of_line_constraint:表示定义表级约束;不管是列级约束还是表级约束都可以显性命名。

⑤CONSTRAINT:显性命名约束的关键字;constraint_name:指定约束的名称。

⑥[NOT] NULL:指定非空值约束;UNIQUE:指定唯一约束;PRIMARY KEY:指定主键约束;DEFAULT:指定一列的默认值,在插入数据的语句中可以省略插入;CHECK:指定检查约束;FOREIGN KEY:指定外键约束;REFERENCES:是参照关键字。

⑦ON DELETE CASCADE:表示级联删除;ON DELETE SET NULL:表示删除时赋空值。

⑧column AS (column_expression):用于给列重命名。

⑨同一属性列在不同的表中使用同一名称,保证概念的一致性。列名可以使用字母字符、数字字符和下划线,以字母或下划线开头,不要使用汉字命名;不能使用 Oracle 关键字命名;如果使用多个单词命名,则采用如下格式:bookName 或 book_name。

⑩表名与列名不区分大小写。

小提示☞:

不仅关键字不区分大小写,用户定义的各种标识符也不区分大小写,为了保证应用开发的规范性,通常采用的策略是采用统一的规范,要么全部采用大写,要么全部采用小写。

【示例 3-1】　创建部门表 dept,结构为部门编号(deptno)、部门名称(dept_name)。要求"部门编号"为主键,"部门名称"为非空,并指定唯一约束,代码如下:

```
SQL>CREATE TABLE dept
  2  (deptno          VARCHAR2(10)      PRIMARY KEY
  3  ,dept_name       VARCHAR2(20)      NOT   NULL   UNIQUE
  4  );
```

表已创建。

【示例 3-2】　创建员工表 emp,结构为员工编号(empno)、员工姓名(emp_name)、员工性别(emp_sex)、员工出生日期(emp_birth)、员工住址(emp_address)、员工联系方式(emp_phone)、员工所在部门(deptno)。要求"员工编号"为主键,"员工姓名"指定非空约束,"员工性别"默认值为"女","员工联系方式"长度小于 15,"员工所在部门"为外键关联部门表的主键,并级联删除,使用匿名的形式定义列级约束,代码如下:

```
SQL>CREATE TABLE  emp
  2  (empno          VARCHAR2(10)      PRIMARY KEY       ——定义匿名列级约束
  3  ,emp_name       VARCHAR2(10)      NOT NULL          ——定义匿名列级约束
  4  ,emp_sex        VARCHAR2(6)       DEFAULT '女'      ——定义匿名列级约束
  5  ,emp_birth      DATE
  6  ,emp_address    VARCHAR2(40)
  7  ,emp_phone      VARCHAR2(15)      CHECK(LENGTH(emp_phone)<15) ——定义匿名列级约束
  8  ,deptno         VARCHAR2(10)      REFERENCES   dept (deptno) ON DELETE CASCADE
  9  );
```

表已创建。

3. 删除表

在学习数据库的过程中,为了验证数据库的某些功能,会反复创建或删除数据库中的表,而在实际的应用中,只在开发阶段可能会有删除表操作的情况,一旦把应用程序交付给客户使用,就不能轻易地进行删除表操作。

删除表定义的语法如下:

```
DROP TABLE table_name
```

说明:table_name 是要删除的表名称。

【示例 3-3】　部门表 dept、员工表 emp 已创建,若要重新创建,则需删除表,代码如下:

```
SQL>DROP TABLE  emp;
```

表已删除。

```
SQL>DROP TABLE   dept;
```

表已删除。

小提示☞:

删除表首先要查看是否有外键约束,即参照完整性约束(数据完整性约束在知识点 4 中介绍),若存在外键约束,则要先删除子表,然后才能删除父表。所以本例删除数据表时,先删除 emp 表,然后删除 dept 表。

知识点 4　数据表的完整性

1. 数据完整性概述

数据完整性是指保护数据库中数据的正确性、有效性和相容性,防止错误的数据进入数据库。完整性的实施是利用约束实现的。约束有两大类,一类是静态约束,包括主键约束、非空约束、唯一约束、检查约束、外键约束等;另一类是动态约束,是通过存储过程、触发器等实现的。

定义静态约束有两种方式,一种是列内定义约束,称之为列级约束;一种是表内定义约束,称之为表级约束。列级约束只能作用于一列,表级约束可以作用于多列。语法格式参考数据表的创建语法。列内定义就是在列名、数据类型之后定义约束,表内定义是约束与列并列定义的,多个约束之间使用逗号分隔。约束可以指定名称,也可以不指定名称,不指定时由数据库管理系统自动命名。

在插入、修改、删除表中数据时必须满足约束条件,否则约束会阻止对数据的操作。

2. 创建数据完整性约束

(1)定义 NOT NULL 约束

NOT NULL 约束就是禁止一列包含空值的约束,NULL 关键字本身并不能定义完整性约束,但是可以使用 NULL 关键字声明一列可以为空。不管是 NOT NULL 还是 NULL 都必须在列内定义,而不能在表内定义。系统默认是允许为空。

(2)定义 UNIQUE 约束

UNIQUE 约束就是指定一列作为唯一键,唯一键的作用是不允许在同一列上存在重复的值。不仅可以使用一列作为唯一键,而且可以使用多列组合作为一个唯一键,组合的唯一键就是指在组合列中不允许存在完全重复的组合值。定义简单唯一键只需要在列内定义中使用 UNIQUE 关键字即可,而组合的唯一键必须在表内定义。如果在一列或多列上定义了唯一约束,Oracle 会在唯一键上隐性地创建一个唯一索引。使用唯一约束的列上允许有多个 NULL 值。

(3)定义 PRIMARY KEY 约束

PRIMARY KEY 约束就是指定一列作为表的主键,在主键列上不允许出现重复值和空值,主键用于唯一标识一行数据。如果指定一列作为主键,在列内使用 PRIMARY KEY 关键字定义即可,如果指定多列组合作为主键,则称为复合主键,则必须在表内定义。

使用主键约束需要注意以下几个问题:

①一个表只能创建一个主键。

②在 LOB、LONG、LONG RAW、VARRAY、NESTED TABLE、BFILE 等列上不能使用主键。

③一个复合主键包含的列数不能超过 32 列。

④不能在一列或组合列上同时使用主键约束和唯一约束。

（4）定义 CHECK 约束

CHECK 约束就是为表中的列指定格式或取值范围等约束条件。在进行插入、更新操作时进行约束条件检查，如果约束条件返回 TRUE，则 CHECK 约束允许对数据的操作，否则禁止对数据的操作。CHECK 约束就是检验数据是否满足一个逻辑条件的约束。

（5）DEFAULT 关键字

在插入语句中为插入列提供默认值，默认值的类型必须与列的数据类型相匹配，列的长度必须足以容纳默认值的大小。默认值可以包含 SQL 函数，但不能包含 PL/SQL 函数。

（6）定义 FOREIGN KEY 约束

FOREIGN KEY 约束，也称参照完整性约束，含有外键的表称为子表，含有被参照键的表称为父表，外键约束就是指定子表中一列作为外键，该列的值参照父表中的主键或唯一键，也就是说，子表中的外键值必须是父表中的主键值或空值，否则子表中的外键值是非法的，将提示违反外键完整性约束条件。Oracle 数据库也可以使用组合列作为外键，但使用较少。插入、修改、删除父表或子表中的数据时都要满足外键约束要求。定义外键约束的语法如下：

```
REFERENCES table_name  [(column[,column ]...)]
[ON DELETE {CASCADE|SET NULL }]
```

使用外键约束时注意以下几个问题：

①在 LOB、LONG、LONG RAW、VARRAY、NESTED TABLE、BFILE 等列上不能使用外键。

②先创建父表，后创建子表；先插入父表数据，后插入子表数据。

③被参照的主键或唯一键必须在父表中已经存在，否则子表在插入或更新数据时会出现外键关联错误。

④一个组合外键包含的列数不能超过 32 列。

⑤父表与子表通常在同一个数据库中。

⑥REFERENCES 是参照关键字，后跟父表（父表中的主键值）。

⑦ON DELETE 子句的作用是当删除父表中的一个主键值时，Oracle 数据库将自动维护数据的完整性。父表被删除数据时，使用 ON DELETE 子句指定了两种处理方式：

• ON DELETE CASCADE：自动级联删除子表中外键相关联的行。

• ON DELETE SET NULL：自动将子表中关联父表主键的外键值设置为空值。

如果不使用 ON DELETE 子句，Oracle 不允许删除父表中被子表所依赖的主键值。

注意：Oracle 中没有提供级联更新的关键字。

小提示：

在实际的应用开发中，一般不会使用太多的外键，除非是几个表的关系极其密切才会使用外键，因为外键在程序测试、系统移植等问题中很难维护，因此，数据的参照关系通常是在应用程序中实现的，而不是在数据库后台实现，是否使用外键约束，还要根据开发的实际情况而定。

（7）约束的命名

约束是加在表上的，因为只有表中存有数据。约束既可以在列级上定义，也可以在表级上定义。约束的定义存在 Oracle 的数据字典中，只能通过数据字典来浏览约束，给出约束的名字。如果在定义约束时没有给出约束的名字，Oracle 系统将为该约束自动生成一个名字，其格式为 SYS_Cn，其中 n 为自然数。

Oracle 推荐的约束命名"表名_列名_类型",其中类型表示为:

①UK Unique Key,唯一约束。

②PK Primary Key,主键约束。

③FK Foreign Key,外键约束。

④CK Check Key,检查约束。

⑤NN Not Null,非空约束。

【示例 3-4】 约束有列级约束和表级约束,在【示例 3-2】中创建员工表 emp 时,使用匿名的形式定义列级约束,本例题综合运用完整性约束,使用命名的形式定义表级约束,使用 CONSTRAINT 关键字指定约束名称,因员工表与部门表有参照完整性约束,所以先要创建部门表 dept,然后创建员工表 emp,代码如下:

```
SQL>CREATE TABLE dept    ——创建父表:部门表
  2  (deptno          VARCHAR2(10)
  3  ,dept_name       VARCHAR2(20)       NOT    NULL
  4  ,CONSTRAINT dept_deptno_PK    PRIMARY KEY(deptno) ——dept_deptno_PK 是主键的约束名称
  5  ,CONSTRAINT dept_deptname_UK    UNIQUE(dept_name) ——dept_deptname_UK 是唯一约束名称
  6  );
表已创建。
SQL>CREATE TABLE  emp      ——创建子表:员工表
  2  (empno           VARCHAR2(10)
  3  ,emp_name        VARCHAR2(10)     NOT    NULL
  4  ,emp_sex         VARCHAR2(6)      DEFAULT '女'
  5  ,emp_birth       DATE
  6  ,emp_address     VARCHAR2(40)
  7  ,emp_phone       VARCHAR2(15)
  8  ,deptno          VARCHAR2(10)
  9  ,CONSTRAINT emp_empno_PK    PRIMARY KEY(empno) ——emp_empno_PK 是主键的约束名称
 10  ,CONSTRAINT emp_empphone_CK CHECK(LENGTH(emp_phone)<15) ——emp_empphone_CK
是检查约束名称
 11  ,CONSTRAINT emp_deptno_FK FOREIGN KEY(deptno) REFERENCES dept(deptno) ON DELETE
CASCADE      ——emp_deptno_FK 是外键的约束名称
 12  );
表已创建。
```

知识点 5　修改数据表结构

表结构的修改主要包括:

①列定义的维护,即增加列,修改列,重命名列,删除列。

②约束的维护,即在列上添加约束,查看列上的约束,修改列上约束的状态。

③表的重命名。

在维护列定义的过程中,可能会对表中已存在的数据产生不良影响,因此,在维护列之前必须充分评估由此导致的影响,所以维护列必须慎重考虑。

1. 列定义的维护

(1)修改表结构的基本语法如下：

```
ALTER TABLE table_name
ADD column_name datatype [DEFAULT expr][column_name AS(column_expression)];
|MODIFY(〈column_name [datatype][DEFAULT expr] [ inline_constraint]〉
|RENAME COLUMN old_name TO new_name;
|DROP COLUMN (column [,column]...);
```

说明：

①ALTER TABLE：修改表结构关键字；

②table_name：指定要修改结构的表的名称；

③ADD：添加列的关键字；

④column_name：列的名称，datatype：列的数据类型，DEFAULT expr：列的默认值，column_name AS（column_expression)：给列重命名，即给列指定别名。

⑤MODIFY：修改列的关键字。

⑥inline_constraint：重新定义列级约束。

⑦RENAME COLUMN：重命名列的关键字。

⑧old_name：列的旧名称；new_name：列的新名称。

⑨DROP COLUMN：删除列的关键字；(column [,column]...)：删除多列，必须使用括号，而且前面没有关键字 COLUMN。

(2)表的重命名的基本语法如下：

```
ALTER TABLE 表名 RENAME TO 新名
```

【示例 3-5】　已创建员工表 emp，结构参考【示例 3-4】。在员工表 emp 中添加一列：员工学历（emp_degree），数据类型为 VARCHAR2，长度为 12，代码如下：

```
SQL>ALTER TABLE emp  ADD(emp_degree  VARCHAR2(12));
表已更改。
```

【示例 3-6】　把员工表 emp 中的 emp_degree 列的长度改为 15，并指定默认约束，默认值为"本科"，代码如下：

```
SQL>ALTER TABLE emp  MODIFY(emp_degree  VARCHAR2(15) DEFAULT '本科');
表已更改。
```

【示例 3-7】　把员工表 emp 中的列 emp_degree 重命名为 emp_deg，代码如下：

```
SQL>ALTER TABLE emp  RENAME COLUMN emp_degree  TO emp_deg;
表已更改。
```

【示例 3-8】　删除员工表 emp 中的 emp_deg 列，代码如下：

```
SQL>ALTER TABLE emp  DROP COLUMN(emp_deg);
表已更改。
```

【示例 3-9】　修改员工表 emp 的名称为 employee，代码如下：

```
SQL>ALTER TABLE emp  RENAME TO employee;
表已更改。
```

2. 约束的维护

维护约束时不能破坏数据的完整性，否则会产生不可预测的问题，所以必须谨慎维护约束。

（1）查看约束

查看约束必须使用数据字典 user_constraints，用户定义的约束都保存在该数据字典中。

【示例 3-10】　在数据字典 user_constraints 中查看图书表的约束名称及其类型。此示例的操作步骤是：

①已有员工表 employee，表结构参照【示例 3-4】，表级约束采用显性命名的形式。

②查看数据字典 user_constraints 的字段。

③根据 user_constraints 的字段，查看员工表的约束名称及其约束类型，代码如下：

```
--查看数据字典 USER_CONSTRAINTS 的字段
SQL>DESC USER_CONSTRAINTS;
```

名称	是否为空？	类型
OWNER		VARCHAR2(30)
CONSTRAINT_NAME	NOT NULL	VARCHAR2(30)
CONSTRAINT_TYPE		VARCHAR2(1)
TABLE_NAME	NOT NULL	VARCHAR2(30)

```
--查看 emp 表中的约束
SQL>SELECT table_name,constraint_name,constraint_type,status
  2    FROM user_constraints
  3    WHERE table_name='EMPLOYEE';
```

TABLE_NAME	CONSTRAINT_NAME	C	STATUS
EMPLOYEE	EMP_EMPNO_PK	P	ENABLED
EMPLOYEE	EMP_EMPPHONE_CK	C	ENABLED
EMPLOYEE	EMP_DEPTNO_FK	R	ENABLED

小提示：

在【示例 3-4】中创建的员工表 emp，在【示例 3-9】中被重命名为 employee。

说明：

①在 WHERE table_name='EMPLOYEE'子句中，EMPLOYEE 不能小写，因为 table_name 列中的值是区分大小写的字符串。

②约束的常见类型有 P（主键约束）、U（唯一约束）、R（外键约束）、C（检查约束、非空约束），可以使用如下代码查看约束的类型：

```
SQL>SELECT UNIQUE constraint_type FROM user_constraints;
```

（2）添加约束

在表定义中添加约束的语法如下：

```
ALTER TABLE table_name
ADD  { out_of_line_constraint }...
out_of_line_constraint::=
  [ CONSTRAINT constraint_name ]
{ UNIQUE (column [,column ]...)
| PRIMARY KEY (column [,column ]...)
| FOREIGN KEY (column [,column ]...) references_clause
| CHECK (condition)
}
```

说明：

①ADD：添加约束关键字，只能添加表级约束，如果添加列级约束，必须在修改列（MODIFY子句）中实现。

②NOT NULL 是列级约束，必须在修改列（MODIFY 子句）中添加。

【示例 3-11】　创建部门表的副本表 dept_copy，包括：部门编号（deptno）、部门名称（dept_name），创建表时不添加任何约束。表创建之后，修改表，添加主键约束，把 deptno 定义为主键，代码如下：

SQL＞CREATE TABLE dept_copy（deptno VARCHAR2(10)，dept_name VARCHAR2(20)）；－－创建 dept_copy 表

表已创建。

SQL＞ALTER TABLE dept_copy ADD（CONSTRAINT deptcopy_deptno_PK PRIMARY KEY(deptno)）；－－修改表添加约束

表已更改。

SQL＞INSERT INTO dept_copy VALUES（'dp001'，'销售部'）；－－插入数据

已创建 1 行。

（3）修改约束状态

约束的状态有两种：启用状态和禁用状态。如果约束是启用状态，则在数据库中输入或更新数据时，就会检查数据，禁止输入不满足约束条件的数据。如果约束是禁用状态，则可以在数据库中输入不满足条件的数据。ENABLE/DISABLE 是启用或禁止对新插入（或新修改）数据进行完整性约束条件检查的开关，VALIDATE /NOVALIDATE 是启用或禁止对旧数据进行完整性约束检查的开关。4 个关键字可以组合为以下 4 种状态，见表 3-7。

表 3-7　　　　　　　　　　　　　　约束状态

约束状态	描　述
ENABLE VALIDATE	不管旧数据还是新数据都必须遵从约束条件，保证所有的数据都是有效的，这个状态是所有约束创建时的默认状态
ENABLE NOVALIDATE	对表中不合乎要求的旧数据不再进行约束检查，但新输入的所有数据必须满足约束条件
DISABLE VALIDATE	表中旧数据都符合约束，新数据可以不满足约束条件，但最终导致的结果是表被锁定，DML命令无法执行，不允许操作数据
DISABLE NOVALIDATE	不论是否满足约束条件，任何数据都可以输入，而且表中可能已经存在不满足约束条件的旧数据。 将大量数据上传到表时，DISABLE NOVALIDATE 可能非常有用。正在上传的数据可能完全不符合业务规则，但不可能因为几行不满足条件的数据而导致上传失败，因此，将约束设置为此状态才能使得上传操作成功执行

修改约束的状态有两种形式，一种是使用 ENABLE 子句，一种是使用 MODIFY 子句。两个子句的作用是一致的，使用哪种形式皆可。

①ENABLE 子句修改约束状态的语法如下：

```
ALTER　TABLE table_name
{ ENABLE|DISABLE }[ VALIDATE|NOVALIDATE ]
{ UNIQUE (column [,column ]...)
| PRIMARY　KEY
| CONSTRAINT　constraint_name
}
```

说明：

- ENABLE：对新插入或新修改的数据启用完整性约束条件检查。创建表时的缺省值。
- DISABLE：对新插入或新修改的数据禁用完整性约束条件检查。
- VALIDATE：对旧数据进行完整性约束条件检查，创建表时的缺省值。
- NOVALIDATE：对旧数据不进行完整性约束条件检查。
- UNIQUE：表示修改唯一约束。
- PRIMARY KEY：表示修改主键约束。
- CONSTRAINT constraint_name：表示修改已命名约束。

②MODIFY 子句修改约束的语法如下：

```
ALTER TABLE table_name
MODIFY { CONSTRAINT constraint_name | PRIMARY KEY | UNIQUE ( column [ , column ]...)}
{constraint_state}
```

说明：

- MODIFY：修改约束的关键字。
- CONSTRAINT constraint_name：给约束命名，constraint_name 是约束名。
- PRIMARY KEY：修改主键约束。
- UNIQUE (column [, column]...)：修改唯一约束。
- constraint_state：表示约束状态，如表 3-7 所描述的 4 种组合情况。
- 列级约束的修改可以在修改列的子句中完成。

小提示：

NOT NULL，FOREIGN KEY，CHECK 约束可以在表中有不满足约束条件的情况下更改约束状态到 ENABLE NOVALIDATE。但是 UNIQUE 和 PRIMARY KEY 约束不允许，提示违反约束条件。

【示例 3-12】 验证 PRIMARY KEY 在表中有不满足约束条件的情况下，更改约束状态到 ENABLE NOVALIDATE，提示违反约束条件错误。操作步骤如下：

①修改 dept_copy 表的主键约束状态为：DISABLE NOVALIDATE。

②然后插入主键值为 dp001 的一行数据，新行顺利插入，并查看插入结果。

③再将主键约束状态改为 ENABLE NOVALIDATE 时，提示 Oracle 错误：违反主键。代码如下：

```
SQL>ALTER TABLE dept_copy MODIFY PRIMARY KEY DISABLE NOVALIDATE;——禁用主键约束
表已更改。
SQL>INSERT INTO dept_copy VALUES('dp001','财务部');——在禁用的情况下使用重复主键
已创建 1 行。
SQL>SELECT * FROM dept_copy;
DEPTNO              DEPT_NAME
——————————          ——————————

dp001               销售部
dp001               财务部
SQL>ALTER TABLE dept_copy MODIFY PRIMARY KEY ENABLE NOVALIDATE;  ——启用主键约束时无法完成，提示错误
```

ALTER TABLE dept_copy MODIFY PRIMARY KEY ENABLE NOVALIDATE

  *

第1行出现错误：

ORA-02437：无法验证（DEPTCOPY_DEPTNO_PK）－－违反主键

（4）重命名约束

重命名约束的语法如下：

ALTER TABLE table_name

RENAME CONSTRAINT old_name TO new_name

说明：

①RENAME CONSTRAINT：重命名约束关键字。

②old_name：表示约束的旧名称；new_name：表示约束的新名称。

【示例3-13】 将 dept_copy 表中的约束 deptcopy_deptno_PK 重命名为 deptno_PK，代码如下：

SQL＞ALTER TABLE dept_copy RENAME CONSTRAINT deptcopy_deptno_PK TO deptno_PK；－－重命名约束

表已更改。

SQL＞SELECT constraint_name，constraint_type，status

  2 FROM user_constraints

  3 WHERE table_name＝'DEPT_COPY'；   －－查看修改后约束

CONSTRAINT_NAME C   STATUS

－－－－－－－－－ －   －－－－

DEPTNO_PK   P   DISABLED

（5）删除约束

删除约束的语法如下：

ALTER TABLE table_name

DROP{ PRIMARY KEY

    | UNIQUE（column [，column]...）

    | CONSTRAINT constraint_name

}

说明：使用 DROP 子句可以删除主键约束、唯一约束以及显性命名约束。

【示例3-14】 从 dept_copy 表中删除 deptno_PK 约束，代码如下：

SQL＞ALTER TABLE dept_copy DROP CONSTRAINT deptno_PK；   －－删除约束 deptno_PK

表已更改。

SQL＞SELECT constraint_name，constraint_type，status

  2 FROM user_constraints

  3 WHERE table_name＝'DEPT_COPY'；

未选定行。

知识点6　数据表记录的操作

操作数据表是指对表中的数据记录进行插入、修改、删除等操作，使用的命令是 INSERT、UPDATE 和 DELETE 语句，下面分别介绍这三种语句的语法及使用方法。

1. 插入数据

INSERT 是数据插入语句,把新数据插入数据表中,通常一次只插入一行,也可以一次插入多行数据(使用子查询)。INSERT INTO 子句中指定列名,并在 VALUES 子句中为指定的列提供一个值。插入表必须在用户所拥有的表空间中,而且必须具有在表上插入数据的权限。

(1)INSERT 语句的语法

形式一:

```
INSERT INTO table_name[(column [,column ]...)]
VALUES ({expr|DEFAULT } [,{expr|DEFAULT }]...);
```

形式二:

```
INSERT INTO table_name[(column [,column ]...)](subquery);
```

说明:

①形式一是插入单行数据,形式二是使用子查询实现批量数据的插入。

②INSERT INTO:插入数据关键字;table_name:指定插入表的名称。

③column:指定要插入的列名,插入多列时使用逗号分隔。

④VALUES:指定插入值的关键字,expr 是插入值,可以使用默认值。

⑤DEFAULT:插入创建表时设置的默认值。

⑥subquery:指定多行插入的子查询。

(2)使用 INSERT 语句时应注意的问题

①插入值与插入列的个数必须相同,与插入列的前后顺序无关,但插入值要与插入列一一对应。

②插入值的类型与插入列的类型要兼容,通常是一致的。

③可以插入所有列的数据,也可以插入部分列的数据。

④插入所有列数据时,可以省略插入列,插入值要与表结构中的列保持一致的顺序。插入部分列数据时必须显性指定插入的列名。

⑤插入字符数据时,如果字符串中包括了单引号,那么在该单引号处使用两个单引号。如果字符串中出现了双引号,那么就可以直接在字符串中使用双引号。

⑥插入 date 类型数据时,可以使用三种方式处理:

使用转换函数:to_date('1985-7-30','yyyy/mm/dd')

使用日期常量:date'1985-7-30'

使用符合当前系统日期时间格式的字符串:'14-2-12'

⑦使用 INSERT 语句插入数据,必须满足数据完整性约束条件。

【示例 3-15】 向部门表(dept)中插入 2 条记录:部门编号为"dp001",部门名称为"销售部";以及部门编号为"dp002",部门名称为"财务部",代码如下:

SQL>INSERT INTO dept (deptno,dept_name) VALUES('dp001','销售部');

已创建 1 行。

SQL>INSERT INTO dept (deptno,dept_name) VALUES('dp002','财务部');

已创建 1 行。

【示例 3-16】 创建员工表的副本 emp_copy,表结构与员工表相同,包括员工编号(empno)、员工姓名(emp_name)、员工性别(emp_sex)、员工出生日期(emp_birth)、员工住址

（emp_address）、员工联系方式（emp_phone）、员工所在部门（deptno）。要求"员工编号"为主键，"员工姓名"指定非空约束，"员工性别"默认值为"女"，"员工联系方式"长度小于15，"部门编号"为外键关联部门表的主键，并级联删除。创建 emp_copy 表之后，向员工表添加一条记录，代码如下：

```
SQL>CREATE TABLE emp_copy
  2  (empno            VARCHAR2(10)   PRIMARY KEY
  3  ,emp_name         VARCHAR2(10)   NOT NULL             ;
  4  ,emp_sex VARCHAR2(6) DEFAULT '女'
  5  ,emp_birth DATE
  6  ,emp_address VARCHAR2(40)
  7  ,emp_phone VARCHAR2(15) CHECK(LENGTH(emp_phone)<15)
  8  ,deptno VARCHAR2(10) REFERENCES dept (deptno) ON DELETE CASCADE
  9  );
```
表已创建。
```
SQL>INSERT INTO emp_copy(empno,emp_name,emp_sex,emp_birth,emp_address,emp_phone,
deptno)
  2  VALUES('emp001','王丽','女',TO_DATE('1975-06-05','yyyy-mm-dd'),'辽宁大连甘井子',
  3  '13045678932','dp001');
```
已创建1行。

【示例3-17】 插入所有列时，可以省略插入列名称，但要满足插入值与表结构定义列的顺序完全一致，代码如下：
```
SQL>INSERT INTO emp_copy
  2  VALUES('emp002','赵晓鸥','男',TO_DATE('1983-09-15','yyyy-mm-dd'),'辽宁大连金州',
  3  '13965437891','dp002');
```
已创建1行。

【示例3-18】 插入部分列数据，必须显性指定插入的列名，代码如下：
```
SQL>INSERT INTO emp_copy(empno,emp_name,emp_sex,deptno)
  2  VALUES('emp003','张宏','男','dp001');
```
已创建1行。

【示例3-19】 性别插入使用默认值，直接使用 DEFAULT 关键字代替插入值即可，代码如下：
```
SQL>INSERT INTO emp_copy (empno,emp_name,emp_sex,emp_birth,emp_address,emp_
  2  phone,deptno)
  3  VALUES('emp004','李红',DEFAULT,TO_DATE('1979-10-23','yyyy-mm-dd'),'辽宁沈阳',
  4  '18623657864','dp002');
```
已创建1行。

【示例3-20】 将员工表 emp_copy 中的数据，批量复制到员工表 employee 中，使用子查询实现。代码如下：
```
SQL>INSERT INTO employee SELECT empno,emp_name,emp_sex,emp_birth,emp_address,
  2  emp_phone,deptno
  3  FROM emp_copy;
```
已创建4行。

小提示：

在【示例 3-9】中已将员工表 emp 重命名为 employee。

2. 更新数据

UPDATE 是数据更新语句，把表中数据的旧值修改为新值，执行更新操作的用户必须拥有更新表的权限。

（1）更新语句的语法如下：

```
UPDATE table_name
SET
  {(column [,column ]…)=(subquery)| column ={ expr|(subquery)|DEFAULT }}
    [,{(column[,column]…)=(subquery)|column={expr|(subquery)|DEFAULT }} ]…
WHERE condition ;
```

说明：

①UPDATE：更新表中数据关键字，SET 设置新值关键字。

②table_name：指定需要更新数据的表。

③column：指定要更新值的列名，多列之间使用逗号隔开。

④subquery：使用子查询提供新值。

⑤expr：使用表达式提供新值。

⑥DEFAULT：使用默认值提供新值。

⑦condition：使用 WHERE 条件限定哪些行需要更新。

（2）使用 UPDATE 语句时要注意下面几个问题：

①如果子查询没有行返回，则更新列被分配 NULL 值。

②使用 UPDATE 语句更新数据，必须满足数据完整性约束条件。

【示例 3-21】 在 emp_copy 表中，把员工编号为"emp001"的员工姓名由"王丽"修改为"王丽红"，代码如下：

```
SQL>UPDATE emp_copy
  2   SET emp_name='王丽红'
  3   WHERE empno='emp001';
已更新 1 行。
```

【示例 3-22】 在 emp_copy 表中，修改员工编号为"emp003"的员工性别，直接使用 DEFAULT 关键字赋值，代码如下：

```
SQL>UPDATE emp_copy
  2   SET emp_sex=DEFAULT
  3   WHERE empno='emp003';
已更新 1 行。
```

【示例 3-23】 在 emp_copy 表中，将"赵晓鸥"的部门编号修改为"张宏"的部门编号。

分析：首先使用子查询将"张宏"的部门编号查询出来，再将"赵晓鸥"的部门编号修改为该编号，前提是"赵晓鸥"与"张宏"都没有重名的，代码如下：

```
SQL>UPDATE emp_copy
  2   SET deptno=(SELECT deptno FROM emp_copy WHERE emp_name='张宏')
  3   WHERE emp_name='赵晓鸥';
已更新 1 行。
```

3. 删除数据

DELETE 是数据删除语句。数据的删除有两种方式，一种是使用 DELETE 语句删除数据，可以利用事务回滚进行数据的恢复；一种是使用 TRUNCATE 语句删除数据，不能利用事务回滚进行数据的恢复，所以在做删除操作时必须慎重。

（1）DELETE 语句的语法如下：

DELETE［FROM］table_name［WHERE condition］;

说明：

①DELETE：删除表中数据关键字。

②FROM：表示从哪个表中进行数据删除，可选关键字。

③table_name：表示要删除数据的基本表名。

④condition：表示删除数据的条件，如果没有 WHERE 子句，将删除表中所有的数据。

【示例 3-24】　从 emp_copy 表中删除员工编号为"emp001"的员工信息，代码如下：

SQL＞DELETE FROM emp_copy

　2　WHERE empno＝'emp001'

　3　/

已删除 1 行。

（2）TRUNCATE 语句的语法如下：

TRUNCATE TABLE table_name;

说明：

TRUNCATE 命令很简单，不能指定删除条件，而是直接删除所有的数据，TRUNCATE 的删除速度比 DELETE 快，但删除操作不能事务回滚，数据无法恢复，所以必须慎用。

【示例 3-25】　使用 TRUNCATE 命令删除 emp_copy 表中的所有数据，代码如下：

SQL＞TRUNCATE TABLE emp_copy;

表被截断。

任务 3.1　创建图书销售管理系统的数据表结构

本任务以图书销售管理系统数据库的物理结构设计为案例，具体介绍图书销售管理系统数据库的创建过程和步骤。

微课

创建图书销售管理
系统的数据表结构

子任务 1　创建出版社数据表结构

【任务分析】

根据图书销售管理系统的功能需求，在图书销售管理系统数据库中需要创建出版社表，用来存储出版社的数据信息，为保证数据的完整性，需要为出版社表创建完整性约束。出版社表结构如下：

presses(press_id,press_name,press_address,press_city,press_postcode,press_phone)

其中 presses 表示出版社表名，各字段分别表示出版社编号、出版社名称、出版社地址、所在城市、邮政编码和联系电话。同时为出版社编号创建主键约束，为出版社名称创建非空约束。

本子任务使用 CREATE TABLE 语句为图书销售管理系统创建出版社表 presses。

【任务实施】

1. 使用 SQL Plus 连接到默认数据库 book，用户名为"system"，密码为"system"。

2. 在 SQL Plus 窗口中输入建立出版社表 presses 结构的 SQL 语句，代码如下：

```
SQL>CREATE TABLE presses
  2 (press_id          VARCHAR2(6)      PRIMARY KEY    ――出版社编号
  3 ,press_name        VARCHAR2(50)     NOT NULL       ――出版社名称
  4 ,press_address     VARCHAR2(60)                    ――出版社地址
  5 ,press_city        VARCHAR2(15)                    ――所在城市
  6 ,press_postcode    VARCHAR2(6)                     ――邮政编码
  7 ,press_phone       VARCHAR2(20)                    ――联系电话
  8 );
```

表已创建。

子任务2　创建供应商数据表结构

【任务分析】

根据图书销售管理系统的功能需求，在图书销售管理系统数据库中需要创建供应商表，用来存储供应商的数据信息，为保证数据的完整性，需要为供应商表创建完整性约束。供应商表结构如下：

suppliers(supplier_id,supplier_name,supplier_city,supplier_person,supplier_phone)

其中 suppliers 表示供应商表名，各字段分别表示供应商编号、供应商名称、所在城市、联系人、联系电话。同时为供应商编号创建主键约束，为供应商名称创建非空约束。

本子任务使用 CREATE TABLE 语句为图书销售管理系统创建供应商表 suppliers。

【任务实施】

1. 使用 SQL Plus 连接到默认数据库 book，用户名为"system"，密码为"system"。

2. 在 SQL Plus 窗口中输入建立供应商表 suppliers 结构的 SQL 语句，代码如下：

```
SQL>CREATE TABLE suppliers
  2 (supplier_id       VARCHAR2(4)      PRIMARY KEY    ――供应商编号
  3 ,supplier_name     VARCHAR2(30)     NOT NULL       ――供应商名称
  4 ,supplier_city     VARCHAR2(20)                    ――所在城市
  5 ,supplier_person   VARCHAR2(12)                    ――联系人
  6 ,supplier_phone    VARCHAR2(15)                    ――联系电话
  7 );
```

表已创建。

任务 3.2　设置图书销售管理系统中数据表的完整性

子任务1　创建客户表并定义主键约束和空值约束

【任务分析】

根据图书销售管理系统的功能需求，在图书销售管理系统数据库中创建的表，某些列上的内容不允许重复，也不允许为空；同时某些列上也要满足非空约束，即列上必须有值，为保证数

据的完整性,应该设置主键约束和非空约束。以客户表为例,客户表结构如下:

clients(client_id,client_name,client_sex,client_address,client_phone,client_email)

其中 clients 表示客户表名,各字段分别表示客户编号、客户名称、客户性别、客户地址、联系电话、电子邮箱。为客户编号创建主键约束,为客户名称创建非空约束。

本子任务使用 CREATE TABLE 语句为图书销售管理系统创建客户表 clients。

【任务实施】

1. 使用 SQL Plus 连接到默认数据库 book,用户名为"system",密码为"system"。

2. 在 SQL Plus 窗口中输入建立客户表 clients 结构的 SQL 语句,代码如下:

```
SQL>CREATE TABLE clients
  2  (client_id          VARCHAR2(10)    PRIMARY KEY    ——客户编号
  3  ,client_name        VARCHAR2(30)    NOT NULL       ——客户名称
  4  ,client_sex         VARCHAR2(2)                    ——客户性别
  5  ,client_address     VARCHAR2(100)                  ——客户地址
  6  ,client_phone       VARCHAR2(20)                   ——联系电话
  7  ,client_email       VARCHAR2(30)                   ——电子邮箱
  8  );
```

表已创建。

子任务 2　创建图书类别表并定义唯一键约束

【任务分析】

根据图书销售管理系统的功能需求,在图书销售管理系统数据库中创建的表,某些列上的内容不允许重复,为保证数据的完整性,则需要设置唯一约束,以图书类别表为例,图书类别表结构如下:

设置图书销售管理系统中数据表的完整性

bookTypes(type_id,type_name)

其中 bookTypes 表示图书类别表名,各字段分别表示图书分类号和图书分类名称。为图书分类号创建主键约束,为图书分类名称创建唯一约束。

本子任务使用 CREATE TABLE 语句为图书销售管理系统创建图书类别表 booktypes。

【任务实施】

1. 使用 SQL Plus 连接到默认数据库 book,用户名为"system",密码为"system"。

2. 在 SQL Plus 窗口中输入建立图书类别表 booktypes 结构的 SQL 语句,代码如下:

```
SQL>CREATE TABLE booktypes
  2  (type_id      VARCHAR2(4)     PRIMARY KEY    ——图书分类号
  3  ,type_name    VARCHAR2(70)    UNIQUE         ——图书分类名称
  4  );
```

表已创建。

子任务 3　创建图书表并定义外部键约束

【任务分析】

根据图书销售管理系统的功能需求,在图书销售管理系统数据库中创建的表,某些列上的值需要参考其他表中列上的值,即表与表之间有参照性,为保证数据的完整性,则需要设置外键约束,以图书表为例,图书表结构如下:

books(book_id,book_isbn,book_name,type_id,book_author,book_format,book_frame,book_edition, book_date,book_pagecount,book_num,book_price,press_id)

其中 books 表示图书表名,各字段分别表示书号、ISBN、图书名称、图书分类号、作者、开本、装帧、版次、出版日期、页数、库存数量、图书单价、出版社编号。其中,书号为主键,ISBN 指定为唯一,图书名称指定为非空,图书分类号为外键关联图书类别表中的图书分类号,并级联删除;出版社编号为外键关联出版社表中的出版社编号,并级联删除。

本子任务使用 CREATE TABLE 语句为图书销售管理系统创建图书表 books。

【任务实施】

1. 使用 SQL Plus 连接到默认数据库 book,用户名为"system",密码为"system"。

2. 在 SQL Plus 窗口中输入建立图书表 books 结构的 SQL 语句,代码如下:

```
SQL>CREATE TABLE books
  2  (book_id          VARCHAR2(10)    PRIMARY KEY                                    ——书号
  3  ,book_isbn        VARCHAR2(20)    UNIQUE                                         ——ISBN
  4  ,book_name        VARCHAR2(100)   NOT NULL                                       ——图书名称
  5  ,type_id          VARCHAR2(4)     REFERENCES bookTypes(type_id) ON DELETE CASCADE
                                                                                      ——图书分类号
  6  ,book_author      VARCHAR2(100)                                                  ——作者
  7  ,book_format      VARCHAR2(10)                                                   ——开本
  8  ,book_frame       VARCHAR2(10)                                                   ——装帧
  9  ,book_edition     VARCHAR2(10)                                                   ——版次
 10  ,book_date        DATE                                                           ——出版日期
 11  ,book_pagecount   NUMBER(5)                                                      ——页数
 12  ,book_number      NUMBER(10)                                                     ——库存数量
 13  ,book_price       NUMBER(7,2)                                                    ——图书单价
 14  ,press_id         VARCHAR2(6)     REFERENCES presses(press_id) ON DELETE CASCADE
                                                                                      ——出版社编号
 15  );
```

表已创建。

子任务 4　创建图书入库单表和销售单表并定义复合主键约束

【任务分析】

根据图书销售管理系统的功能需求,在图书销售管理系统数据库中创建的表,当一个列不足以用来标识一条记录的唯一性的时候,就需要设置多个列作为复合主键,来标识一条记录的唯一性。为保证数据的完整性,则需要设置复合主键约束。

(1)入库单表结构

entryorders(entryorder_id,book_id,entry_date,book_num,book_price,supplier_id,emp_id)

其中 entryorders 表示入库单表名,各字段分别表示入库单号、书号、入库日期、入库数量、图书单价、供应商编号、经手人。其中,入库单号指定为非空,书号为外键关联图书表中的书号,并级联删除;供应商编号为外键关联供应商表中的供应商编号,并级联删除;入库单号和书号共同作为入库单表的主键。

（2）销售单表结构

saleorders(saleorder_id,book_id,sale_date,sale_num,sale_price,client_id,emp_id)

其中 saleorders 表示销售单表名,各字段分别表示销售单号、书号、销售日期、销售数量、销售单价、客户编号、经手人。其中,销售单号指定为非空,图书编号为外键关联图书表中的书号,并级联删除;销售单号和书号共同作为销售单表的主键。

本子任务使用 CREATE TABLE 语句为图书销售管理系统创建入库单表 entryorders 和销售单表 saleorders。

【任务实施】

1.根据图书入库单表的结构要求,使用 CREATE TABLE 创建入库单表。

（1）使用 SQL Plus 连接到默认数据库 book,用户名为"system",密码为"system"。

（2）在 SQL Plus 窗口中输入建立入库单表 entryorders 结构的 SQL 语句,代码如下:

```
SQL>CREATE TABLE entryorders
   2  (entryorder_id  VARCHAR2(10)   NOT NULL                              ——入库单号
   3  ,book_id        VARCHAR2(20)   REFERENCES books(book_id) ON DELETE CASCADE
                                                                            ——书号
   4  ,entry_date     DATE                                                 ——入库日期
   5  ,book_num       NUMBER(10)                                           ——入库数量
   6  ,book_price     NUMBER(7,2)                                          ——图书单价
   7  ,supplier_id    VARCHAR2(4) REFERENCES suppliers(supplier_id) ON DELETE CASCADE
                                                                            ——供应商编号
   8  ,emp_id         VARCHAR2(10)                                         ——经手人
   9  ,PRIMARY KEY(entryorder_id,book_id)                                  ——复合主键
  10  );
```

表已创建。

2.根据图书销售单表的结构,使用 CREATE TABLE 创建销售单表。

（1）使用 SQL Plus 连接到默认数据库 book,用户名为"system",密码为"system"。

（2）在 SQL Plus 窗口中输入建立销售单 saleorders 结构的 SQL 语句,代码如下:

```
SQL>CREATE TABLE saleorders
   2  (saleorder_id   VARCHAR2(10)   NOT NULL                              ——销售单号
   3  ,book_id        VARCHAR2(10)   REFERENCES books(book_id) ON DELETE CASCADE
                                                                            ——书号
   4  ,sale_date      DATE                                                 ——销售日期
   5  ,sale_num       NUMBER(10)                                           ——销售数量
   6  ,sale_price     NUMBER(7,2)                                          ——销售单价
   7  ,client_id      VARCHAR2(10)   REFERENCES clients(client_id) ON DELETE CASCADE
                                                                            ——客户编号
   8  ,emp_id         VARCHAR2(10)                                         ——经手人
   9  ,PRIMARY KEY(saleorder_id,book_id)                                   ——复合主键
  10  );
```

表已创建。

任务 3.3　修改图书销售管理系统的数据表结构

子任务 1　修改出版社数据表结构中列的定义

【任务分析】

在图书销售管理系统数据库中创建表后,可以对表结构进行相应的修改,如添加列、修改列的属性、删除列和重命名列等。根据图书销售管理数据库中出版社表的功能需求,需要修改表的结构。要求如下:

(1)为出版社表 presses 添加一列,邮箱(press_email)列,类型为 VARCHAR2,长度为 15。

(2)将出版社表 presses 中的出版社名称(press_name)列长度修改为 VARCHAR2(30)。

(3)将图书表 books 中的库存数量(book_number)列重命名为 book_num。

(4)将出版社表 presses 中的邮箱(press_email)列删除。

本子任务使用 ALTER TABLE 语句完成上述要求。

【任务实施】

1.为出版社表 presses 添加一列,邮箱(press_email)列,类型为 VARCHAR2,长度为 15。

(1)使用 SQL Plus 连接到默认数据库 book,用户名为“system”,密码为“system”。

(2)在 SQL Plus 窗口中输入修改出版社表 presses 结构的 SQL 语句,代码如下:

```
SQL>ALTER TABLE presses ADD(press_email varchar2(15));
```

表已更改。

2.将出版社表 presses 中的出版社名称(press_name)列长度修改为 VARCHAR2(30)。

在 SQL Plus 窗口中输入修改出版社表 presses 结构的 SQL 语句,代码如下:

```
SQL>ALTER TABLE presses MODIFY(press_name varchar2(30));
```

表已更改。

3.将图书表 books 中的库存数量(book_number)列重命名为 book_num。

在 SQL Plus 窗口中输入修改图书表(books)结构的 SQL 语句,代码如下:

```
SQL>ALTER TABLE books RENAME COLUMN book_number TO book_num;
```

表已更改。

4.将图出版社表 presses 中的邮箱(press_email)列删除。

在 SQL Plus 窗口中输入修改出版社表 presses 结构的 SQL 语句,代码如下:

```
SQL>ALTER TABLE presses DROP COLUMN(press_email);
```

表已更改。

子任务 2　为客户表添加检查约束和默认值约束

【任务分析】

根据图书销售管理系统的功能需求,在图书销售管理系统数据库中创建的表,表中某列上的值需要被限定在某个范围内;表中某列上的值也可以事先指定为某个值,即有个缺省值,为保证数据的完整性,则需要设置检查约束和默认约束,客户表结构如下(在子任务 1 中已创建客户表 clients):

clients(client_id,client_name,client_sex,client_address,client_phone,client_email)

本任务中要对客户表添加默认约束和检查约束，其中，性别默认为"男"，性别的取值只能是"男"或"女"。

本子任务使用 ALTER TABLE 语句为客户表 clients 添加默认约束与检查约束。

【任务实施】

1. 使用 SQL Plus 连接到默认数据库 book，用户名为"system"，密码为"system"。

2. 在 SQL Plus 窗口中输入修改客户表 clients 约束的 SQL 语句，代码如下：

SQL＞ALTER TABLE clients　MODIFY client_sex DEFAULT ('男')；　——修改客户表 clients 的默认约束

表已更改。

SQL＞ALTER TABLE clients ADD CONSTRAINT clients_sex_CK CHECK(client_sex='男' or

　2　client_sex='女')；　　　　　　　　　　　　　　　——为客户表 clients 添加检查约束

表已更改。

任务 3.4　操作图书销售管理系统的数据表记录

子任务 1　添加记录到出版社数据表

操作图书销售管理系统的数据表记录

【任务分析】

在图书销售管理系统数据库中创建表后，表结构已确定时，所创建的表只是一张空表，没有任何记录。而对数据库的操作就是对记录集的操作，即表中要有数据。以出版社表为例，出版社表结构参照"任务 3.1 中的子任务 1"，添加记录到出版社表中。

本子任务使用 INSERT INTO…VALUES 语句添加记录到出版社表中，注意添加记录时不能违背数据的完整性约束。

【任务实施】

1. 使用 SQL Plus 连接到默认数据库 book，用户名为"system"，密码为"system"。

2. 在 SQL Plus 窗口中输入添加记录到出版社表 presses 的 SQL 语句，代码如下：

SQL＞INSERT INTO presses

　2　VALUES('100001','清华大学出版社','清华大学学研大厦 A 座','北京','100084','010-62776969')；

已创建 1 行。

SQL＞INSERT INTO presses

　2　VALUES('100002','高等教育出版社','北京市朝阳区惠新东街 4 号富盛大厦 15 层','北京',

　3　'100029','010-58581118')；

已创建 1 行。

SQL＞INSERT INTO presses

　2　VALUES('100003','中国人民大学出版社','北京市海淀区中关村大街 31 号','北京','100080',

　3　'010-62510566')；

已创建 1 行。

SQL＞INSERT INTO presses

　2　VALUES('100004','中国农业出版社','北京市朝阳区麦子店街 18 号楼','北京','100125',

　3　'010-65083260')；

已创建 1 行。

```
SQL>INSERT INTO presses
  2    VALUES('100005','电子工业出版社','北京市万寿路南口金家村 288 号华信大厦','北京',
  3    '100036','010-88258888');
```

已创建 1 行。

子任务 2   更新出版社数据表中的记录

【任务分析】

在图书销售管理系统数据库中创建表后,表中已输入记录,若记录中某些值因录入等原因产生错误时,则需要修改。以出版社表为例,对出版社表中的记录进行修改:将出版社编号为"100001"的电话修改为"010-62770175"。

本子任务使用 UPDATE…SET 语句对出版社表中记录进行修改,不能违背数据的完整性约束。

【任务实施】

1. 使用 SQL Plus 连接到默认数据库 book,用户名为"system",密码为"system"。

2. 在 SQL Plus 窗口中输入修改出版社表 presses 中记录值的 SQL 语句,代码如下:

```
SQL>UPDATE    presses SET press_phone='010-62770175'
  2    WHERE press_id='100001';
```

已更新 1 行。

子任务 3   删除出版社数据表中的记录

【任务分析】

在图书销售管理系统数据库中创建表后,在对表的使用过程中,某些记录已不再使用,则可以删除这些记录。以出版社表为例,对出版社表中的记录进行删除:删除出版社编号为"100005"的记录。

本子任务使用 DELETE 语句对出版社表中记录进行删除。

【任务实施】

1. 使用 SQL Plus 连接到默认数据库 book,用户名为"system",密码为"system"。

2. 在 SQL Plus 窗口中输入删除出版社表 presses 中记录的 SQL 语句,代码如下:

```
SQL>DELETE FROM presses    WHERE press_id='100005';
```

已删除 1 行。

任务小结

在数据库中表是实际存储数据的地方,其他的数据对象,如索引、视图等是依附于表对象而存在的。为了对数据库中的数据进行操作,必须先在数据库中创建表,通过表对数据进行分类存储,并且设置表与表之间的关联,实现数据间的联系与统一。

本任务围绕图书销售库中的数据表进行了操作,主要介绍了数据表结构的创建、修改。同时为了保证表中数据的正确性与可靠性,介绍了在表中如何创建数据完整性约束,以及约束的添加与修改。此外,还介绍了对数据表进行记录的添加、修改与删除操作。

任务实训　创建和操作学生管理系统数据表

一、实训目的和要求

1. 掌握数据表结构的创建与删除
2. 掌握数据表结构的修改
3. 掌握数据表的完整性约束
4. 掌握数据表的数据操作

二、实训知识准备

1. 数据表的概念和数据类型
2. 数据表结构的创建、删除与修改
3. 数据表的完整性约束
4. 数据表的数据操作

三、实训内容和步骤

在任务 2 的实训项目中已创建学生管理系统的数据库、表空间。根据学生管理系统的数据需求,在数据库中要存储系部信息、班级信息、教师信息、学生信息、课程信息、成绩信息和教学任务等数据,为此要在学生数据库中创建学生管理数据表。由于在各个数据表中都有对应记录的编码,以保证表中记录的唯一性,为此对记录的编码规则说明如下:

(1)系部编码:使用三位编码,例如,软件系:100,媒体系:200,网络系:300,数控系:400。

(2)教师编码:使用六位编码,前三位是系部编码,后三位是序号。

(3)课程编码:使用三位编码。

(4)学生编码:使用八位编码,第 1、2 位是系部简码,第 3、4 位是入学年份编码,第 5 位是学制编码,第 6 为是班级编码,第 7、8 位是班内序号。

(5)班级编码:使用六位编码,即学生编码的前 6 位。

请按下列要求创建学生管理系统需要的各个数据表结构,并输入相应的数据记录。

1. 在学生数据库中使用 CREAT TABLE 语句创建系部表,系部表结构见表 3-8,数据参考记录见表 3-9。

表 3-8　　　　　　　　　　　department(系部表)结构

字段名	数据类型	约束	字段说明
DEPARTMENT_NO	VARCHAR2(3)	主键	系部编码
DEPARTMENT_NAME	VARCHAR2(10)	唯一	系部名称
TEACHER_NO	VARCHAR2(8)		系部主任

表 3-9　　　　　　　　　　　系部表数据参考记录

系部编码	系部名称	系部主任
100	软件系	100001
200	媒体系	200001
300	网络系	300001
400	数控系	400001

2. 在学生数据库中使用 CREAT TABLE 语句创建班级表,班级表结构见表 3-10,数据参考记录见表 3-11。

表 3-10　　　　　　　　　　　　　classmate(班级表)结构

字段名	数据类型	约　束	字段说明
CLASSMATE_NO	VARCHAR2(6)	主键	班级编码
CLASSMATE_NAME	VARCHAR2(10)	唯一	班级名称
DEPARTMENT_NO	VARCHAR2(10)	非空,外键,与系部表的 department_no 关联	所在系部

表 3-11　　　　　　　　　　　　　班级表数据参考记录

班级编码	班级名称	所在系部
rj0431	软件 0431	100
rj0432	软件 0432	100
rj0531	软件 0531	100
mt0431	媒体 0431	200
mt0432	媒体 0432	200

3. 在学生数据库中使用 CREAT TABLE 语句创建教师表,教师表结构见表 3-12,数据参考记录见表 3-13。

表 3-12　　　　　　　　　　　　　teacher(教师表)结构

字段名	数据类型	约　束	字段说明
TEACHER_NO	VARCHAR2(6)	主键	教师编码
TEACHER_NAME	VARCHAR2(10)	非空	姓名
TEACHER_SEX	VARCHAR2(4)	默认值:男	性别
TEACHER_BIRTHDAY	DATE		出生年月
TEACHER_TITLE	VARCHAR2(10)		职称
TEACHER_MAIL	VARCHAR2(30)	like '%@%'	电子邮件

表 3-13　　　　　　　　　　　　　教师表数据参考记录

教师编码	姓名	性别	出生年月	职称	电子邮件
100001	张建国	男	05-4-75	教授	zhangjg@163.com
100002	王建东	男	03-2-76	讲师	wangjg@163.com
100003	李建惠	女	03-4-75	副教授	lihj@216.com
100004	张卫国	男	03-10-76	讲师	zhangwg@163.com

4. 在学生数据库中使用 CREAT TABLE 语句创建课程表,课程表结构见表 3-14,数据参考记录见表 3-15。

表 3-14　　　　　　　　　　　　　course(课程表)结构

字段名	数据类型	约　束	字段说明
COURSE_NO	VARCHAR2(3)	主键	课程编码
COURSE_NAME	VARCHAR2(20)	唯一	课程名称
COURSE_CREDIT	NUMBER(2)		学分
COURSE_PNO	VARCHAR2(3)	外键,与课程表自身的 course_no 关联	先修课程

表 3-15　　　　　　　　　　　　　　　　课程表数据参考记录

课程编码	课程名称	学分	先修课程
100	计算机基础	2	000
101	计算机组装与维护	1	100
102	C 程序设计	3	100
103	计算机图形学	3	100

5. 在学生数据库中使用 CREAT TABLE 语句创建学生表,学生表结构见表 3-16,数据参考记录见表 3-17。

表 3-16　　　　　　　　　　　　　　　student(学生表)结构

字段名	数据类型	约　束	字段说明
STUDENT_NO	VARCHAR2(8)	主键	学生编码
STUDENT_NAME	VARCHAR2(10)	非空	姓名
STUDENT_SEX	VARCHAR2(4)	默认值:男	性别
STUDENT_BIRTHDAY	DATE		出生年月
STUDENT_SCORE	NUMBER(5,1)		入学成绩
CLASSMATE_NO	VARCHAR2(6)	非空,外键,与班级表的 classmate_no 关联	所在班级

表 3-17　　　　　　　　　　　　　　　学生表数据参考记录

学生编码	姓名	性别	出生年月	入学成绩	所在班级
rj043101	韩志华	男	18-11-85	498	rj0431
rj043103	宋再冉	男	19-8-85	477	rj0431
rj043104	高磊	男	19-1-86	475	rj0431
rj043105	高崧	男	25-5-83	474	rj0431

6. 在学生数据库中使用 CREAT TABLE 语句创建成绩表,成绩表结构见表 3-18,数据参考记录见表 3-19。

表 3-18　　　　　　　　　　　　　　　score(成绩表)结构

字段名	数据类型	约　束	字段说明
STUDENT_NO	VARCHAR2(8)	非空,主键,外键,与学生表的 student_no 关联	学生编码
COURSE_NO	VARCHAR2(3)	非空,主键,外键,与课程表的 course_no 关联	课程编码
SCORE	NUMBER(5,1)	成绩在[0,100]	成绩

表 3-19　　　　　　　　　　　　　　　成绩表数据参考记录

学生编码	课程编码	成绩
rj053214	109	82
rj053215	109	83
rj053216	109	84
rj053217	109	85
rj053218	109	86

7. 在学生数据库使用 CREAT TABLE 语句创建教学任务表,教学任务表结构见表 3-20,数据参考记录见表 3-21。

表 3-20　　　　　　　　　　　　　teaching(教学任务表)结构

字段名	数据类型	约束	字段说明
TEACHER_NO	VARCHAR2(6)	非空,主键,外键,与教师表的 teacher_no 关联	教师编码
COURSE_NO	VARCHAR2(3)	非空,主键,外键,与课程表的 course_no 关联	课程编码
CLASSMATE_NO	VARCHAR2(6)	非空,主键,外键,与班级表的 classmate_no 关联	班级编码

表 3-21　　　　　　　　　　　　　教学任务表数据参考记录

教师编码	课程编码	班级编码
100002	101	rj0431
100002	108	rj0432
100002	109	rj0432
100002	110	rj0431
100003	102	rj0431

思考与练习

一、填空题

1. 为 Oracle 数据库中表格的每一列设定数据类型时,常用的数据类型有_____、_____、_____。

2. Oracle 数据库中包含的数据约束有_____、_____、_____、_____、_____。

3. 约束的状态有_____、_____、_____、_____。

4. 创建数据表的关键字是_____。

5. 修改数据表的关键字是_____。

6. 删除表的关键字是_____。

二、选择题

1. 在创建表时如果希望某列的值在一定的范围内,使用的约束是(　　)。

A. PRIMARY KEY　B. UNIQUE　　　　C. CHECK　　　　　　　　D. NOT NULL

2. 数据定义语言是用于(　　)。

A. 确保数据的准确性　　　　　B. 定义和修改数据结构

C. 查看数据　　　　　　　　　D. 删除和更新数据

3. 假定表 a 中有十万条记录,要删除表中的所有数据,但仍要保留表的结构,请问用以下哪个命令效率最高?(　　)

A. DELETE FROM a;　　　　　　B. DROP TABLE a;

C. TRUNC TABLE a;　　　　　　D. TRUNCATE TABLE a;

4.若要修改一个表的结构,应该用(　　)命令。

A. ALTER TABLE　　　　　　　　B. DEFINE TABLE

C. MODIFY TABLE　　　　　　　　D. REBUILD TABLE

5.CREATE、DROP、ALTER 等命令属于(　　)语言。

A. DCL　　　　　　B. DDL　　　　　　C. DML　　　　　　　　　　D. 以上都不属于

6.INSERT、UPDATE、DELETE 等命令属于(　　)语言。

A. DCL　　　　　　B. DDL　　　　　　C. DML　　　　　　　　　　D. 以上都不属于

7.下列选项中,(　　)是组合主键的特征。

A. 每列有唯一的值,但不是 NULL 值

B. 组合有唯一的值,并且其中每列没有 NULL 值

C. 组合的第一列和最后一列有唯一值

D. 组合的第一列和最后一列有唯一值,但没有 NULL 值

8.当删除父表中的数据时,在 CREATE TABLE 语句的外键定义中指定下列哪个选项,可以级联删除子表中的数据?(　　)

A. ON TRUNCATE CASCADE　　　　B. ON DELETE CASCADE

C. ON UPDATE CASCADE　　　　　　D. A 和 C 都是

三、简答题

1.比较 CHAR 和 VARCHAR2 数据类型有什么区别。

2.如何创建表、修改表和删除表? 表结构的修改有哪几种?

3.数据表的完整性约束都有哪些? 如何创建?

4.TRUNCATE 和 DELETE 命令的区别是什么?

5.使用 INSERT 语句插入全部列和部分列数据时,要注意什么?

学习重点与难点

- SELECT 语句的基本语法
- 单表数据查询的实现
- 分组查询的实现
- 多表连接查询的实现
- 子查询和合并查询的实现

学习目标

- 掌握使用 SELECT 语句实现查询部分列和所有列
- 掌握 ALL、DISTINCT 的用法
- 掌握使用 WHERE 子句查询选择满足条件的行
- 掌握使用 ORDER BY 子句实现排序查询
- 掌握在 SELECT、INSERT、UPDATE 语句中实现子查询

◆ 工作任务

1. 图书销售管理系统数据查询——简单数据查询。
2. 图书销售管理系统数据查询——统计分组。
3. 图书销售管理系统数据查询——多表连接。
4. 图书销售管理系统数据查询——子查询。
5. 图书销售管理系统数据查询——合并查询。

预备知识

知识点 1　SELECT 语句的基本结构

SELECT 查询语句在应用开发中使用最为频繁,也是重点学习的内容。SELECT 语句可以从数据库中查询出你所需要的数据。其语法格式如下:

```
SELECT [ { { DISTINCT|UNIQUE } | ALL } ] { select_list
    FROM data_source
    [ WHERE 子句 ]
    [ GROUP BY 子句]
    [ HAVING 子句 ]
    [ ORDER BY 子句]
```

语法说明如下:

（1）大写单词为关键字。

（2）DISTINCT|UNIQUE：表示取消重复行，如果返回结果中有重复行，则只保留一行。

（3）ALL：表示返回所有行，包括重复行，是未指定 DISTINCT|UNIQUE 时的缺省选项。

（4）select_list：指定要查询的列，多个查询列用逗号分隔，查询所有列时可以使用 * 代替。

（5）data_source：指定查询的数据源，数据源可以是表、视图和子查询等。

（6）WHERE：指定查询的筛选条件，用于筛选满足条件的行。

（7）GROUP BY：指定查询结果的分组条件。

（8）HAVING：指定分组查询结果的输出条件，通常与 GROUP BY 一起使用。

（9）ORDER BY：指定查询结果的排序方法。

知识点 2　单表查询

微课

单表查询

单表查询意味着数据源是一个表，单表查询是应用开发中使用最为频繁的查询方式，在单表查询中要掌握查询列的使用方式、WHERE 条件的使用方式、ORDER BY 排序的使用方式以及 GROUP BY 分组的使用方式。

1. 查询列

查询列就是在查询结果集中指定要显示的数据列，其语法如下：

```
{
* | { query_name. * | [ schema. ] { table|view } . * | expr [[ AS ] c_alias ] }
[ , { query_name. * | [ schema. ] { table|view } . * | expr [[ AS ] c_alias ] } ] ...
}
```

语法说明如下：

①星号（*）代表所有列。

②query_name：表示子查询的名称。

③schema：表示基本表或视图所在的模式。

④table|view：表示表名或视图名。

⑤expr：表示要查询的列名，也可以是表达式。

⑥AS：定义列别名时的关键字，可省略。

⑦c_alias：是列别名，在 Oracle 中不能使用单引号，可以使用双引号或不用引号。

（1）查询所有列

如果要查询一个数据表中的所有列时，可以使用星号（*）代替，但是为了提高 SELECT 语句的执行效率，最好不使用星号，而是把所有的列名都写出来。

【示例 4-1】　查询供应商表中的所有列，代码如下：

SQL＞SELECT　*　FROM suppliers;

SUPPLIER_ID	SUPPLIER_NAME	SUPPLIER_CITY	SUPPERLIER_PERSON	SUPPLIER_PHONE
1001	大连新华书店	辽宁大连	张桥	0411-88119018
1002	瓦房店新华书店	辽宁瓦房店	李东新	0411-85611450
1003	金州新华书店	大连市金州区	刘志向	0411-84752639
1004	沈阳新华书店	辽宁沈阳	焦作志	024-82453698
1005	济南新华书店	山东济南	武立强	0531-88450678
1006	北京图书大厦	北京	孙国志	010-66078477

已选择 6 行。

（2）查询部分列

如果要查询一个数据表中的部分列，需要把查询的字段都列出来。

【示例 4-2】　查询供应商表中的供应商编号（supplier_id）、供应商名称（supplier_name）及所在城市（supplier_city），代码如下：

```
SQL>SELECT supplier_id,supplier_name,supplier_city    FROM    suppliers;
SUPPLIER_ID          SUPPLIER_NAME                  SUPPLIER_CITY
—————————            —————————                      —————————

1001                 大连新华书店                    辽宁大连
1002                 瓦房店新华书店                  辽宁瓦房店
1003                 金州新华书店                    大连市金州区
1004                 沈阳新华书店                    辽宁沈阳
1005                 济南新华书店                    山东济南
1006                 北京图书大厦                    北京
```

已选择 6 行。

（3）取消重复行

在默认的情况下，查询结果集中会包含重复的记录，如果要去掉查询结果集中的重复行，可以在查询列中使用 DISTINCT 或 UNIQUE 关键字。

【示例 4-3】　从出版社表中查询所有的城市（press_city），取消重复行，代码如下：

```
SQL>SELECT DISTINCT press_city FROM presses;
PRESS_CITY
—————————

北京
大连
沈阳
上海
```

（4）使用列别名

在查询时，通常会将字段名直接作为列名，如果希望查询结果中的某些列或所有的列显示时使用指定的列标题，通常给列指定一个别名。格式为：

```
column_name|expr [AS] ["]c_ _alias["]
```

说明：

①列别名可以使用双引号引注，也可以省略。

②字段与别名之间可以使用关键字 AS，也可以省略。

小提示：

Oracle 中的列别名不能使用单引号引注。

【示例 4-4】　查询供应商表中的供应商编号（supplier_id）、供应商名称（supplier_name）及所在城市（supplier_city），分别用汉字指定别名，代码如下：

```
SQL>SELECT supplier_id   AS   供应商编号,supplier_name    AS    供应商名称,
  2  supplier_city    所在城市    FROM suppliers;
供应商编号         供应商名称                     所在城市
—————————         —————————                     —————————

1001              大连新华书店                    辽宁大连
1002              瓦房店新华书店                  辽宁瓦房店
1003              金州新华书店                    大连市金州区
```

1004	沈阳新华书店		辽宁沈阳
1005	济南新华书店		山东济南
1006	北京图书大厦		北京

已选择 6 行。

(5)使用计算列

计算列的数据在表中并不存在,而是通过表达式计算出来的。

【示例 4-5】　查询图书表中每种图书的出版年限,代码如下:

```
SQL>SELECT book_id,book_name,TO_NUMBER(TO_CHAR(SYSDATE,'YYYY'))-
  2  TO_NUMBER(TO_CHAR(book_date,'YYYY'))  AS  出版年限
  3  FROM books;
```

BOOK_ID	BOOK_NAME	出版年限
10000001	二维动画设计与制作	4
10000002	3ds Max 2009　中文版入门与提高	4

…………

(6)使用常量表达式

【示例 4-6】　在查询列中使用字符串“所在的城市是”作为一列值,代码如下:

```
SQL>SELECT supplier_id AS  供应商编号,supplier_name  AS  供应商名称,'所在的城市是',
  2  supplier_city AS  所在城市
  3  FROM suppliers;
```

供应商编号	供应商名称	'所在的城市是'	所在城市
1001	大连新华书店	所在的城市是	辽宁大连
1002	瓦房店新华书店	所在的城市是	辽宁瓦房店
1003	金州新华书店	所在的城市是	大连市金州区
1004	沈阳新华书店	所在的城市是	辽宁沈阳
1005	济南新华书店	所在的城市是	山东济南
1006	北京图书大厦	所在的城市是	北京

已选择 6 行。

(7)连接字符串

【示例 4-7】　使用字符串连接符“||”将字符串与列名连接,组成一个新列进行显示,代码如下:

```
SQL>SELECT  'city of '|| SUPPLIER_NAME ||' is '|| SUPPLIER_CITY "供应商所在的城市"
  2  FROM suppliers;
```

供应商所在的城市
————————————————————————————
city of 大连新华书店 is 辽宁大连
city of 瓦房店新华书店 is 辽宁瓦房店
city of 金州新华书店 is 大连市金州区
city of 沈阳新华书店 is 辽宁沈阳
city of 济南新华书店 is 山东济南
city of 北京图书大厦 is 北京

已选择 6 行。

2. WHERE 子句

WHERE 子句的作用是选择满足条件的行,将 WHERE 条件为真的数据行返回到查询结果集中。WHERE 条件是由各种操作符、谓词和列名组成的一个判定条件的逻辑表达式,常用的操作符见表 4-1。

表 4-1　　　　　　　　　　　　　　　　操作符

操作符	说　明
+,−	正号,负号
*,/	乘号,除号
+,−,‖	加号,减号,连接号
=,! =,<,>,<=,>=	关系操作符
IS [NOT] NULL,[NOT] LIKE,[NOT] BETWEEN, [NOT] IN,[NOT] EXISTS,ANY,SOME,ALL	谓词操作符
NOT	逻辑非操作符
AND	逻辑与操作符
OR	逻辑或操作符

(1)使用关系操作符

数字、字符串、日期类型的数据可以使用关系操作符。

【示例 4-8】　查询 2010 年 2 月 1 日销售的图书信息,代码如下:

```
SQL>SELECT * FROM saleorders
  2  WHERE sale_date='01-2-10';
```

SALEORDER_ID	BOOK_ID	SALE_DATE	SALE_NUM	SALE_PRICE	CLIENT_ID	EMP_ID
XSD0000001	10000001	1-2-10	1	29.50	KH001	u1001
XSD0000001	10000002	1-2-10	1	59	KH001	u1001

(2)使用逻辑操作符

逻辑操作符的优先级比较低,Oracle 提供了与、或、非三种逻辑运算。逻辑值有三个:FALSE,TRUE,NULL。表 4-2 是三种逻辑操作的真值表。

表 4-2　　　　　　　　　　　　　　逻辑操作真值表

x	y	x AND y	x OR y	NOT x
TRUE	TRUE	TRUE	TRUE	FALSE
TRUE	FALSE	FALSE	TRUE	FALSE
TRUE	NULL	NULL	TRUE	FALSE
FALSE	TRUE	FALSE	TRUE	TRUE
FALSE	FALSE	FALSE	FALSE	TRUE
FALSE	NULL	FALSE	NULL	TRUE
NULL	TRUE	NULL	TRUE	NULL
NULL	FALSE	FALSE	NULL	NULL
NULL	NULL	NULL	NULL	NULL

【**示例 4-9**】　查询图书号(book_id)为"10000001",且经手人(emp_id)为"u1001"的图书销售信息,代码如下:

```
SQL>SELECT * FROM saleorders
  2  WHERE book_id='10000001' AND emp_id='u1001';
```

SALEORDER_ID	BOOK_ID	SALE_DATE	SALE_NUM	SALE_PRICE	CLIENT_ID	EMP_ID
XSD0000001	10000001	01-2-10	1	29.5	KH001	u1001
XSD0000012	10000001	11-9-10	1	29.5	KH002	u1001
XSD0000017	10000001	11-10-10	1	29.5	KH001	u1001

(3)使用谓词操作符

①[NOT] BETWEEN AND

语法:expr1 [NOT] BETWEEN expr2 AND expr3

功能是:判断 expr1 值是否在 expr2 与 expr3 构成的闭区间内。expr2 是下限值,expr3 是上限值,而且下限值小于等于上限值。

小提示☞:

expr1 BETWEEN expr2 AND expr3 等价于:expr2 <= expr1 AND expr1 <= expr3。
expr1 NOT BETWEEN expr2 AND expr3 等价于:NOT(expr1 BETWEEN expr2 AND expr3)。

【**示例 4-10**】　查询图书销售单价(sale_price)在 20 到 30 之间销售单号(saleorder_id)、书号(book_id)和销售单价(sale_price)的信息,代码如下:

```
SQL>SELECT saleorder_id,book_id,sale_price FROM saleorders
  2  WHERE book_price BETWEEN 20 AND 30;
```

SALEORDER_ID	BOOK_ID	SALE_PRICE
XSD0000001	10000001	29.50
XSD0000003	10000001	29.50
XSD0000004	10000008	27

………

②[NOT] IN

语法格式为:

格式一:

expr [NOT] IN ({ expr_list|subquery })

格式二:

(expr [,expr]...) [NOT] IN ({ expr_list [,expr_list]...|subquery}))

功能是:判定 expr 的值是否在 expr_list 值列表(或 subquery 子查询结果)中。

【**示例 4-11**】　查看销售单号(saleorder_id)为"XSD0000001""XSD0000002"的图书销售信息,代码如下:

```
SQL>SELECT * FROM saleorders
  2  WHERE saleorder_id IN ('XSD0000001','XSD0000002');
```

SALEORDER_ID	BOOK_ID	SALE_DATE	SALE_NUM	SALE_PRICE	CLIENT_ID	EMP_ID
XSD0000001	10000001	01-2-10	1	29.5	KH001	u1001

| XSD0000001 | 10000002 | 01-2-10 | 1 | 59 | KH001 | u1001 |
| XSD0000002 | 10000003 | 06-3-10 | 2 | 43 | KH002 | u1004 |

③ANY

语法:expr ＜比较操作符＞ ANY（expr_list｜subquery）

功能是:expr 与 expr_list 值列表(或子查询结果集)中的值进行顺序比较,只要其中的某一次比较结果为真,WHERE 条件就为真。

ANY 之前必须使用＝,！＝,＞,＜,＜＝,＞＝比较操作符。ANY 之后可以是任何列表或子查询。

【示例 4-12】 查询销售单号(saleorder_id)大于等于"XSD0000018""XSD0000020"中的任意一个图书销售信息,代码如下:

```
SQL＞SELECT * FROM saleorders
  2   WHERE saleorder_id ＞＝ANY（'XSD0000018','XSD0000020'）;
```

SALEORDER_ID	BOOK_ID	SALE_DATE	SALE_NUM	SALE_PRICE	CLIENT_ID	EMP_ID
XSD0000018	10000004	11-10-10	1	55	KH003	u1002
XSD0000018	10000036	15-11-10	3	33	KH003	u1002
XSD0000020	10000002	15-11-10	1	59	KH009	u1001
XSD0000020	10000038	16-11-10	3	35	KH009	u1001
XSD0000020	10000039	17-11-10	2	32	KH009	u1001
XSD0000020	10000008	18-11-10	2	27	KH009	u1001

④ALL

语法:expr ＜比较操作符＞ ALL(expr_list｜subquery)

功能是:表达式 expr 的值与 expr_list 值列表(或子查询结果集)中的值进行顺序比较,当所有的比较结果都为真,WHERE 条件才为真。

ALL 之前必须使用＝,！＝,＞,＜,＜＝,＞＝比较操作符。ALL 之后可以是任何值列表或子查询。

ANY 与 ALL 的用法比较见表 4-3:

表 4-3　　　　　　　　　　　　　　ANY 与 ALL 的用法比较

操作符	表达式	等价表达式
＞	x＞any(5,12,24)	(x＞5)OR(x＞12)OR(x＞24)
	x＞all(5,12,24)	(x＞5)AND(x＞12)AND(x＞24)
＜	X＜any(5,12,24)	(X＜5)OR(x＜12)OR(X＜24)
	X＜all(5,12,24)	(X＜5)AND(x＜12)AND(x＜24)
＝	X＝any(5,12,24)	(X＝5)OR(x＝12)OR(X＝24)
	X＝all(5,12,24)	(X＝5)AND(x＝12)AND(x＝24)

【示例 4-13】 查询销售单号(saleorder_id)都大于等于'XSD0000018'、'XSD0000020'的图书销售信息,代码如下:

```
SQL＞SELECT * FROM saleorders
  2   WHERE saleorder_id ＞＝ALL（'XSD0000018','XSD0000020'）;
```

SALEORDER_ID	BOOK_ID	SALE_DATE	SALE_NUM	SALE_PRICE	CLIENT_ID	EMP_ID

XSD0000020	10000002	15-11-10	1	59	KH009	u1001
XSD0000020	10000008	18-11-10	2	27	KH009	u1001
XSD0000020	10000038	16-11-10	3	35	KH009	u1001
XSD0000020	10000039	17-11-10	2	32	KH009	u1001

⑤[NOT] LIKE

该谓词用于模糊查询,可以查询满足一定模糊条件的数据行。

语法:char1 [NOT] LIKE char2

功能是:判断 char1 是否与模式串 char2 匹配,当匹配时返回真。char1 表示搜索字符串,char2 表示模式串。

在模式串中可以使用两种通配符:下划线(_)、百分号(%),下划线只匹配一个字符,百分号可以匹配零个或多个字符。

【示例 4-14】　查询联系电话(supplier_phone)的区号为"0411"的供应商信息,代码如下:
```
SQL>SELECT * FROM suppliers
  2 WHERE supplier_phone LIKE '0411%';
```

SUPPLIER_ID	SUPPLIER_NAME	SUPPLIER_CITY	SUPPERLIER_PERSON	SUPPLIER_PHONE
1001	大连新华书店	辽宁大连	张桥	0411-88119018
1002	瓦房店新华书店	辽宁瓦房店	李东新	0411-85611450
1003	金州新华书店	大连市金州区	刘志向	0411-84752639

【示例 4-15】　查询姓"张"的名为单字的供应商信息,代码如下:
```
SQL>SELECT * FROM suppliers
  2 WHERE supplier_person LIKE '张_';
```

SUPPLIER_ID	SUPPLIER_NAME	SUPPLIER_CITY	SUPPERLIER_PERSON	SUPPLIER_PHONE
1001	大连新华书店	辽宁大连	张桥	0411-88119018

3. ORDER BY 子句

语法格式如下:

ORDER BY〈expr|position|c_alias〉[ASC|DESC][NULLS FIRST|NULLS LAST]
[,〈expr|position|c_alias〉[ASC|DESC][NULLS FIRST|NULLS LAST]
]...

语法说明如下:

①该子句的作用是对查询结果集进行排序。

②排序列可以用表达式 expr 指定,可以用列序号 position 指定,也可以用列别名 c_alias 指定,这三种指定排序列的方式都可以,建议不要使用 position 的方式,因为它的可读性差、可移植性差。

③排序有两种方式:升序和降序。ASC 表示升序,DESC 表示降序,ASC 是缺省值。

④NULLS FIRST 表示空值在排序列中先出现,NULLS LAST 表示空值在排序列中后出现。

⑤排序可以使用多列排序,每列都要指定升序或降序,默认升序。排序列从左到右依次为主排序列、次排序列等依此类推。多列排序其实就是多级排序,即对主排序列中具有相同值的行,再按照次排序列进一步排序,依此类推可以形成多级排列。

【**示例 4-16**】 查询图书的书号(book_id),图书名称(book_name),出版日期(book_date)和图书分类号(type_id),并按图书分类号升序排序,图书分类号相同按出版日期降序排序,代码如下:

```
SQL>SELECT book_id,book_name,book_date,type_id  FROM  books
  2  ORDER BY type_id ASC,book_date DESC;
```

BOOK_ID	BOOK_NAME	BOOK_DATE	TYPE_ID
10000003	Globus Toolkit 4	09-11-09	D
10000033	国际结算	06-4-09	F
10000018	饭店吸引顾客的 72 个细节	17-4-08	F
10000015	中小企业财务管理工具箱	07-4-08	F
10000004	人类传播理论	11-11-09	G
10000031	新编商务英语听说教程教师用书	06-11-09	G

…………

4. GROUP BY 与 HAVING 子句

在实际应用开发中,要经常汇总数据,汇总之前通常要先分组,然后统计每个分组的数据。例如,统计每个销售单的图书销售总数量、供应商总数等。在关系数据库中,数据的分组是用GROUP BY 子句实现的,聚合函数可以在分组上实现汇总统计。如果要限定某些分组结果的输出,则使用 HAVING 子句指定分组的输出条件。在介绍 GROUP BY 之前先介绍一下聚合函数。

(1)聚合函数

聚合函数也称分组函数、集合函数等,与前面介绍的单行函数是不同的,聚合函数作用于多行数据,并且返回一行汇总结果。一般情况下,聚合函数要与 GROUP BY 结合使用。如果仅用聚合函数而不用 GROUP BY,则把"全部行"作为一组数据进行处理,只返回一行汇总结果。常用聚合函数见表 4-4。

表 4-4   **常用聚合函数**

函 数	功 能	适用的数据类型
AVG([ALL|DISTINCT] expr)	计算特定列的平均值	NUMBER
COUNT([ALL|DISTINCT] expr)	计算特定列的个数	all types
MIN([ALL|DISTINCT] expr)	计算特定列的最小值	NUMBER,CHAR,NCHAR, VARCHAR2,VARCHAR2
MAX([ALL|DISTINCT] expr)	计算特定列的最大值	NUMBER,CHAR,NCHAR, VARCHAR2,VARCHAR2
SUM([ALL|DISTINCT] expr)	计算特定列的和	NUMBER
VARIANCE([ALL|DISTINCT] expr)	计算特定列的方差	NUMBER
STDDEV([ALL|DISTINCT] expr)	计算特定列的标准差	NUMBER

小提示☞:

①聚合函数只能出现在查询列、HAVING 和 ORDER BY 子句中,而不能出现在 FROM、WHERE、GROUP BY 子句中。

②除了 COUNT(*)之外,其他函数都会忽略空值,注意 COUNT(*)与 COUNT(列名)的值可能是不同的。

③聚合函数可以使用两个关键字:ALL 和 DISTINCT,ALL 表示包括重复行在内的所有行,DISTINCT 表示去掉重复行,ALL 是默认选项。

【**示例 4-17**】　查询销售单表中的所销售图书的最高图书单价,代码如下:

SQL>SELECT MAX(sale_price)　最高图书单价 FROM saleorders;

最高图书单价

————————

98

（2）GROUP BY 与 HAVING 子句

GROUP BY 子句是用于对查询数据分组统计,每个分组返回一行结果,HAVING 子句的作用是对分组结果进一步筛选。HAVING 子句不能单独使用,必须配合 GROUP BY 一起使用。

语法如下:

```
GROUP BY
{ expr
    | { ROLLUP|CUBE }（expr [,expr ]...）
    | GROUPING SETS(expr [,expr ]...)
}
[,{ expr
    | { ROLLUP|CUBE }（expr [,expr ]...）
    | GROUPING SETS(expr [,expr ]...)
} ]...
[ HAVING condition ]
```

语法说明如下:

①expr 是分组列,GROUP BY 子句依据分组列的值进行分组,即在分组列上具有相同值的数据行作为一组。

②ROLLUP 实现横向小计与总计,CUBE 实现横向小计、纵向小计以及总计。

③GROUPING SETS 用于合并多种分组的统计结果。

④HAVING condition 是对分组结果进一步筛选,该子句是可选项。

⑤如果使用 GROUP BY 子句进行数据分组,则查询列要么出现在聚合函数中,要么出现在 GROUP BY 子句中,否则系统会报错。

⑥分组结果的排序默认是升序,可以使用 ORDER BY 改变分组查询的排序方式。

⑦GROUP BY 子句、HAVING 子句、WHERE 子句、ORDER BY 子句、聚合函数的执行顺序依次是:WHERE 子句、GROUP BY 子句、聚合函数、HAVING 子句、ORDER BY 子句。

【**示例 4-18**】　在图书表中,统计每种图书类型的图书数量和平均单价,代码如下:

SQL>SELECT type_id,SUM(book_num)　图书数量,AVG(book_price)　平均单价

　　2　FROM books

　　3　GROUP BY type_id;

TYPE_ID	图书数量	平均单价
V	30	65
R	4	23.8
D	6	43
T	250	43.33125
X	8	16

J	9	36
O	14	29
Z	102	33.2857143
G	141	31.7142857
S	12	19
F	104	34.2

已选择 11 行。

【示例 4-19】 统计图书表中各出版社图书库存数量和金额,并按出版社编号(press_id)升序排序,代码如下:

```
SQL>SELECT press_id 出版社编号,SUM(book_num) 库存数量,SUM(book_num * book_price) 金额
  2  FROM books
  3  GROUP BY press_id
  4  ORDER BY press_id;
```

出版社编号	库存数量	金额
100001	39	1477.5
100002	49	1613.8
100003	19	608
100004	115	5455
100005	16	602
100006	69	2381
100007	174	5634.6
100008	57	1761
200001	50	1300
200002	35	1002
300002	57	1935

已选择 11 行。

【示例 4-20】 统计每个经手人销售的图书数量在 15 册以上的销售员和图书数量合计,代码如下:

```
SQL>SELECT emp_id  销售员,SUM(sale_num)  图书数量合计
  2  FROM saleorders
  3  GROUP BY emp_id HAVING SUM(sale_num)>15;
```

销售员	图书数量合计
u1002	21
u1001	19

知识点 3　多表连接查询

连接查询是指查询的数据来自多个数据源,数据源通过逻辑关系相连接。

连接分为内连接、外连接和交叉连接。内连接有等值连接和非等值连接,等值连接中有一种特殊的连接叫自然连接。外连接有左外连接、右外连接和全外连接。一个表也可以连接自身,称之为自身连接。在多表连接查询中,各个表中经常有同名列,为了区分同名列必须使用

表名作为列的前缀,但有的表名特别长,为了简化代码,通常给表起别名,用表别名作列名的前缀,使得代码更加简洁清晰。表别名的使用与列别名是一样的,不能使用单引号。

小提示👉:

列名与列别名之间可以使用关键字 AS,而表名与表别名之间不能使用 AS。

1. 内连接

内连接就是返回满足连接条件的行。内连接条件可以写在 FROM 中,也可以写在 WHERE 子句中,建议在 WHERE 子句中指定连接条件。等值连接是连接条件使用"="号时的特例。自然连接是一种特殊的等值连接,它要求两个关系进行比较的分量必须是相同的属性,并且去掉结果中的重复列。两者之间的区别和联系如下:

- 自然连接一定是等值连接,但等值连接不一定是自然连接。
- 等值连接中不要求相等属性值的属性名相同,而自然连接要求相等属性值的属性名必须相同,即两个关系必须有同名属性才能进行自然连接。
- 等值连接不会去掉重复列,而自然连接会去掉重复列。
- 等值连接是经常使用的,而且连接条件通常放在 WHERE 子句中。

(1)内部连接的语法

FROM table [t_alias] [INNER] JOIN table [t_alias] ON condition
[, [INNER] JOIN table ON condition]

说明:

①table 是连接表,t_alias 是表的别名;INNER 表示内连接;condition 表示连接条件,如果连接条件使用等号,则表示等值连接。

②内连接必须指定连接条件。

(2)自然连接语法

形式一:

FROM table NATURAL JOIN table

形式二:

FROM table INNER JOIN table USING(column)

说明:

①在形式一中 NATURAL 表示自然连接,蕴含了两个表的公共字段作为等值连接条件。

②USING(column):在内连接中使用 USING 指定公共字段作为等值连接条件,同样可以实现自然连接。

【示例 4-21】 将入库单表 entryorders 和供应商表 suppliers 进行等值连接,检索供应商为"大连新华书店"的入库单号(entryorder_id)、书号(book_id)和供应商名称(supplier_name)信息,代码如下:

```
SQL>SELECT E. entryorder_id,E. book_id,S. supplier_name
  2   FROM entryorders E INNER JOIN suppliers  S ON E. supplier_id=S. supplier_id
  3   WHERE S. supplier_name ='大连新华书店';
```

ENTRYORDER_ID	BOOK_ID	SUPPLIER_NAME
RKD0000001	10000001	大连新华书店
RKD0000004	10000004	大连新华书店
RKD0000007	10000007	大连新华书店

RKD0000008   10000008   大连新华书店
…………

【示例 4-22】   多表连接时建议采用下面的形式,在 WHERE 子句中指定连接条件,通常会使用表别名作列名的前缀,使得代码比较清晰,具备较好的可阅读性。【示例 4-21】的代码修改如下:

```
SQL＞SELECT E. entryorder_id,E. book_id,S. supplier_name
  2   FROM entryorders E,suppliers  S AND E. supplier_id＝S. supplier_id
  3   WHERE S. supplier_name＝'大连新华书店';
```

自然连接是在两个表中寻找列名和数据类型都相同的字段,通过相同的字段将两个表连接在一起,并返回所有符合条件的结果,且在结果集中去掉重复列。

【示例 4-23】   使用 USING 关键字将入库单表 entryorders 和供应商表 suppliers 进行自然连接,检索供应商为"大连新华书店"的入库单号(entryorder_id)、书号(book_id)、供应商编号(supplier_id)和供应商名称(supplier_name)信息,代码如下:

```
SQL＞SELECT entryorder_id,book_id,supplier_id,supplier_name
  2   FROM entryorders  E INNER JOIN    suppliers  S USING(supplier_id)
  3   WHERE S. supplier_name＝'大连新华书店';
```

ENTRYORDER_ID	BOOK_ID	SUPPLIER_ID	SUPPLIER_NAME
RKD0000001	10000001	1001	大连新华书店
RKD0000004	10000004	1001	大连新华书店
RKD0000007	10000007	1001	大连新华书店
RKD0000008	10000008	1001	大连新华书店
RKD0000010	10000010	1001	大连新华书店
RKD0000011	10000011	1001	大连新华书店

…………

【示例 4-24】   使用 NATURAL JOIN 关键字将入库单表 entryorders 和供应商表 suppliers 进行自然连接,检索供应商为"大连新华书店"的入库单号(entryorder_id)、书号(book_id)、供应商编号(supplier_id)和供应商名称(supplier_name)信息,代码如下:

```
SQL＞SELECT entryorder_id,book_id,supplier_id,supplier_name
  2   FROM entryorders  E NATURAL JOIN    suppliers  S
  3   WHERE S. supplier_name＝'大连新华书店';
```

查询结果同【示例 4-23】。

小提示☞:

Oracle 采用自下而上的顺序解析 WHERE 子句,根据这个原理,表之间的连接必须写在其他 WHERE 条件之前,而那些可以过滤掉最大数量记录的条件尽量写在 WHERE 子句的末尾。

2. 外连接

外连接与内连接不同,外连接会返回 FROM 子句中指定的至少一个表或视图的所有行。左外连接将返回左表的所有行,右外连接将返回右表的所有行,全外连接将返回两个表的所有行。

语法格式:

```
FROM table1 ﹛ FULL|LEFT|RIGHT ﹜ ﹝ OUTER ﹞ JOIN table2 ﹝ ON condition﹞
```

说明：table1 表示左表，table2 表示右表，FULL 表示全外连接，LEFT 表示左外连接，RIGHT 表示右外连接，OUTER 表示外连接，是可选项。condition 表示连接条件，是可选项。

（1）左外连接

左外连接将返回左表的所有行，如果右表没有满足连接条件的行将显示 NULL 值。

（2）右外连接

右外连接将返回右表的所有行，如果左表没有满足连接条件的行将显示 NULL 值。

（3）全外连接

全外连接将返回两个表的所有行。相当于左外连接与右外连接的并集。

3. 交叉连接

交叉连接在理论上也称笛卡尔乘积，假设两个表 A、B，分别有 n、m 行，A、B 表的交叉连接就是 A 表中的每一行与 B 表的 m 行都进行连接，总共连接成 n * m 行，这就是交叉连接，在实际开发中很少应用。交叉连接的语法如下：

```
table1 CROSS JOIN table2
```

说明：table1 表示左表，table2 表示右表，CROSS 表示交叉连接。

【示例 4-25】　将供应商表（suppliers）和入库单表（entryorders）进行交叉连接，查询供应商名称（supplier_name）、所在城市（supplier_city）、入库单号（entryorder_id）、书号（book_id）、入库日期（entry_date）和入库数量（book_num），查询代码如下：

```
SQL>SELECT supplier_name 供应商名称,supplier_city 所在城市,entryorder_id 入库单号,
  2    book_id 书号,entry_date 入库日期,book_num 入库数量
  3    FROM suppliers CROSS JOIN entryorders;
```

供应商名称	所在城市	入库单号	书号	入库日期	入库数量
…… ……					
济南新华书店	山东济南	RKD0000017	10000017	06-11-09	30
济南新华书店	山东济南	RKD0000018	10000018	08-11-09	80
济南新华书店	山东济南	RKD0000019	10000019	12-11-09	50
…… ……					

知识点 4　子查询

子查询（广义上的）就是嵌入其他 SQL 语句（SELECT、INSERT、UPDATE、DELETE 等）中的 SELECT 语句。如果子查询嵌入一个查询语句的 WHERE 子句中，称之为嵌套查询，外部查询也称父查询，内部查询也称子查询（狭义上的）。子查询在 WHERE 子句中的嵌套层数是有限制的，Oracle 允许的嵌套层数为 255 层。如果一个子查询嵌入 FROM 子句中，称之内联视图，内联视图的嵌套层数是没有限定的。

子查询分为相关子查询和非相关子查询。非相关子查询是独立于外部查询的子查询，子查询仅执行一遍，执行完毕后将结果传递给外部查询。而相关子查询的执行依赖于外部的查询，外部查询每处理一行，子查询就执行一次。如果父查询处理了 n 行，子查询就要执行 n 次。注意，只能在 SELECT、UPDATE、DELETE 语句中使用相关子查询。

子查询主要有以下用途：

（1）在 INSERT 语句或 CREATE TABLE 语句中使用子查询，可以把子查询的查询结果插入目标数据表中。

（2）在 CREATE VIEW 中使用子查询可以定义视图的数据。

（3）在 UPDATE 语句中使用子查询可以更新一列或多列数据。

（4）在 FROM 子句中使用子查询可以提供更加灵活的数据源。

（5）在 WHERE 子句中使用子查询可以查找某列的 MAX、MIN、AVG 值等，用于比较操作。

根据子查询返回结果的不同，子查询可以分为单行子查询、多行子查询和多列子查询。单行子查询是指返回一行数据的子查询，多行子查询是指返回多行数据的子查询，多列子查询是指返回多列数据的子查询。

1. 在 FROM 子句中使用子查询

子查询在 FROM 子句中可以作为数据源使用，也就是说，数据源可以是一个子查询的结果集。比如，查询销量前 4 名的图书信息，在 SQL Server 中可以使用关键字 TOP 与 ORDER BY 来实现，而 Oracle 没有提供 TOP 关键字，所以使用一个简单的查询是难以实现的。但可以使用 Oracle 提供的伪列及子查询来实现这个任务，下面先介绍一下伪列的概念。

伪列（PSEUDOCOLUMN）表面上与表中的列（COLUMN）类似，但伪列在表中并不存储。伪列值可以查看，但不能进行插入、修改以及删除操作。伪列类似于无参的函数，但注意，无参函数为每一行都返回相同的值，而伪列为每一行返回不同的值。Oracle 中的伪列比较多，这里主要介绍伪列 ROWNUM，其他伪列请参考帮助文档。伪列 ROWNUM 可以为结果集的每一行产生一个数字序号，从 1 开始，第一行是 1，第二行是 2，依此类推。下面的例子将使用 ROWNUM 限制返回的行数。注意，ROWNUM 伪列值先于排序产生，所以不能先限定行数再排序，必须是先排序再限定行数。

【示例 4-26】 查询销量前 4 名的图书名称（book_name）、销售总量，子查询实现了排序功能，父查询实现了限定行数的功能，代码如下：

```
SQL>SELECT S. book_name,S. 销售总量
  2   FROM (SELECT saleorders. book_id,book_name,SUM(sale_num) AS  销售总量
  3        FROM saleorders,books WHERE saleorders. book_id=books. book_id
  4        GROUP BY saleorders. book_id,book_name
  5     ORDER BY  销售总量  DESC）S
  6  WHERE ROWNUM<=4;
```

BOOK_NAME	销售总量
新编商务英语听说教程学生用书	10
Globus Toolkit 4	10
二维动画设计与制作	7
OCA 认证考试指南（1Z0-051）	6

2. 在 WHERE 子句中使用子查询

在 WHERE 子句中使用子查询的频率非常高，使用时应该注意以下几个问题：

（1）如果子查询的结果参与比较运算时，子查询通常在比较操作符的右边。

（2）如果子查询返回单行数据，可以使用比较操作符：=，！＝，＞，＞＝，＜，＜＝等。

（3）如果子查询返回多行数据，应该使用谓词：IN，ANY，ALL 等。

【示例 4-27】 查询从"沈阳新华书店"购书的入库单信息。代码如下：

```
SQL>SELECT entryorder_id,book_id,entry_date,book_num,book_price,supplier_id,emp_id
```

```
2    FROM entryorders
3    WHERE supplier_id∈(SELECT supplier_id  FROM suppliers  WHERE supplier_name=
4    '沈阳新华书店');
```

ENTRY_ID	BOOK_ID	ENTRY_DATE	BOOK_NUM	BOOK_PRICE	SUPPLIER_ID	EMP_ID
RKD0000016	10000016	04-11-09	5	23.8	1004	u1002
RKD0000018	10000018	08-11-09	80	29.8	1004	u1002
RKD0000023	10000023	24-11-09	21	35	1004	u1003
RKD0000032	10000032	23-1-10	20	18	1004	u1004
RKD0000038	10000038	09-3-10	30	35	1004	u1004

【示例 4-28】　查询比书号（book_id）为"10000001""10000002"的库存数量都高的书号和库存数量。代码如下：

```
SQL>SELECT book_id,book_num  FROM books
2    WHERE book_num >all(SELECT book_num FROM books
3                        WHERE book_id='10000001'  OR book_id='10000002');
```

BOOK_ID	BOOK_NUM
10000013	14
10000034	15
10000033	16
10000031	17
…………	

3. 在 INSERT 语句中使用子查询

在 INSERT 语句中使用 VALUES 只能插入一行数据，如果要实现数据的批量插入，就必须在 INSERT 语句中使用子查询。

【示例 4-29】　新建一个供应商临时表 suppliers1，将供应商表 suppliers 中的信息装载到 suppliers1 表中，代码如下：

```
SQL>CREATE TABLE suppliers1
2    (supplier_id        VARCHAR2(4) PRIMARY KEY
3    ,supplier_name      VARCHAR2(30) NOT NULL
4    ,supplier_city      VARCHAR2(20)
5    ,supplier_person    VARCHAR2(12)
6    ,supplier_phone     VARCHAR2(15)
7    );
表已创建。
SQL>INSERT INTO suppliers1 SELECT * FROM suppliers;
已创建 6 行。
```

4. 在 UPDATE 语句中使用子查询

在 UPDATE 的 SET 子句中使用子查询可以提供更新值，在 WHERE 子句中使用子查询可以提供更新条件。

【示例 4-30】　将入库单表 entryorders 中图书名称（book_name）为"二维动画设计与制作"的图书单价（book_price）增加 10 元。代码如下：

```
SQL>UPDATE entryorders
```

```
2    SET book_price = book_price + 10
3    WHERE book_id=(SELECT book_id
4                        FROM books
5                        WHERE book_name='二维动画设计与制作');
```
已更新 1 行。

5. 在 DELETE 语句中使用子查询

在 DELETE 语句的 WHERE 条件子句中使用子查询可以提供删除条件。

【示例 4-31】 从销售单表 saleorders 中删除图书名称(book_name)为"Excel 财务会计实战应用"的销售信息。代码如下:

```
SQL>DELETE FROM saleorders
2    WHERE book_id=(SELECT book_id
3                        FROM books
4                        WHERE book_name='Excel 财务会计实战应用');
```
已删除 1 行。

6. 在 CREATE TABLE 中使用子查询

为了快速地把数据从一个表复制到另一个新表,可以在 CREATE TABLE 命令中使用子查询完成这一任务。

【示例 4-32】 为了防止错误操作供应商表 suppliers,在操作表前,先把该表复制到新表"suppliers1"中,代码如下:

```
SQL>CREATE TABLE suppliers1   AS
2    SELECT * FROM suppliers;
```
表已创建。

7. 实现相关子查询

相关子查询会引用外部查询中的一列或多列。具体实现时,外部查询中的每一行都传递给子查询,子查询一次读取外部查询传递过来的值,并将其应用到子查询上,直到外部查询中的所有行都处理完为止,然后返回查询结果。

【示例 4-33】 查询购买了书号(book_id)为"10000001"的客户名称(client_name)信息,代码如下:

```
SQL>SELECT DISTINCT client_name   FROM clients   C
2    WHERE EXISTS (SELECT client_id
3                        FROM saleorders   S
4                        WHERE S.client_id =C.client_id AND book_id ='10000001');
```
CLIENT_NAME
——————————

李志强

屈晓东

沈文丽

周娟

赵立志

李随宗

…………

已选择 6 行。

任务 4.1　图书销售管理系统的简单数据查询

在图书销售管理系统中经常要进行数据查询工作,一般情况下用户只查询满足自己需要的数据,而不是查询表中的所有数据,如只查询表中的部分字段,满足指定条件的记录,将查询到的数据按指定的字段排序等。Oracle 中的查询语句提供了强大的功能,能够满足各种查询的需求。

子任务 1　查询图书销售管理数据库中的部分数据列

【任务分析】

Oracle 中的查询语句提供了查询表中部分列的功能,查询部分列是最常用的一种查询方式。查询部分列时需要在查询语句中列出要查询的字段。

本任务的功能是从图书表 books 中查询图书名称(book_name)及图书单价(book_price)的信息。

【任务实施】

1. 连接到数据库 book。

2. 在 SQL Plus 编辑窗口中输入从图书表查询图书名称(book_name)及图书单价(book_price)信息的查询语句,代码如下:

```
SQL>SELECT book_name,book_price FROM books;
```

BOOK_NAME	BOOK_PRICE
二维动画设计与制作	29.5
3ds Max 2009 中文版入门与提高	59
Globus Toolkit 4	43
人类传播理论	55
化工过程综合实验	16
绿野仙踪	19
UG NX6.0 中文版曲面造型设计	48

…………

子任务 2　查询图书销售管理数据库中的部分数据行

【任务分析】

在执行 Oracle 中的查询语句时,在查询结果中会产生一个伪列 ROWNUM,伪列 ROWNUM 表面上与表中的列(column)类似,但伪列 ROWNUM 在表中并不存储。伪列值可以查看,但不能进行插入、修改以及删除操作。伪列 ROWNUM 可以为结果集的每一行产生一个数字序号,从 1 开始,第一行是 1,第二行是 2,依此类推。使用 ROWNUM 可以限制返回的行数。

本任务的功能是通过伪列 ROWNUM 查询图书表 books 中单价最高的前 5 行数据,只显示书号(book_id)、图书名称(book_name)和图书单价(book_price)。

【任务实施】

1.从入库单表 suppliers 中查询前 5 个入库单信息。

(1)连接到数据库 book。

(2)在 SQL Plus 编辑窗口中输入查询单价最高的前5行数据的查询语句,代码如下:

```
SQL>SELECT book_id,book_name,book_price FROM books
  2  WHERE ROWNUM<=5 ORDER BY book_price DESC;
```

BOOK_ID	BOOK_NAME	BOOK_PRICE
10000002	3ds Max 2009 中文版入门与提高	59
10000004	人类传播理论	55
10000003	Globus Toolkit 4	43
10000001	二维动画设计与制作	29.5
10000005	化工过程综合实验	16

子任务 3　按条件查询图书销售管理数据库中的数据

【任务分析】

查询表中数据时,用户并不需要查询表中的全部数据,而只需要查询满足条件的数据。Oracle 中的查询语句提供了一个 WHERE 子句,它可以实现按条件查询数据表中的数据。

本任务的功能是:

(1)查询书名中含有"纺织",并且单价在 30 元以上的图书的书号(book_id)、图书名称(book_name)、图书单价(book_price)的图书信息。

(2)查询图书入库单表 entryorders 中的入库日期(entry_date)在"2009-08-01"和"2009-09-30"之间的入库单信息。

【任务实施】

1.查询书名中含有"纺织",并且单价在 30 元以上的图书的书号(book_id)、图书名称(book_name)、图书单价(book_price)的图书信息。

(1)连接到数据库 book。

(2)在 SQL Plus 编辑窗口输入实现按条件查询图书信息的 SQL 语句,代码如下:

```
SQL>SELECT book_id,book_name,book_price
  2  FROM books  WHERE book_name like '%纺织%' AND book_price>=30;
```

BOOK_ID	BOOK_NAME	BOOK_PRICE
10000020	家用纺织品设计与工艺	39
10000021	纺织材料	28
10000022	纺织服装市场调查与预测	33
10000023	纺织厂空调与除尘	35
10000024	纺织机电专业英语	35
10000028	纺织品服用性能与功能	32

已选择 6 行。

2.查询入库单表 entryorders 中的入库日期在"2009-08-01"到"2009-09-30"之间的入库单信息。

(1)连接到数据库 book。

(2)在 SQL Plus 编辑窗口输入实现查询功能的 SQL 语句,代码如下:

SQL>SELECT * FROM entryorders WHERE entry_date BETWEEN ′01-8-09′ AND ′30-9-09′;

ENTRYORDER_ID	BOOK_ID	ENTRY_DATE	BOOK_NUM	BOOK_PRICE	SUPPLIER_ID	EMP_ID
RKD0000001	10000001	10-8-09	20	29.50	1001	u1001
RKD0000002	10000002	12-8-09	16	59.00	1002	u1001
RKD0000003	10000003	15-8-09	16	43.00	1003	u1001
RKD0000004	10000004	22-8-09	10	55.00	1001	u1001

子任务 4　查询图书数据并排序

【任务分析】

查询表中数据时,有时需要将查询结果按照一定的顺序显示,例如:按销售单号降序排列,Oracle 中的查询语句中的 ORDER BY 子句可以实现查询结果的排序。

本任务的功能是查询图书入库单表中指定经手人采购图书的入库单信息。并将查询到的入库单信息按入库日期降序排列。

【任务实施】

(1)连接到 book 数据库。

(2)在 SQL Plus 编辑窗口输入查询经手人(emp_id)"u1003"经手的并按入库日期(entry_date)降序排列的图书入库单信息的 SQL 语句,代码如下:

SQL>SELECT * FROM entryorders WHERE emp_id=′u1003′ ORDER BY entry_date　DESC;

ENTRYORDER_ID	BOOK_ID	ENTRY_DATE	BOOK_NUM	BOOK_PRICE	SUPPLIER_ID	EMP_ID
RKD0000028	10000028	26-12-09	3	32	1002	u1003
RKD0000027	10000027	18-12-09	31	35	1001	u1003
RKD0000026	10000026	09-12-09	8	32	1003	u1003
RKD0000025	10000025	08-12-09	10	34	1001	u1003
RKD0000024	10000024	06-12-09	13	35	1002	u1003

…………

子任务 5　查询图书表中的库存金额

【任务分析】

在使用 SELECT 语句对列进行查询时,在结果集中可以输出经过计算后得到的值,即可以使用表达式作为 SELECT 的结果集。

本任务统计每种图书的库存金额。其中图书名称为图书表的数据列,而库存金额并不是图书表数据列,需要可以通过图书单价和库存数量计算得到。

【任务实施】

(1)连接到 book 数据库。

(2)在 SQL Plus 编辑窗口输入查询图书名称(book_name)和库存金额的 SQL 语句,代码如下:

SQL>SELECT book_name AS　图书名称,book_price * book_num AS　库存金额

```
  2   FROM books；
```

图书名称	库存金额
二维动画设计与制作	383.5
3ds Max 2009 中文版入门与提高	708
Globus Toolkit 4	258
人类传播理论	330
化工过程综合实验	128
绿野仙踪	228
UG NX6.0 中文版曲面造型设计	192
新编商务英语听说教程学生用书	810
石油博弈　解困之道	1950
精通 LINQ 程序设计	1725
OCA 认证考试指南(1Z0-051)	100

…………

任务 4.2　图书销售管理系统中数据分组查询

在使用图书销售管理数据库时,经常会进行一些统计计算,例如,统计各出版社出版图书的种类,统计各出版社出版图书的最高单价,统计各出版社出版图书平均单价等,Oracle 查询语句中的 GROUP BY 子句可以实现数据的统计分组。

子任务 1　统计从各供应商采购的图书册数和金额

【任务分析】

在使用图书销售管理数据库时,经常需要将查询结果进行分组,并对每一组数据进行统计计算,使用查询语句中的 GROUP BY 子句可以对查询结果实现分组统计。

本任务是统计从各供应商采购的图书册数和金额。

【任务实施】

1.连接到 book 数据库。

2.在 SQL Plus 编辑窗口输入统计从各供应商采购的图书册数和金额的 SQL 语句,代码如下：

```
SQL＞SELECT supplier_id AS　供应商编号,SUM(book_num) AS　图书册数,SUM(book_num * book_
  2   price) AS　金额
  3   FROM entryorders
  4   GROUP BY supplier_id；
```

供应商编号	图书册数	金额
1001	304	11493
1002	170	6338
1003	115	3817.8
1004	156	4648

子任务 2　统计图书表中各出版社图书库存数量和总金额

【任务分析】

本任务是统计图书表中各出版社库存数量和总金额,只显示库存数量在 30 册以上的数据。

【任务实施】

1. 连接到 book 数据库。

2. 在 SQL Plus 编辑窗口输入统计图书表中各出版社图书库存数量和总金额,只显示图书库存数量在 30 册以上的 SQL 语句,代码如下:

```
SQL>SELECT press_id AS 出版社编号,SUM(book_num) AS 库存数量,SUM(book_num * book_price)
  2    AS    总金额
  3    FROM books
  4    GROUP BY press_id HAVING SUM(book_num)>30；
```

出版社编号	库存数量	总金额
100004	115	5455
100006	69	2381
100008	57	1761
300002	57	1935
100007	174	5634.6
100001	39	1477.5
100002	49	1613.8
200002	35	1002
200001	50	1300

已选择 9 行。

任务 4.3　图书销售管理系统的多表连接数据查询

在使用图书销售管理数据库时,查询的数据常常来源于两个或多个表,如果在查询时需要对多个表进行操作,需要在查询时指定多个表的连接关系,在 Oracle 中连接查询分为简单连接、内连接、外连接和交叉连接四种类型。

图书销售管理系统的
多表连接数据查询

子任务 1　使用多表连接查询出版社和图书信息

【任务分析】

本任务是使用等值连接查询出版社表 presses 和图书表 books 中的图书名称、ISBN、出版日期和出版社名称。

从本任务查询要求来看,图书名称、ISBN 和出版日期均为图书表的数据列,而出版社名称为出版社表的数据列,两个数据表通过公共字段出版社编号建立等值连接。

【任务实施】

(1)连接到 book 数据库。

(2)在 SQL Plus 编辑窗口输入使用等值连接查询出版社表 presses 和图书表 books 的图书名称(book_name)、ISBN(book_isbn)、出版日期(book_date)和出版社名称(press_name)的 SQL 语句,代码如下:

```
SQL＞SELECT B. book_name,B. book_isbn,B. book_date,P. press_name
  2    FROM presses P,books B
  3    WHERE P. press_id＝B. press_id;
```

BOOK_NAME	BOOK_ISBN	BOOK_DATE	PRESS_NAME
二维动画设计与制作	9787302205715	06-11-09	清华大学出版社
3ds Max 2009 中文版入门与提高	9787302210160	06-11-09	清华大学出版社
Globus Toolkit 4	9787302207733	09-11-09	清华大学出版社
人类传播理论	9787302206125	11-11-09	上海科学技术出版社
化工过程综合实验	9787302205579	06-11-09	清华大学出版社
绿野仙踪	9787302177708	05-6-08	高等教育出版社

………

子任务 2　使用多表连接查询图书采购信息

【任务分析】

本任务要求查询图书采购的供应商名称、出版社名称、图书名称、作者、入库数量和入库日期。

从任务的要求来看,供应商名称是供应商表的数据列,入库数量和入库日期为入库单表的数据列,出版社名称为出版社表的数据列,图书名称和作者为图书表的数据列。其中供应商表通过供应商编号与入库单表连接,出版社表通过出版社编号与图书表连接,入库单表通过书号与图书表连接。

【任务实施】

(1)连接到 book 数据库。

(2)在 SQL Plus 编辑窗口输入查询图书采购的供应商名称(supplier_name)、出版社名称(press_name)、图书名称(book_name)、入库数量(book_num)和入库日期(entry_date)的 SQL 语句,代码如下:

```
SQL＞SELECT supplier_name,press_name,book_name,E. book_num,entry_date
  2    FROM suppliers S,entryorders E,presses P,books B
  3    WHERE S. supplier_id＝E. supplier_id AND E. book_id＝B. book_id AND P. press_id＝B. press_id
  4    ;
```

SUPPLIER_NAME	PRESS_NAME	BOOK_NAME	BOOK_NUM	ENTRY_DATE
大连新华书店	中国农业出版社	数据库原理与应用项目化教程	30	26-3-10
大连新华书店	中国人民大学出版社	电子商务安全实践教程	21	17-3-10
大连新华书店	高等教育出版社	ASP. NET 项目开发实践	15	06-2-10
大连新华书店	北京交通大学出版社	中文版 CorelDRAW X4		
		多媒体教学经典教程	19	06-1-10
大连新华书店	中国水利水电出版社	染整技术	31	18-12-09

…………

子任务 3　使用外连接查询图书信息

【任务分析】

本任务使用外连接查询图书的出版社编号、出版社名称、图书名称和库存数量。

根据任务要求分析,出版社编号和出版社名称为出版社表的数据列,图书名称和库存数量为图书表的数据列,并且要求为左外连接,则得到的数据为出版社表的所有记录,并且两个数据表通过出版社编号连接。

【任务实施】

1. 使用左连接查询出版社表 presses 和图书表 books 中的出版社编号、出版社名称、图书名称、图书单价信息。

(1)连接到 book 数据库。

(2)在 SQL Plus 编辑窗口输入使用左连接查询出版社表 presses 和图书表 books 的出版社编号(press_id)、出版社名称(press_name)、图书名称(book_name)和图书单价(book_price)的 SQL 语句,代码如下:

```
SQL>SELECT p. press_id,press_name,book_name,book_price
  2   FROM presses P LEFT   JOIN books B
  3   ON P. press_id=B. press_id;
```

PRESS_ID	PRESS_NAME	BOOK_NAME	BOOK_PRICE
100001	清华大学出版社	二维动画设计与制作	29.5
100001	清华大学出版社	3ds Max 2009 中文版入门与提高	59
100001	清华大学出版社	Globus Toolkit 4	43
200002	上海科学技术出版社	人类传播理论	55
100001	清华大学出版社	化工过程综合实验	16
100002	瓦房店新华书店	绿野仙踪	19

…………

2. 使用全连接查询出版社表 presses 和图书表 books 中的出版社编号、出版社名称、图书名称、图书单价信息。

(1)连接到 book 数据库。

(2)在 SQL Plus 编辑窗口输入使用全连接查询出版社表 presses 和图书表 books 的出版社编号(press_id)、出版社名称(press_name)、图书名称(book_name)和图书单价(book_price)的 SQL 语句,代码如下:

```
SQL>SELECT p. press_id,press_name,book_name,book_price
  2   FROM presses P FULL JOIN books B
  3   ON P. press_id=B. book_id;
```

PRESS_ID	PRESS_NAME	BOOK_NAME	BOOK_PRICE
100001	清华大学出版社		
100002	高等教育出版社		
100003	中国人民大学出版社		
…………			
300003	辽宁教育出版社		
		二维动画设计与制作	29.50
		3ds Max 2009 中文版入门与提高	59.00

…………

说明:我们将出版社编号与图书编号作为连接条件,为了看到全连接的效果。

子任务 4　使用交叉连接查询出版社和图书的信息

【任务分析】

本任务是使用交叉连接查询出版社表 presses 和图书表 books 中的图书名为"二维动画设计与制作"的出版社编号、出版社名称、图书名称、图书单价信息。此种查询没有具体的实际意义。

【任务实施】

1. 连接到 book 数据库。

2. 在 SQL Plus 编辑窗口输入查询出版社表 presses 和图书表 books 中的图书名为"二维动画设计与制作"的出版社编号（press_id）、出版社名称（press_name）、图书名称（book_name）、图书单价（book_price）的 SQL 语句，代码如下：

```
SQL>SELECT P. press_id,press_name,book_name,book_price
  2    FROM presses    P CROSS JOIN books    B
  3    WHERE B. BOOK_NAME='二维动画设计与制作';
```

PRESS_ID	PRESS_NAME	BOOK_NAME	BOOK_PRICE
100001	清华大学出版社	二维动画设计与制作	29.50
100002	高等教育出版社	二维动画设计与制作	29.50
100003	中国人民大学出版社	二维动画设计与制作	29.50
…………			
300003	辽宁教育出版社	二维动画设计与制作	29.50

任务 4.4　使用子查询操作图书销售管理系统中的数据

子任务 1　查询指定出版社的图书信息

微课

【任务分析】

本任务要求使用子查询查询出版社为清华大学出版社的图书 ISBN、图书名称、作者和库存数量。

使用子查询操作图书
销售管理系统中的数据

从本任务要求来分析，查询的数据列均来自图书表，但在图书表中却不存在出版社名称列，它在出版社表。

本任务的查询难度不大，可以直接使用等值连接查询来实现，代码为：

```
SELECT book_isbn,book_name,book_author,book_num
FROM books,presses
WHERE books. press_id=presses. press_id AND press_name='清华大学出版社';
```

这里使用子查询来实现。

【任务实施】

1. 连接到 book 数据库。

2. 在 SQL Plus 编辑窗口输入显示出版社为清华大学出版社的图书 ISBN（book_isbn）、图书名称（book_name）、作者（book_author）和库存数量（book_num）的 SQL 语句，代码如下：

```
SQL>SELECT book_isbn,book_name,book_author,book_num   FROM books
  2  WHERE press_id=(SELECT press_id FROM presses WHERE press_name='清华大学出版社');
```

BOOK_ISBN	BOOK_NAME	BOOK_AUTHOR	BOOK_NUM
9787302205715	二维动画设计与制作	《工作过程导向新理念丛书》编委会主编	13
9787302210160	3ds Max 2009 中文版入门与提高	黄梅,刘文红,李绍勇编著	12
9787302207733	Globus Toolkit 4	(美)索托美亚(Sotomayor,B.)……	6
9787302205579	化工过程综合实验	王保国编著	8

…………

子任务 2 查询指定客户购买的图书信息

【任务分析】

本任务查询客户"李志强"所购买的图书的图书名称、购买册数、购买日期和单价。

从任务的要求来看,所查询的图书名称为图书表的数据列,购买册数、购买日期和单价为销售单表的销售数量、销售日期和销售单价对应的数据列。但"李志强"为客户表 clients 的客户名值,两个表无法直接连接,但可以通过第三方销售表 saleorders 实现连接。以上查询可以通过三个表直接连接查询,这里采用在 FROM 中使用子查询实现本任务的查询功能。

【任务实施】

1.连接到 book 数据库。

2.在 SQL Plus 编辑窗口输入客户"李志强"所购买的图书名称(book_name)、销售数量(sale_num)、销售日期(sale_date)和销售单价(sale_price)的 SQL 语句,代码如下:

```
SQL>SELECT book_name,sale_num,sale_date,sale_price
  2  FROM (SELECT book_id,sale_num,sale_date,sale_price
  3          FROM clients,saleorders
  4          WHERE clients. client_id=saleorders. client_id AND client_name='李志强') E,books
  5  WHERE   books. book_id=E. book_id;
```

BOOK_NAME	SALE_NUM	SALE_DATE	SALE_PRICE
二维动画设计与制作	1	01-2-10	29.5
3ds Max 2009 中文版入门与提高	1	01-2-10	59
纺织厂空调与除尘	1	11-9-10	35
新编商务英语听说教程学生用书	2	11-10-10	27
二维动画设计与制作	1	11-10-10	29.5

子任务 3 查询图书销售信息

【任务分析】

本任务是从销售单表 saleorders 和图书表 books 中查询"u1001"用户销售图书的 ISBN、图书名称、作者。

从本任务的要求来看,可以直接使用销售单表和图书表建立等值连接实现,代码如下:

```
SELECT book_isbn,book_name,book_author
FROM books B,saleorders S
```

WHERE B. book_id＝S. book_id AND emp_id＝′u1001′；

本任务使用相关子查询实现。

【任务实施】

1．连接到 book 数据库。

2．在 SQL Plus 编辑窗口输入查询"u1001"用户销售图书的 ISBN(book_isbn)、图书名称(book_name)、作者(book_author)的 SQL 语句，代码如下：

```
SQL＞SELECT book_isbn,book_name,book_author
  2  FROM books
  3  WHERE book_id IN(select book_id from saleorders where emp_id＝′u1001′);
```

BOOK_ISBN	BOOK_NAME	BOOK_AUTHOR
9787302205715	二维动画设计与制作	《工作过程导向新理念丛书》编委会主编
9787302210160	3ds Max 2009 中文版入门与提高	黄梅,刘文红,李绍勇编著
9787506446488	不生病的密码	葆青主编
9787506442183	染织设计基础	雍自鸿编著
9787506455763	纺织机电专业英语	单敏,孙凤鸣主编
9787811235500	新编商务英语听说教程学生用书	周淳,刘鸣放主编
9787302248408	Excel 财务会计实战应用	崔杰,崔婕编著
9787300157566	电子商务安全实践教程	贾晓丹主编

已选择 8 行。

子任务 4　使用子查询插入、修改与删除图书销售管理数据库中的数据

本任务的功能是使用子查询实现图书销售管理数据库的操作。具体要求是：

(1)为防止图书表数据丢失，建立临时图书表，并将图书表的数据插入临时图书表中。

(2)将 2009 年清华大学出版社出版的图书单价打八折。

(3)将未采购图书的供应商删除。

【任务实施】

1．新建一个图书临时表 book_bak，然后使用在 INSERT 语句中使用子查询将图书表中的信息装载到 book_bak 表中。

(1)连接到 book 数据库。

(2)在 SQL Plus 编辑窗口输入建立临时图书表，并将图书表的数据插入临时图书表中的 SQL 语句，代码如下：

```
SQL＞CREATE TABLE books_bak
  2  (book_id        VARCHAR2(10)    PRIMARY KEY                              ——书号
  3  ,book_isbn      VARCHAR2(20)    UNIQUE                                   ——ISBN
  4  ,book_name      VARCHAR2(100)                                           ——图书名称
  5  ,type_id        VARCHAR2(4)     REFERENCES booktypes(type_id) ON DELETE CASCADE
  6                                                                          ——图书分类号
  7  ,book_author    VARCHAR2(100)                                           ——作者
  8  ,book_format    VARCHAR2(10)                                            ——开本
  9  ,book_frame     VARCHAR2(10)                                            ——装帧
 10  ,book_edition   VARCHAR2(10)                                            ——版次
```

```
11    ,book_date        DATE                                        ——出版日期
12    ,book_pageCount INTEGER                                       ——页数
13    ,book_num        INTEGER                                      ——库存数量
14    ,book_price      NUMBER(7,2)                                  ——图书单价
15    ,press_id        VARCHAR2(6)    REFERENCES presses(press_id) ON DELETE CASCADE
16                                                                  ——出版社编号
17    );
```

表已创建。

SQL>INSERT INTO　books_bak　SELECT　*　FROM books；

已创建 16 行。

2.将 2009 年清华大学出版社出版的图书单价打八折。

(1)连接到 book 数据库。

(2)在 SQL Plus 编辑窗口输入修改图书表中图书单价(book_price)的 SQL 更新语句,代码如下：

```
SQL>UPDATE books
  2    SET book_price=book_price*0.8
  3    WHERE press_id=(SELECT press_id FROM presses WHERE press_name='清华大学出版社')
  4    AND TO_NUMBER(TO_CHAR(book_date,'YYYY'))=2009;
```

已更新 4 行。

3.将未采购图书的供应商信息删除。

(1)连接到 book 数据库。

(2)在 SQL Plus 编辑窗口输入将未采购图书的供应商删除的 SQL 语句,代码如下：

```
SQL>DELETE FROM   suppliers
  2    WHERE supplier_id NOT IN (SELECT supplier_id FROM entryorders);
```

已删除 2 行。

拓展技能　合并查询在图书销售管理系统中的应用

【任务分析】

为了将多个查询结果合并到一起显示,可以使用集合操作符 UNION、UNION ALL、INTERSECT 和 MINUS,见表 4-5。这些操作符具有相同的优先级,如果一个 SQL 语句包含多个集合操作符,Oracle 数据库将从左至右顺序操作,当然,可以使用圆括号改变运算优先级。

表 4-5　　　　集合操作符说明

集合操作符	返回值
UNION	两个结果集的并集,去掉重复行
UNION ALL	两个结果集的并集,包含重复行
INTERSECT	两个结果集的交集
MINUS	从第一个结果集中去掉两个结果集的并集部分

使用合并查询时要保证各查询的列数相等,数据类型要匹配。对 CHAR 类型来说,如果各查询列的长度相同,则返回等长度的 CHAR 类型,如果各查询列的长度不同,则返回与最长 CHAR 类型等长的 VARCHAR2 类型,如果各查询的值都是 VARCHAR2 类型,则返回

VARCHAR2 类型。

对于数字类型来说，如果任何一个查询的值是 BINARY_DOUBLE 类型，则返回 BINARY_DOUBLE 类型，如果各查询的值都是 BINARY_FLOAT 类型，则返回 BINARY_FLOAT 类型，如果各查询的值都是 NUMBER 类型，则返回 NUMBER 类型。

使用集合操作符有以下的限制：

(1)集合操作符不适用于 BLOB、BFILE、VARRAY 以及嵌套表。

(2)对于 LONG 类型列来说，UNION、INTERSECT 与 MINUS 是无效的。

(3)如果查询列含有表达式，为了在排序子句中可以引用，必须为表达式起别名。

在集合操作的第一个查询中不能使用 ORDER BY 子句。第二个查询中可以使用 ORDER BY 子句，而且查询列不能使用星号(＊)，必须显式定义列名。

本任务使用合并查询完成图书销售管理系统中的数据查询功能，基本要求为：

(1)查询"清华大学出版社"和"高等教育出版社"出版图书的 ISBN、图书名称、库存数量和出版日期。

(2)查询 2009 年出版的书名中含有"纺织"的图书 ISBN、图书名称、库存数量和出版日期。

(3)查询 2009 年出版的书名中不含有"纺织"的图书 ISBN、图书名称、库存数量和出版日期。

以上查询都可以使用简单查询实现，这里使用合并查询。

【任务实施】

1.查询"清华大学出版社"和"高等教育出版社"出版图书的 ISBN、图书名称、库存数量和出版日期。

(1)连接到 book 数据库。

(2)在 SQL Plus 编辑窗口输入查询清华大学出版社和高等教育出版社出版图书的 ISBN(book_isbn)、图书名称(book_name)、库存数量(book_num)、出版日期(book_date)和出版社名称(press_name)的 SQL 语句，代码如下：

```
SQL>SELECT book_isbn,book_name,book_num,book_date,press_name FROM books,presses
  2   WHERE presses.press_id=books.press_id AND press_name ='清华大学出版社'
  3   UNION
  4   SELECT book_isbn,book_name,book_num,book_date,press_name   FROM books,presses
  5   WHERE presses.press_id=books.press_id AND press_name ='高等教育出版社';
```

BOOK_ISBN	BOOK_NAME	BOOK_NUM	BOOK_DATE	PRESS_NAME
9787113065065	ASP.NET 项目开发实践	15	06-6-05	高等教育出版社
9787302161844	Oracle 10g 数据库管理应用与开发标准教程	11	06-11-07	高等教育出版社
9787302177708	绿野仙踪	12	05-6-08	高等教育出版社
9787302205579	化工过程综合实验	8	06-11-09	清华大学出版社
9787302205715	二维动画设计与制作	13	06-11-09	清华大学出版社
9787302207733	Globus Toolkit 4	6	09-11-09	清华大学出版社

…………

已选择 9 行。

说明：使用 UNION 操作符，结果集会自动去掉重复行，如果使用 UNION ALL 操作符，则结果集中会包含重复的行。

2.查询 2009 年出版的书名中含有"纺织"的图书 ISBN、图书名称、库存数量和出版日期。

(1)连接到 book 数据库。

(2)在 SQL Plus 编辑窗口输入查询 2009 年出版的书名中含有"纺织"的图书 ISBN(book_isbn)、图书名称(book_name)、库存数量(book_num)和出版日期(book_date)的 SQL 语句，代码如下：

```
SQL>SELECT book_isbn,book_name,book_num,book_date  FROM books
  2   WHERE TO_NUMBER(TO_CHAR(book_date,'YYYY'))=2009
  3   INTERSECT
  4   SELECT book_isbn,book_name,book_num,book_date  FROM books
  5   WHERE book_name like'%纺织%';
```

BOOK_ISBN	BOOK_NAME	BOOK_NUM	BOOK_DATE
9787506453493	纺织材料	19	13-3-09
9787506453813	家用纺织品设计与工艺	11	13-3-09
9787506454582	纺织服装市场调查与预测	10	03-4-09
9787506455763	纺织机电专业英语	12	01-6-09

3.查询 2009 年出版的书名中不含"纺织"的图书 ISBN、图书名称、库存数量和出版日期。

(1)连接到 book 数据库。

(2)在 SQL Plus 编辑窗口输入查询 2009 年出版的书名中不含"纺织"的图书 ISBN(book_isbn)、图书名称(book_name)、库存数量(book_num)和出版日期(book_date)的 SQL 语句，代码如下：

```
SQL>SELECT book_isbn,book_name,book_num,book_date  FROM books
  2   WHERE TO_NUMBER(TO_CHAR(book_date,'YYYY'))=2009
  3   MINUS
  4   SELECT book_isbn,book_name,book_num,book_date  FROM books
  5   WHERE book_name like'%纺织%';
```

BOOK_ISBN	BOOK_NAME	BOOK_NUM	BOOK_DATE
9787302196433	石油博弈　解困之道	30	09-11-09
9787302205579	化工过程综合实验	8	06-11-09
9787302205715	二维动画设计与制作	13	06-11-09
9787302206125	人类传播理论	6	11-11-09
9787302207429	OCA 认证考试指南(1Z0-051)	2	10-11-09
9787302207733	Globus Toolkit 4	6	09-11-09

…………

任务小结

为了满足各种查询的需求，Oracle 数据库提供了多种类型的查询，主要有简单查询(单表查询)、连接查询、子查询和合并查询等 4 种类型的查询，并对查询结果提供了分组和排序的功能，以满足用户查询数据的需求。

本任务主要针对图书销售管理系统的查询需求,重点介绍了 SELECT 语句的基本语法结构、从一个表中查询部分列、部分行、按条件查询数据、对查询结果分组与排序,运用连接查询实现从多个表中查询数据,以及对多个查询结果实现并、交、差运算。

任务实训　学生管理系统的数据查询

一、实训目的和要求

1. 掌握查询表中部分列、部分行及表达式查询并指定别名的方法
2. 掌握按条件查询表中的行及排序显示结果集
3. 掌握分组查询表中的数据的方法
4. 掌握多表连接查询表中数据的方法
5. 掌握子查询查询表中数据的方法

二、实训知识准备

1. SELECT 语句的基本语法结构
2. 在 WHERE 子句中可以使用的运算符
3. ORDER BY 子句的含义及其使用
4. GROUP BY、HAVING 子句的含义及使用
5. 连接查询的种类及使用
6. 子查询的实现方法
7. GROUP BY、HAVING 子句的含义及使用
8. 合并查询的种类及使用

三、实训内容和步骤

1. 从学生表 student 中查询学生的所有信息。

2. 从学生表 student 中查询学生的学号(student_no)、姓名(student_name)的信息,并将查询的两列分别用汉字学号、姓名指定别名。

3. 从学生表 student 中查询班级编号(classmate_no)为"rj0432"的学生的学生编号(student_no)、姓名(student_name)的信息。

4. 从学生表 student 中查询班级编号(classmate_no)为"rj0432"的学生的学生编号(student_no)、姓名(student_name)、入学成绩(student_score)的信息,并将查询结果按成绩降序排列。

5. 显示班级编号(classmate_no)为"rj0432"的成绩排在前 5 名学生的学生编号(student_no)、姓名(student_name)、入学成绩(student_score)的信息。

6. 统计每个学生的学生编号(student_no)、姓名(student_name)、总分和平均分。

7. 统计每门课程的课程编号(course_no)、课程名称(course_name)、最高分、最低分和总分。

8. 统计平均分在 85 分以上的学生的学生编号(student_no),姓名(student_name)和平均分。

9. 统计每门课程的选课人数,显示课程编号(course_no)和选课人数。

10. 分别使用等值连接、自然连接查询学生和学生的选课信息,显示学生编号(student_no)、姓名(student_name)、性别(student_sex)、课程编号(course_no)和成绩(score)。

11.分别使用左连接、右连接、全连接查询学生和学生的选课信息,显示学号(student_no)、姓名(student_name)、性别(student_sex)、课程编号(course_no)和成绩(score)。

12.使用交叉连接查询班级和选课的信息。

13.在 WHERE 子句中使用子查询实现从"选课表"中查询"张威"同学所选课程的课程编号(course_no)及其成绩(score)。

14.使用相关子查询从学生表 student 中查询各个班级最高总成绩的学生编号(student_no)及入学成绩信息。

15.新建一个学生临时表 student1,然后在 INSERT 语句中使用子查询将学生表中的信息装载到 student1 表中。

16.将"刘志刚"同学的选课成绩加 2 分。

17.删除没有选修课程的学生信息。

18.使用合并查询浏览"刘巧婧"和"赵强"两名同学的选课信息。

19.使用合并查询浏览性别为男且姓强的学生的信息。

20.使用合并查询浏览性别为男且不姓刘的学生的信息。

思考与练习

一、填空题

1.如果需要在 SELECT 语句中包括一个表的所有列,可以使用符号_____。

2.使用 SELECT 语句查询部分列时,需要在查询语句中指定_____。

3.在 SELECT 语句中,指定查询条件的子句是_____。

4.在 SELECT 语句中,指定分组结果的筛选条件的子句是_____。

5.在 SELECT 语句中,对查询结果进行排序的子句是_____。

6.连接的种类有_____、_____、_____。

7.查询结果的排序方式有_____、_____。

8.常用的聚合函数有_____、_____、_____、_____、_____等。

9.合并查询有_____、_____、_____三种类型。

二、选择题

1.在 Oracle 中,下面用于限制分组查询的返回值的子句是(　　)。

A. WHERE　　　　　　　　　B. HAVING

C. ORDER BY　　　　　　　　D. 无法限定分组查询的返回值

2.下列选项中,(　　)操作符能够用于多行子查询。

A. =　　　　　B. LIKE　　　　　C. NOT IN　　　　D. IS

3.在 Oracle 中,可用于提取日期时间类型特定部分(如年、月、日、时、分、秒)的函数是(　　)。

A. ROUND　　　B. EXTRACT　　　C. TO_CHAR　　　D. TRUNC

4.下列选项中,(　　)查询语句能够提取当前的系统时间并且显示成"2010"的格式。

A. SELECT TO_CHAR(SYSDATE,'yyyy') FROM dual;

B. SELECT TO_CHAR(SUBSTR(SYSDATE,8,2),'year') FROM dual;

C. SELECT TO_DATE(SYSDATE,'yyyy') FROM dual;

D. SELECT DECODE(SUBSTR(SYSDATE,8),'YYYY') FROM dual;

5. 下面不是 Oracle 伪列的是（　　）。

A. ROWID　　　　B. ROW_NUMBER　C. LEVEL　　　　D. ROWNUM

6. 在 Oracle 中获取前 10 条的关键字是（　　）。

A. TOP　　　　　B. LIMIT　　　　C. FIRST　　　　D. ROWNUM

7. 下面有关使用 A MINUS B 来连接查询的说法正确的是（　　）。

A. MINUS 是获取 A 和 B 交集　　　　B. 是获取 A 有的，但是 B 没有的

C. 是获取 A 和 B 都没有　　　　D. 是获取 B 有，但是 A 没有的

8. 为了去除结果集中的重复行，可以在 SELECT 语句中使用（　　）关键字。

A. ALL　　　　　B. DISTINCT　　　C. UPDATE　　　D. MERGE

9. 以下对于 SQL 比较操作符 ANY 和 ALL 的说法正确的是（　　）。

A. "<ANY" 表示小于最大值　　　　B. ">ANY" 表示大于最大值

C. "<ALL" 表示小于最大值　　　　D. ">ALL" 表示大于最大值

10. 下列哪个子句用于对查询结果进行分组？（　　）

A. UNIQUE　　　B. DISTINCT　　　C. ORDER BY　　D. GROUP BY

12. 下面哪一个语句可以使用子查询？（　　）

A. SELECT 语句　　B. UPDATE 语句　　C. DELETE 语句　　D. 以上都是

13. 集合操作符 INTERSECT 的作用是（　　）。

A. 将两个记录集联接起来

B. 选择第一个查询有，而第二个没有的记录

C. 选择两个查询的交集

D. 选择第二个查询有，而第一个没有的记录

14. 对于 [FULL| LEFT|RIGHT] OUTER JOIN 语句描述正确的是（　　）。

A. FULL 关联查询时将两张表的所有记录都相互关联起来形成查询结果

B. LEFT 关联查询是在两张表关联查询生成结果后，将左侧表中没有关联上的数据也追
　　加到查询结果集中

C. RIGHT 关联查询是在两张表关联查询生成结果后，将左侧表中没有关联上的数据也
　　追加到查询结果集中

D. FULL 就是笛卡尔乘积的结果

15.（　　）为具有相同名称的列字段进行记录匹配，不必指定连接条件。

A. 等值连接　　　B. 不等连接　　　C. 自然连接　　　D. 交叉连接

16 使用关键字进行子查询时，（　　）关键字只注重子查询是否返回行。如果子查询返回
一个或多个行，那么将返回真，否则返回假。

A. IN　　　　　B. ANY　　　　　C. ALL　　　　　D. EXISTS

三、简答题

1. SELECT 语句的基本格式是什么？

2. 列举几个在 WHERE 条件中可以使用的操作符。

3. 列举在查询语句中可以使用的聚合函数，并说明这些聚合函数的功能。

4. 表连接的种类有哪些？各有什么特点？

5. 相关子查询的概念是什么？

6. 合并查询的种类有哪些？各自有什么特点？

学习重点与难点

- PL/SQL 语言的特点
- PL/SQL 语言的基本语法
- PL/SQL 流程控制结构
- 游标和异常的使用
- 事务的概念
- 存储过程和存储函数的使用
- 触发器的使用
- 程序包的概念及使用

学习目标

- 掌握 PL/SQL 程序块结构的基本语法结构
- 掌握 PL/SQL 常用的数据类型
- 掌握常量、变量、表达式的概念
- 掌握 PL/SQL 语言中的流程控制结构
- 掌握游标、异常处理的使用
- 掌握存储过程、触发器、程序包的定义及使用

工作任务

1. 使用流程控制结构处理图书销售管理系统的数据。
2. 存储过程在图书销售管理系统业务处理中的应用。
3. 存储函数在图书销售管理系统业务处理中的应用。
4. 触发器在图书销售管理系统业务处理中的应用。

预备知识

知识点 1　PL/SQL 编程基础

　　PL/SQL 语言是 Oracle 数据库的过程化编程语言，它是 Oracle 对标准数据库语言的扩展，是过程语言（Procedural Language）与结构化查询语言（SQL）结合而成的编程语言。该语言能运行在任何 Oracle 编程环境中，支持所有的数据处理命令、SQL 数据类型和所有 SQL 函数。PL/SQL 程序块可以被命名和存储在 Oracle 服务器中，能被其他的 PL/SQL 程序调用或 SQL 命令调用，任何客户/服务器工具都能访问 PL/SQL 程序，具有很好的可重用性。

1. PL/SQL 概述

(1)PL/SQL 的优点

①完全支持 SQL 语言

PL/SQL 与 SQL 实现无缝集成，在 PL/SQL 中可以使用所有的数据操作命令、游标控制、事务命令以及各种 SQL 函数、操作符与伪列。而且 PL/SQL 支持 SQL 中所有的数据类型，这样可以减少数据在应用程序与数据库之间的转换。

②具有更好的执行性能

对于 SQL 语句而言，每一个 SQL 语句的调用都必须被 Oracle 数据库单独处理，这会消耗大量的系统资源，同时容易导致网络通信拥挤。

在 PL/SQL 语言中，一个语句块是作为一个整体发送给数据库进行处理，每次传递一个语句块，大大降低了数据库与应用之间的通信量。

PL/SQL 存储过程是预先已经编译好的，以可执行代码的形式保存在数据库中，所以存储过程的远程调用是高效的。由于存储过程是在数据库后台执行，网络上一个简单的远程调用就可以完成一个很复杂的工作。这种工作的分离能降低网络拥挤并提高网络的响应时间。

③具备较高的生产力

PL/SQL 扩展了很多工具，比如 Oracle Forms 与 Oracle Reports，这些工具都具有 PL/SQL 的功能，利用这些工具能够很方便地构建企业级应用。

④具有较好的可移植性

使用 PL/SQL 编写的应用能够运行在 Windows、Linux、Solaris、HP-UNIX、AIX 等操作系统和平台，可以使用 PL/SQL 编写可移植的程序库，能够实现在不同环境下的代码重用。

⑤集成安全性管理

可以使用 Oracle 数据库工具管理 PL/SQL 程序的安全性，可以授权或撤销数据库用户访问 PL/SQL 程序的权限。

⑥支持面向对象编程

对象类型是 Oracle 面向对象建模的工具。在构建复杂的应用时，使用对象类型可以缩短开发周期、降低开发费用，而且允许创建模块化的、可维护的、可重用的软件构件。面向对象的思想允许不同的开发团队同时开发软件。

(2)PL/SQL 块结构

利用 PL/SQL 语言编写的程序也称为 PL/SQL 程序块，PL/SQL 程序块是构成 PL/SQL 程序的基本单元，完整的 PL/SQL 程序块包含三个基本部分：

• 声明部分(Declaration section)：这一部分是可选的，在声明部分主要包括变量声明、常量声明、复合数据类型定义以及初始化等内容。与高级语言相同，变量在使用之前必须声明，这个部分是由关键字 DECLARE 开始。

• 执行部分(Executable Section)：执行部分是 PL/SQL 块中的指令部分，由关键字 BEGIN 开始，以 END 结束，所有的可执行语句都放在这一部分，其他嵌套的 PL/SQL 块也可以放在这一部分。

• 异常处理部分(Exception Section)：这一部分是可选的，在这一部分中处理程序出现的异常或错误，由关键字 EXCEPTION 开始。

①PL/SQL 程序块语法结构

```
[DECLARE
```

```
        声明部分]
BEGIN
        执行语句部分
[EXCEPTION
        异常处理部分]
END
```

说明：

PL/SQL 程序块中的每一条语句都必须以分号结束，而且 SQL 语句的书写是灵活的，一个 SQL 语句可以写在多行上，一行中也可以包含多条 SQL 语句，但语句必须以分号隔开。每一个 PL/SQL 程序块由 BEGIN 或 DECLARE 开始，以 END 结束。PL/SQL 程序块需要使用正斜杠(/)结尾，才能被执行。

②匿名程序块

PL/SQL 程序块可以是一个命名的程序块也可以是一个匿名的程序块。匿名程序块可以用在服务器端也可以用在客户端。

【示例 5-1】　设置环境变量 SERVEROUTPUT 为 ON，输出 counter 变量的值。代码如下：

```
SQL>SET SERVEROUTPUT ON   ——设置环境变量
SQL>DECLARE
  2      counter INTEGER:=0;   ——声明变量,并初始化为 0
  3   BEGIN
  4      counter:=counter +1;
  5      dbms_output. put_line('counter='||counter);   ——输出变量的值
  6   END;
  7   /
counter=1
PL/SQL   过程已成功完成。
```

小提示☞：

如果在程序块中使用 dbms_output.put_line()函数输出数据,必须先设置环境变量 SERVEROUTPUT 为 ON。

③命名块

命名块可以分为自定义命名块和系统预定义命名块，自定义命名块使用尖括号"<<块名>>"实现，在其他块中可以被引用。

【示例 5-2】　演示自定义命名块的使用。把 outer 作为命名块的名称，在其内嵌的匿名块中使用 outer. birthdate 引用 outer 块中的变量 birthdate，代码如下：

```
SQL><<outer>>     ——自定义命名块
  2   DECLARE
  3      birthdate DATE:=date'2013-2-23';   ——外层块中的变量
  4   BEGIN
  5      DECLARE
  6         birthdate DATE:=date'2012-2-23';   ——内层块中的变量
  7      BEGIN
  8         IF birthdate = outer. birthdate THEN   ——引用外层块中的变量
  9            DBMS_OUTPUT. PUT_LINE('生日相同!');
```

```
10              ELSE
11                  DBMS_OUTPUT. PUT_LINE('生日不同!');
12          END IF;
13      END;
14  END;
15  /
```

生日不同!

PL/SQL　过程已成功完成。

2. PL/SQL 基本语法元素

PL/SQL 的基本语法元素,包括数据类型、常量、变量、表达式、% TYPE 类型、% ROWTYPE 类型、记录类型、表类型和程序的注释等内容。

(1)PL/SQL 数据类型

PL/SQL 语言支持多种数据类型,PL/SQL 不仅支持标量类型,而且支持复合类型、引用类型以及大对象类型。PL/SQL 数据类型与 SQL 数据类型不是完全相同的,PL/SQL 数据类型更加丰富,见表 5-1。

表 5-1　　　　　　　　　　　　　　PL/SQL 数据类型分类

分　类	描　　述
Scalar	标量类型,是不可分割的原子类型,例如:数字类型、日期类型等
Composite	复合类型,由标量类型按照某一规则组合在一起的复合体,例如:记录、集合等
Reference	引用类型,指向其他数据的指针,例如:游标变量
Large Object(LOB)	大对象类型,指向存储在数据库外的大对象类型的指针,例如:CLOB、BLOB 等

在 PL/SQL 程序块中最常用的数据类型是标量类型,下面主要介绍标量类型。

标量类型意味着数据类型是原子类型,是基本数据类型,标量类型的分类见表 5-2。

表 5-2　　　　　　　　　　　　　　标量类型的分类

分　类	描　　述
Numeric	数字类型,可以执行算术运算
Character	字符串类型,表示字符串,单个字符是按照字符串来处理的
Boolean	布尔类型,可以执行逻辑操作,值为 TRUE,FALSE,NULL
Datetime	日期时间类型
Interval	时间间隔类型

有关数据类型的知识请参考任务三。

(2)常量与变量

在 PL/SQL 程序块中,经常会使用常量与变量。常量用于声明一个不可更改的值,而变量则可以在程序中根据需要存储不同的值。

定义常量与变量时,名称必须符合 Oracle 标识符的规定,如下:

- 名称必须以字符开头。
- 名称长度不能超过 30 个字符。
- 名称中不能含减号(一)和空格。
- 不能使 SQL 保留字。

①常量

常量有两种表现形式：字面常量和命名常量，字面常量也称直接常量，就是在程序中直接使用的常量，命名常量就是给常量起个名，在程序中可以通过名称引用常量值，可以实现一改全改的目的。

- 字面常量

字面常量主要有数字类型、字符和字符串类型、日期类型和布尔类型的常量。

数字常量：包括整数和实数。数字常量可以用科学计数法描述。例如，25、−89、0.01、2E−2 等都是数字常数。

字符串常量：由零个、一个或多个字符构成的一个字符序列，也称文本常量，用英文单引号引起来的，包括字母、数字、空格等可以打印输出的字符，如′Z′,′%′,′7′,′ ′,′z′,′(′,′Hello′,′world!′

小提示☞：

字符串常量是区分大小写的。

日期常量：是 Oracle 系统能够识别的日期字符串，必须使用英文单引号引起来，如′10-3-2011′。

可以使用"date"关键字指定 DATE 类型常量，使用"timestamp"关键字指定 TIMESTAMP 类型常量，如下所示：

date′1998-12-25′　　　timestamp′1997-10-22 13:01:01′

布尔常量：TRUE(真)，FALSE(假)与 NULL(不确定或空)。

- 命名常量

命名常量需要使用 CONSTANT 关键字声明，并且必须在声明时就为该常量赋值，而且在程序的其他部分不能修改该常量的值。定义常量的语法结构如下：

constant_name CONSTANT data_type{:=|DEFAULT} value

语法中 constant_name 表示常量名，data_type 表示常量的数据类型，:=|DEFAULT 中的:=为赋值操作符并在初始化常量或变量时还可以使用 DEFAULT 关键字代替，value 表示为常量赋的值。

例如：

PI　CONSTANT　NUMBER(38,30):=3.1415;

date1　CONSTANT DATE=date′2011-12-25′;

②变量

声明变量时不需要使用 CONSTANT 关键字，而且可以不为其赋初始值，其值可以在程序其他部分被修改。定义变量的语法形式如下：

variable_name　data_type　[[NOT NULL]{:=|DEFAULT} value]

语法中 variable_name 表示变量名，NOT NULL 表示该变量为非空变量，即必须在声明时给该变量赋值。

例如：

s_no　VARCHAR2(20) NOT NULL :=′2010603101′;

s_name　VARCHAR2(6);

(3)表达式

表达式是由操作数(变量、常量、字面常量、函数调用)和操作符结合所组成，表达式是有值的,值的类型取决于表达式的运算结果。最简单的表达式是单个变量。PL/SQL 的表达式主要有算术表达式、字符表达式、关系表达式和逻辑表达式共 4 种。

①算术表达式

算术表达式由数值型的常量、变量、函数和算术运算符所构成。算术表达式的值是数值型数据。它所使用的操作符有正负号、幂运算以及加减乘除等。例如:

$1+2*4$ $3+ABS(-3)$ $(-2)*5+8/7$

②字符表达式

字符表达式是由字符串类型的变量、常量、函数和字符运算符所组成。唯一专用的字符运算符是连接运算符"||",将两个或多个字符串连接在一起。如果连接运算中的所有操作数都是 CHAR 类型,则返回值也是 CHAR 类型,否则返回 VARCHAR2 类型。字符可以进行比较运算,更多的字符操作是由字符串函数实现的。例如:

$'hello'||'world'$ $'hello'||upper('world')$

③关系表达式

关系表达式是由算术表达式(或字符表达式)与关系运算符结合所组成。关系运算符的操作数必须具有相同的数据类型,因为只有相同类型的数据才能进行比较运算。关系表达式的运算结果是布尔值。

关系表达式使用的操作符有 $=,<,>,<=,>=,<>,!=,\sim=,\hat{}=$,IS NULL,LIKE,BETWEEN,IN 等。例如:

$3>5$ $age>=18$ name like '刘%'

④逻辑表达式

逻辑表达式是由关系表达式和逻辑运算符结合所组成。逻辑表达式的运算结果是布尔值。逻辑运算符包括:与、或、非。例如:

$age>=18$ AND   name like '刘%'

⑤操作符优先级

操作符的优先级决定了表达式的计算顺序,保证了表达式计算结果的同一性。表 5-3 是操作符从高到低的优先级。

表 5-3   操作符的优先级

优先级	操作符	运算(中文)
1	**	求幂
2	+,-	正号,负号
3	*,/	乘,除
4	+,-,||	加,减,连接
5	$=,<,>,<=,>=,<>,!=,\sim=,\hat{}=,$ IS NULL,LIKE,BETWEEN,IN	比较运算
6	NOT	逻辑非
7	AND	逻辑与
8	OR	逻辑或

(4)%TYPE 属性与%ROWTYPE 属性

在 PL/SQL 中,除了可以使用 SQL 数据类型、PL/SQL 中特定的数据类型以外,还可以在声明变量时使用%TYPE 属性与%ROWTYPE 属性。

①%TYPE 属性

在给变量赋值时,有时需要使用表中的数据为变量赋值,这种情况下就需要事先了解变量所对应列的数据类型,否则无法确定变量的数据类型。使用%TYPE 属性就可以解决这类问题,%TYPE 属性隐式地将变量的数据类型指定为表中对应列的数据类型,例如使用%TYPE 声明变量:

presscode presses. press_id%TYPE;

该行代码声明了变量 presscode,它的数据类型与表 presses 中的(press_id)列的数据类型相同。

②%ROWTYPE 属性

%TYPE 属性只针对表中的某一列,而%ROWTYPE 属性则针对表中的一行,使用%ROWTYPE 属性定义的变量可以存储表中的一行数据,例如使用%ROWTYPE 声明变量:

presses_ex　presses%ROWTYPE;

该行代码声明了变量 presses_ex,可以用于存储从表 presses 提取的一条记录。

(5)记录类型和表类型

PL/SQL 的记录类型与表类型都是用户自定义的复合数据类型,其中记录类型可以存储多个字段值,类似于表中的一行数据;表类型则可以存储多行数据。

①记录类型

记录类型与数据库中表的行结构非常相似,使用记录类型定义的变量可以存储由一个或多个字段组成的一行数据。创建记录类型需要使用 TYPE 语句,其语法如下:

```
TYPE record_name IS RECORD(
  field_name data_type [[NOT NULL]{:=|DEFAULT} value]
  [,…]
);
```

语法中 record_name 表示创建的记录类型的名称,IS RECORD 表示创建的是记录类型,field_name 表示记录类型中的字段名。

【示例 5-3】　在 PL/SQL 中创建一个记录类型,然后使用该类型定义一个变量,并为这个变量赋值。代码如下:

```
SQL>SET SERVEROUTPUT ON
SQL>DECLARE
  2    TYPE suppliers_type IS RECORD(
  3        supplier_id      VARCHAR2(4),
  4        supplier_name    VARCHAR2(30)
  5    );
  6    one_suppliers    suppliers_type;
  7  BEGIN
  8      SELECT supplier_id,supplier_name INTO one_suppliers FROM suppliers WHERE
  9        supplier_id='1001';
 10      DBMS_OUTPUT.PUT_LINE('供应商编号:'|| one_suppliers. supplier_id);
 11      DBMS_OUTPUT.PUT_LINE('供应商名称:'|| one_suppliers. supplier_name);
 12  END;
 13  /
供应商编号:1001
```

供应商名称:大连新华书店

PL/SQL 过程已成功完成。

②表类型

使用记录类型变量只能保存一行数据,这限制了 SELECT 语句的返回行数,如果 SELECT 语句返回多行就会出错。而 Oracle 提供了另外一种自定义类型,也就是表类型,它是对记录类型的扩展,允许处理多条数据,类似于表。创建表类型的语法如下:

```
TYPE table_name IS TABLE OF data_type [NOT NULL]
INDEX BY BINARY_INGEGER;
```

语法中 table_name 表示创建的表类型名称,IS TABLE 表示创建的是记录类型,data_type 表示任何合法的 PL/SQL 数据类型,INDEX BY BINARY_INGEGER 表示指定系统创建一个主键索引,用于引用表类型变量中的特定行。

【示例 5-4】 在 PL/SQL 中创建一个表类型,然后使用该类型定义一个变量,并为这个变量赋值。最后输出变量中的值,代码如下:

```
SQL>SET SERVEROUTPUT ON
SQL>DECLARE
  2      TYPE presses_type IS TABLE OF presses%ROWTYPE
  3      INDEX BY BINARY_INTEGER;
  4      my_presses  presses_type;
  5  BEGIN
  6  SELECT press_id,press_name  INTO my_presses(1).press_id,my_presses(1).press_name
  7  FROM presses
  8  WHERE  press_id='100001';
  9  SELECT press_id,press_name  INTO my_presses(2).press_id,my_presses(2).press_name
 10  FROM presses
 11  WHERE press_id='100002';
 12  DBMS_OUTPUT.PUT_LINE('出版社编号:'|| my_presses(1).press_id);
 13  DBMS_OUTPUT.PUT_LINE('出版社名称:'|| my_presses(1).press_name);
 14  DBMS_OUTPUT.PUT_LINE('出版社编号:'|| my_presses(2).press_id);
 15  DBMS_OUTPUT.PUT_LINE('出版社名称:'|| my_presses(2).press_name);
 16  END;
 17  /
```

出版社编号:100001

出版社名称:清华大学出版社

出版社编号:100002

出版社名称:高等教育出版社

PL/SQL 过程已成功完成。

(6)程序的注释

PL/SQL 程序块的内容一般会较长而且复杂,所以在 PL/SQL 块中添加适当的注释会提高代码的可阅读性。PL/SQL 中有两种注释符号:

①双减号(一一)使用双减号可以添加单行注释,注释范围从双减号开始到该行的末尾。

②正斜杠星号字符对(/ * … * /):使用正斜杠星号字符可以添加一行或多行注释。

3. PL/SQL 基本程序结构和语句

所有的计算机语言都有三种流程控制结构:顺序、选择和循环,通过这三种结构的相互嵌套,可以描述任何复杂的流程控制结构。顺序结构可以控制程序自顶向下顺序执行每条语句,但并没有具体的语句来实现顺序结构。

（1）选择控制结构

Oracle 中提供了两种条件选择语句对程序进行逻辑控制,分别是 IF 条件语句和 CASE 语句。

①IF 条件语句

在 PL/SQL 块中,IF 条件语句可以包含 IF、ELSIF、ELSE、THEN 和 END IF 等关键字。其完整的语法形式如下:

```
IF boolean_expr1    THEN statement1;
    [ELSIF boolean_expr2    THEN statement2;]
        ……
    [ELSIF boolean_exprN    THEN statementN;]
        ……
    [ELSE statementN+1;]
END IF ;
```

语法说明:

• 从上至下逐个判断各个布尔表达式,如果为真,将执行其后面的 THEN 语句块。如果所有布尔表达式都为假,将执行 ELSE 后面的语句块。

• ELSIF 部分可以没有,也可以有一条或多条。注意写法:"ELSIF"不能写成 ELSEIF,两个单词之间没有空格,而且少了一个字母"E"。

• ELSE 部分是可选的。整个 IF 语句以"END IF;"结束。

• 在 IF、ELSIF 和 ELSE 子句中可以嵌入其他的 IF 条件语句。

【示例 5-5】　将百分制成绩转换为五分制,代码如下:

```
SQL>DECLARE
  2      score NUMBER(5,2):=0;   ——声明学生成绩变量
  3    BEGIN
  4      score:=&inputs_core;
  5      IF(score<=100    AND score>=0)
  6      THEN
  7        IF( score>=90) THEN   DBMS_OUTPUT. PUT_LINE('优秀');
  8          ELSIF(score>=80) THEN DBMS_OUTPUT. PUT_LINE('良好');
  9          ELSIF(score>=70) THEN DBMS_OUTPUT. PUT_LINE('中等');
 10          ELSIF(score>=60) THEN DBMS_OUTPUT. PUT_LINE('及格');
 11          ELSE   DBMS_OUTPUT. PUT_LINE('不及格');
 12        END IF;
 13      ELSE
 14        DBMS_OUTPUT. PUT_LINE('输入的成绩无效。');
 15      END IF;
 16    END;
 17    /
输入 inputs_core   的值:  87
原值     4:        score:=&inputs_core;
```

新值　　4：　　　score：＝87；

良好

PL/SQL　过程已成功完成。

②CASE 语句

从功能上讲，CASE 表达式基本上可以实现 IF 条件语句能实现的所有功能，而从代码结构上来讲，CASE 表达式具有更好的阅读性。CASE 语句有两种形式：

- 简单 CASE 语句：使用表达式确定返回值。
- 搜索式 CASE 语句：使用条件确定返回值。

a. 简单 CASE 语句的语法如下：

```
CASE case_operand
     WHEN when_operandl    THEN statement1；
     …
     WHEN when_operandN    THEN statementN；
[ ELSE statementN＋1；]
END CASE ；
```

语法说明：

- 把 case_operand 与 when_operand 逐个比较，如果两者相等则执行其后面的 THEN 语句块，如果都不匹配，将执行 ELSE 后面的语句块。
- 若果省略了 ELSE 部分，Oracle 将隐性的提供 ELSE RAISE CASE_NOT_FOUND；语句。
- 如果所有的 case_operand 与 when_operand 的比较都不为真，而且缺省了 ELSE，Oracle 将抛出预定义异常：CASE_NOT_FOUND。
- 整个语句以"END CASE；"结束，注意写法："END CASE"不能写成 ENDCASE，两个单词之间有一个空格。

【示例 5-6】　使用简单 CASE 语句，根据成绩 grade 的 A、B、C、D、E 英文五分制，输出对应的中文五分制：优好、良好、中等、及格、不及格，代码如下：

```
SQL＞DECLARE
  2    grade CHAR(1)；
  3  BEGIN
  4    grade：＝'&input_grade'；
  5      CASE grade
  6        WHEN 'A' THEN DBMS_OUTPUT.PUT_LINE('优秀')；
  7        WHEN 'B' THEN DBMS_OUTPUT.PUT_LINE('良好')；
  8        WHEN 'C' THEN DBMS_OUTPUT.PUT_LINE('中等')；
  9        WHEN 'D' THEN DBMS_OUTPUT.PUT_LINE('及格')；
 10        WHEN 'E' THEN DBMS_OUTPUT.PUT_LINE('不及格')；
 11        ELSE DBMS_OUTPUT.PUT_LINE('输入的成绩无效。')；
 12      END CASE；
 13    END；
 14/
```

输入 input_grade　的值：B

原值　　4：　　　grade：＝'&input_grade'；

新值   4：   grade：＝'B'；

良好

PL/SQL 过程已成功完成。

b. 搜索式 CASE 语句的语法如下：

```
CASE
      WHEN boolean_expr1    THEN statement1；
      …
      WHEN boolean_exprN    THEN statementN；
[ ELSE statementN＋1；]
END CASE；
```

说明：

• 从上到下依次判断 boolean_expr，如果 boolean_expr 为真则执行其后面的 THEN 语句块，如果所有的 boolean_expr 都为假，则执行 ELSE 部分语句块。

• 如果省略了 ELSE，Oracle 将隐性的提供 ELSE RAISE CASE_NOT_FOUND；语句。

• 如果所有的 boolean_expr 都为假，而且缺省了 ELSE，Oracle 将抛出预定义异常：CASE_NOT_FOUND。

• 整个语句以"END CASE；"结束。

【示例 5-7】 使用搜索式 case 语句，根据成绩 grade 的 A、B、C、D、E 英文五分制，输出对应的中文五分制：优秀、良好、中等、及格、不及格，代码如下：

```
SQL＞DECLARE
   2      grade CHAR(1)；
   3   BEGIN
   4      grade ：＝'&input_grade'；
   5      CASE
   6          WHEN grade＝'A' THEN DBMS_OUTPUT. PUT_LINE('优秀')；
   7          WHEN grade＝'B' THEN DBMS_OUTPUT. PUT_LINE('良好')；
   8          WHEN grade＝'C' THEN DBMS_OUTPUT. PUT_LINE('中等')；
   9          WHEN grade＝'D' THEN DBMS_OUTPUT. PUT_LINE('及格')；
  10          WHEN grade＝'E' THEN DBMS_OUTPUT. PUT_LINE('不及格')；
  11          ELSE DBMS_OUTPUT. PUT_LINE('输入的成绩无效。')；
  12      END CASE；
  13   END；
  14   /
```

输入 input_grade   的值：A

原值   4：   grade ：＝'&input_grade'；

新值   4：   grade ：＝'A'；

优秀

PL/SQL 过程已成功完成。

（2）循环控制结构

对于程序中具有规律性的重复操作，就需要使用循环语句来完成。PL/SQL 提供了下面三种循环语句：LOOP 循环、WHILE 循环和 FOR 循环。

PL/SQL 提供了两种退出循环体的语句：EXIT（通常与 IF 语句联合使用）和 EXIT WHEN。

PL/SQL 提供了两种结束本次循环的语句：CONTINUE（通常与 IF 语句联合使用）和 CONTINUE WHEN。

①LOOP 循环

LOOP 循环语法如下：

```
LOOP
    statement...
    {EXIT WHEN boolean_expr| IF boolean_expr  THEN  EXIT; END IF};
END LOOP;
```

说明：以 LOOP 开始，循环体是一组语句，以"END LOOP；"结束，END 与 LOOP 之间有一个空格。基本 LOOP 循环本身没有循环结束条件，所以要使用 EXIT WHEN 或 EXIT 语句退出循环，使用 CONTINUE 或 CONTINUE WHEN 语句结束本次循环而进入下一次循环。

【示例 5-8】 使用基本 LOOP 循环语句，计算"1+2+…+n"的前 100 项之和，代码如下：

```
SQL>DECLARE
  2    i     NUMBER；--循环变量
  3    s     NUMBER；--和值
  4  BEGIN
  5    i:=1;
  6    s:=0;
  7    LOOP
  8        s:=s+i;
  9        i:=i+1;
 10            IF i>100 THEN EXIT;END IF；--退出循环体
 11        END LOOP;
 12        DBMS_OUTPUT.PUT_LINE('s='||s);
 13    END;
 14    /
s=5050
PL/SQL  过程已成功完成。
```

②WHILE 循环

语法如下：

```
WHILE boolean_expr
LOOP statement... END LOOP;
```

说明：WHILE 循环需先判断循环条件 boolean_expr 是否为真，如果为真则执行循环体，否则退出循环，注意，也可以使用 EXIT 或 EXIT WHEN 语句强行退出循环。

【示例 5-9】 使用 WHILE 循环语句，计算"1+2+…+n"的前 100 项之和，代码如下：

```
SQL>DECLARE
  2    i     NUMBER；--循环变量
  3    s     NUMBER；--和值
  4  BEGIN
  5    i:=1;
  6    s:=0;
  7    WHILE i<=100 LOOP
  8        s:=s+i;
```

```
 9           i:=i+1;
10        END LOOP;
11        DBMS_OUTPUT.PUT_LINE('s='||s);
12     END;
13   /
```
s＝5050

PL/SQL 过程已成功完成。

③FOR 循环

语法如下：

```
FOR index_name IN[ REVERSE ] lower_bound..upper_bound LOOP
      statement...
END LOOP;
```

说明：

- FOR 循环为固定循环次数提供了迭代功能。
- index_name 表示循环变量，每次只能加 1，可以隐性定义。
- lower_bound 与 upper_bound，提供迭代范围，必须是整数，而且 lower_bound 要小于等于 upper_bound。
- 在默认情况下，index_name 从 lower_bound 增加到 upper_bound，如果使用 REVERSE 关键字，index_name 则从 upper_bound 减到 lower_bound。

【示例 5-10】　使用 FOR 循环语句，计算"1＋2＋…＋n"的前 100 项之和，代码如下：

```
SQL>DECLARE
 2    s      NUMBER；   --和值
 3   BEGIN
 4       s:=0;
 5       FOR i IN 1..100 LOOP   --i为隐性循环变量
 6           s:=s+i;
 7       END LOOP;
 8       DBMS_OUTPUT.PUT_LINE('s='||s);
 9   END;
10   /
```
s＝5050

PL/SQL　过程已成功完成。

知识点 2　游　标

使用 SELECT 语句可以返回一个结果集，而如果需要对结果集中的每一行单独进行操作，是无法实现的，Oracle 在 PL/SQL 程序中提供了游标，使用游标可以完成上述功能要求。

1. 游标的使用步骤

游标的使用主要遵循 4 个步骤：声明游标、打开游标、检索游标和关闭游标。

（1）声明游标

声明游标，主要是定义一个游标名称来对应一条查询语句，从而可以利用该游标对此查询语句的返回结果集进行单行操作。声明游标的语法如下：

```
CURSOR cursor_name
[(
parameter_name [IN] data_type [{:=DEFAULT} value]
[,...]
)]
IS select_statement
[FOR UPDATE [OF column [,...]] [NOWAIT]];
```

语法说明如下：

①cursor_name：游标名称。

②parameter_name [IN]：为游标定义输入参数。IN 关键字可以省略,使用输入参数可以使游标的应用变得更灵活。用户需要在打开游标时为输入参数赋值,也可使用参数的默认值。多个参数之间使用","号隔开。

③data_type：为输入参数指定数据类型,但不能指定精度或长度,例如字符串类型可以使用 VARCHAR2,而不能使用 VARCHAR2(6)之类的精确类型。

④select_statement：查询语句。

⑤FOR UPDATE：在使用游标中的数据时,锁定游标结果集与表中对应数据行的所有列或部分列。

⑥OF：如果不使用 OF 子句,则表示锁定游标结果集与表中对应数据行的所有列。如果指定了 OF 子句,则只锁定指定的列。

⑦NOWAIT：如果表中的数据行被某用户锁定,那么执行 FOR UPDATE 操作将会一直等到该用户释放这些数据行的锁定后才会执行。而如果使用了 NOWAIT 关键字,则在游标中执行 FOR UPDATE 操作时会返回错误结果,并退出 PL/SQL 块。

小提示：

游标的声明与使用等都要在 PL/SQL 块中进行,其中声明游标需要在 DECLARE 子句中进行。

（2）打开游标

在声明游标时为游标指定了查询语句,但该查询语句并不会被 Oracle 执行。只有打开游标后才会执行查询语句。在打开游标时,如果游标有输入参数,用户需要为这些参数赋值,否则会报错（除非参数设置了默认值）。

打开游标时需要使用 OPEN 语句,其语法如下：

```
OPEN cursor_name [(value [,...])];
```

（3）检索游标

打开游标后,游标所对应的 SELECT 语句也就执行了,如果想要获取结果集中的数据,就需要检索游标。检索游标,实际上就是从结果集中获取单行数据并保存到定义的变量中,这就需要使用 FETCH 语句,其语法如下：

```
FETCH cursor_name INTO variable[,…];
```

其中,variable 是用来存储结果集中的单行数据的变量,可以使用多个普通类型的变量,一对一地存储数据行中的列值；也可以使用一个％ROWTYPE 类型的变量,或自定义的记录类型变量,接收数据行中所有的列值。变量需要事先定义。

（4）关闭游标

关闭游标需要使用 CLOSE 语句,游标被关闭后,将释放游标中 SELECT 语句的查询结果所占用的系统资源。

```
CLOSE cursor_name;
```

其中,cursor_name 用来指定关闭的游标名称。

2. 简单游标循环

前面提到的检索数据是单行数据,而游标中的查询语句返回的结果集一般包含多行数据,那么检索出来的单行数据是结果集中的哪一行呢? 实际上,游标中的记录是需要循环读取的,每循环一次,就读取一行数据。

首先来了解游标的属性,如下:

(1)%FOUND:返回布尔类型的值,用于判断最近一次读取记录时是否有数据行返回,如果有则返回 TRUE,否则返回 FALSE。

(2)%NOTFOUND:返回布尔类型的值,与%FOUND 相反。

(3)%ISOPEN:返回布尔类型的值。用于判断游标是否已经打开,如果已经打开则返回 TRUE,否则返回 FALSE。

(4)%ROWCOUNT:返回数字类型的值,用于返回已经从游标中读取的记录数。

游标属性的使用是在属性前添加游标名称,如 cursor_name%FOUND。

【示例 5-11】 使用 LOOP 循环语句读取 entryorders_cursor 游标中的记录,代码如下:

```
SQL>SET SERVEROUTPUT ON
SQL>DECLARE
  2    CURSOR entryorders_cursor
  3      IS
  4      SELECT entryorder_id,book_id,entry_date,book_num,book_price,supplier_id,emp_id
  5      FROM entryorders;
  6    TYPE entryorders_type IS RECORD(
  7          entry_id VARCHAR2(10),
  8          book_id VARCHAR2(20),
  9          entry_date DATE,
 10          book_num   INTEGER,
 11          book_price   NUMBER(7,2),
 12          supplier_id VARCHAR2(4),
 13          emp_id VARCHAR2(10)
 14    );
 15    one_entryorders   entryorders_type;
 16  BEGIN
 17    OPEN entryorders_cursor;
 18    LOOP
 19        FETCH entryorders_cursor INTO one_entryorders;
 20        EXIT WHEN   entryorders_cursor%NOTFOUND;
 21        DBMS_OUTPUT.PUT_LINE('当前检索第'|| entryorders_cursor%ROWCOUNT||
 22        '行:'|| one_entryorders.entry_id);
 23    END LOOP;
 24    CLOSE entryorders_cursor;
 25    END;
```

26　　/

当前检索第 1 行：RKD0000001
当前检索第 2 行：RKD0000002
当前检索第 3 行：RKD0000003
当前检索第 4 行：RKD0000004
当前检索第 5 行：RKD0000005
当前检索第 6 行：RKD0000006
当前检索第 7 行：RKD0000007
SQL 过程已成功完成。

3. 游标 FOR 循环

使用 FOR 语句也可以控制游标的循环操作，而且在这种情况下，不需要手动打开和关闭游标，也不需要手动判断游标是否有返回记录，而且在 FOR 语句中设置的循环变量本身就存储了当前检索记录的所有列值，因此也不再需要定义变量来接收记录值。

4. 使用游标更新数据

使用游标还可以更新表中的数据，其更新操作针对当前游标所定位的数据行。要想实现使用游标更新数据，首先需要在声明游标时使用 FOR UPDATE 子句，然后就可以在UPDATE 和 DELETE 语句中使用 WHERE CURRENT OF 子句，修改或删除游标结果集中当前行对应的表中的数据行。

知识点 3　异常处理

异常是指 PL/SQL 程序块在执行时出现的错误。在实际应用中，导致 PL/SQL 块出现异常的原因有很多，例如程序本身出现的逻辑错误，或者程序人员根据业务需要，自定义部分异常错误等。下面介绍异常及其处理方式。

处理异常需要使用 EXCEPTION 语句块，具体语法如下：

```
EXCEPTION
    WHEN exception1 THEN
        sequence_of_statements1
    WHEN exception2 THEN
        sequence_of_statements2
    ...
    WHEN OTHERS THEN
        sequence_of_statements3
END;
```

说明：

①exception1、exception2：表示异常名称。

②sequence_of_statements1、sequence_of_statements2：表示异常处理语句。

③OTHERS：表示最后处理所有未被捕获的异常。

④如果在一个 WHEN 中指定多个异常，要使用 OR 分隔，形式如下：

```
WHEN exception1 OR exception2 OR exception3   THEN
```

小提示☞：

PL/SQL 设计者建议，在处理异常时，用 OTHERS 来处理未被捕获的所有的异常，尽量使用预定义的异常来捕获。

1. 系统预定义异常

系统预定义异常会被系统自动抛出，在异常处理中可以使用函数 SQLCODE 与 SQLERRM 返回 Oracle 数据库的错误码和错误消息文本。PL/SQL 在包 STANDARD 中声明了系统预定义异常，用户不需要重复声明。常见的系统预定义异常有 21 个，见表 5-4。

表 5-4　　　　　　　　　　　　　　系统预定义异常

异常名称	抛出异常的条件	错误消息	错误码
ACCESS_INTO_NULL	未定义对象时	ORA-06530	−6530
CASE_NOT_FOUND	CASE 中若未包含相应的 WHEN，并且没有设置 ELSE 时	ORA-06592	−6592
COLLECTION_IS_NULL	集合元素未初始化时	ORA-06531	−6531
CURSOR_ALREADY_OPEN	游标已经打开时	ORA-06511	−6511
DUP_VAL_ON_INDEX	唯一索引对应的列上有重复的值时	ORA-00001	−1
INVALID_CURSOR	在不合法的游标上进行操作时	ORA-01001	−1001
INVALID_NUMBER	内嵌的 SQL 语句不能将字符转换为数字时	ORA-01722	−1722
LOGIN_DENIED	PL/SQL 应用程序连接到 Oracle 数据库时，提供了不正确的用户名或密码时	ORA-01017	−1017
NO_DATA_FOUND	使用 selectinto 未返回行，或引用索引表未初始化的元素时	ORA-01403	+100
NOT_LOGGED_ON	PL/SQL 应用程序在没有连接 Oracle 数据库的情况下访问数据时	ORA-01012	−1012
PROGRAM_ERROR	PL/SQL 内部问题，可能需要重装数据字典和 PL/SQL 系统包时	ORA-06501	−6501
ROWTYPE_MISMATCH	宿主游标变量与 PL/SQL 游标变量的返回类型不兼容时	ORA-06504	−6504
SELF_IS_NULL	使用对象类型，在 NULL 对象上调用对象方法时	ORA-30625	−30625
STORAGE_ERROR	运行 PL/SQL 超出内存空间时	ORA-06500	−6500
SUBSCRIPT_BEYOND_COUNT	元素下标超过嵌套表或 VARRAY 的最大值时	ORA-06533	−6533
SUBSCRIPT_OUTSIDE_LIMIT	使用嵌套表或 VARRAY 时，将下标指定为负数时	ORA-06532	−6532
SYS_INVALID_ROWID	无效的 ROWID 字符串时	ORA-01410	−1410
TIMEOUT_ON_RESOURCE	Oracle 在等待资源时超时	ORA-00051	−51
TOO_MANY_ROWS	执行 selectinto 语句，返回的结果集超过一行时	ORA-01422	−1422
VALUE_ERROR	赋值时，变量长度不足以容纳实际数据	ORA-06502	−6502
ZERO_DIVIDE	除数为 0 时	ORA-01476	−1476

【示例 5-12】　演示 ZERO_DIVIDE 异常的使用，代码如下：

```
SQL>DECLARE
2      n1 number:=12;
3      n2 number:=0;
4  BEGIN
5      n1:=n1/n2;
6      DBMS_OUTPUT.PUT_LINE(n1);
7  EXCEPTION
```

```
 8        WHEN ZERO_DIVIDE THEN    --处理除数为零的异常
 9            DBMS_OUTPUT.PUT_LINE('除数不能为 0!');
10    END;
11    /
```

除数不能为 0!

PL/SQL　过程已成功完成。

2. 用户自定义异常

用户自定义异常不同于系统预定义异常,必须由用户使用 RAISE 语句显性的抛出。

①异常的声明

用户可以在 PL/SQL 程序块、子程序或包的声明部分声明自定义的异常。声明异常时必须使用关键字 EXCEPTION,与声明普通变量类型相似,但异常不能用赋值语句或 SQL 语句。一个异常在同一 PL/SQL 程序块中不能声明两次,在不同的 PL/SQL 程序块中可以声明同名的异常。语法如下:

```
exception_name EXCEPTION;
```

②RAISE 语句

RAISE 语句会中断正在执行的 PL/SQL 程序块或子程序,流程控制转到异常处理部分。语法如下:

```
RAISE〔 exception_name 〕;
```

说明:

RAISE 语句不仅可以抛出自定义异常,也可以抛出系统预定义异常,但抛出系统预定义异常是具有错误倾向的做法。

【示例 5-13】 假设图书的库存量不能少于 10 本,如果图书的库存量少于 10 本,使用 RAISE 语句抛出自定义异常 num_exception,并且在异常处理中捕获该异常,代码如下:

```
SQL>DECLARE
 2        num_exception EXCEPTION;    --声明异常
 3        num_books INTEGER;    --声明保存图书库存量的变量
 4    BEGIN
 5        SELECT book_num INTO num_books FROM books    --初始化变量
 6            WHERE book_id = '10000003';
 7        IF num_books<10 THEN
 8            RAISE num_exception;    --抛出自定义异常
 9        ELSE
10            DBMS_OUTPUT.PUT_LINE('该图书的库存量大于等于 10 本。');
11        END IF;
12    EXCEPTION
13        WHEN num_exception THEN    --捕获自定义异常
14        DBMS_OUTPUT.PUT_LINE('异常处理:该图书库存量少于 10 本,现有库存量为:'||num_
books);
15    END;
16    /
```

异常处理:该图书库存量少于 10 本,现有库存量为:6

PL/SQL　过程已成功完成。

3. RAISE_APPLICATION_ERROR 过程

该过程用于从子程序中发布自定义的 ORA-n 错误消息,向应用程序报告错误,应用程序根据错误消息重新进行异常处理,避免抛出未处理的异常。该过程的参数如下:

```
raise_application_error( error_number,message[,{TRUE|FALSE}]);
```

说明:

①error_number:表示错误码,是一个负整数,取值范围是-20000 到-20999 的整数。

②message:表示错误消息,是一个最大长度为 2048 Bytes 的字符串。

③如果第三个参数为 TRUE,表示该错误会添加到以前的错误堆栈中,如果为 FALSE (默认值),表示该错误替代以前所有的错误。

④该过程被诱发后,将结束子程序,把错误码和错误消息返到应用中。

【示例 5-14】 如果图书的库存量少于 10 本,则使用 raise_application_error 过程抛出错误消息,代码如下:

```
SQL>DECLARE
  2      num_exception EXCEPTION;    ――声明异常
  3      num_books INTEGER;   ――声明保存图书库存量的变量
  4   BEGIN
  5      SELECT book_num INTO num_books FROM books     ――初始化变量
  6          WHERE book_id ='10000003';
  7    IF num_books<10 THEN
  8        raise_application_error(-20100,'错误信息:该图书库存量少于 10 本。'); ――抛出错误
  9      ELSE
 10          DBMS_OUTPUT.PUT_LINE('错误信息:该图书的库存量大于等于 10 本。');
 11      END IF;
 12   END;
 13   /
DECLARE
  *
第 1   行出现错误:
ORA-20100:  错误信息:该图书的库存量大于等于 10 本。
ORA-06512:  在 line 8
```

4. 系统非预定义异常

使用系统非预定义异常时,必须使用编译指示(或称伪指令)PRAGMA EXCEPTION_ INIT(),它能把用户自定义的异常名称与一个 Oracle 错误代码关联起来,可以中断任何 Oracle 数据库错误代码,并且为它重新编写异常处理,而不是使用 OTHERS 进行处理。

```
PRAGMA EXCEPTION_INIT ( exception_name,error_number );
```

说明:

①PRAGMA:编译指示的关键字,该命令是在编译时处理,而不是在运行时处理。

②error_number:任何有效的 Oracle 数据库错误代码,错误代码都是负整数,而且可以通过 SQLCODE 函数返回。

③exception_name:用户自定义的异常名,每个异常只能与一个错误代码相关联。

④该伪指令必须写在声明部分,但必须在异常声明之后。

【示例 5-15】　自定义异常 E_INTEGRITY,将该异常与违反外键约束条件的错误号"−02291"相关联,使用异常处理该错误,给用户显示友好的提示,并使得程序正常结束,代码如下:

```
SQL>DECLARE
  2    E_INTEGRITY EXCEPTION;       ——声明异常
  3    PRAGMA EXCEPTION_INIT(E_INTEGRITY,−02292);——在异常和 ORACLE 错误之
        间建立关联
  4  BEGIN
  5    UPDATE bookTypes SET type_id='T1' WHERE type_id='T';
  6  EXCEPTION
  7    WHEN  E_INTEGRITY  THEN          ——处理异常
  8        DBMS_OUTPUT.PUT_LINE('违反了外键约束条件!');
  9  END;
 10  /
违反了外键约束条件!
PL/SQL   过程已成功完成。
```

知识点 4　事　务

1.事务的概念

事务(Transaction)是由一系列操作序列构成的程序执行单元,这些操作要么都做,要么都不做,是一个不可分割的工作单位,包含一个或多个 SQL 语句。事务主要用于保证数据库中数据的一致性。

一个事务从第一个可执行的 SQL 语句开始,当事务被提交或回滚时结束,即显性地使用COMMIT 或 ROLLBACK 语句结束。

注意,使用 DDL 语句时会隐性地结束。

2.事务的特性

事务的特性是指数据库事务正确执行的四个基本要素,即原子性(Atomicity)、一致性(Consistency)、隔离性(Isolation)、持久性(Durability)。一个支持事务的数据库系统,必须要具有这四种特性,否则在事务的执行过程中无法保证数据的正确性。

(1)原子性:整个事务中的所有操作,要么全部完成,要么全部撤销,不可能停滞在事务中间某个环节。事务在执行过程中发生错误,将被回滚到事务开始前的状态,就像这个事务从来没有被执行过一样。

(2)一致性:在事务开始之前和事务结束以后,数据库应该从一个一致状态转变到下一个一致状态。

(3)隔离性:两个事务的执行是互不干扰的,一个事务不可能看到其他事务中间某一时刻的数据。

(4)持久性:在事务完成之后,该事务对数据所做的修改被持久地保存到数据库中。

3.事务的处理

在 Oracle 数据库中,没有提供开始事务语句,所有的事务都是隐式开始的。Oracle 认为第一个修改数据库的语句或一些要求事务处理的场合都是事务隐式的开始,当用户需要终止一个事务处理时,必须显示地执行 COMMIT 语句或 ROLLBACK 语句,分别用来表示提交事

务和回滚事务。

(1)提交事务

一个事务的提交意味着将此事务中 SQL 语句对数据所做的修改永久地保存到数据库中。在事务被提交之前,Oracle 进行了以下操作:

①Oracle 生成了撤销信息,撤销信息包含了事务所修改数据的原始值。

②Oracle 在 SGA 的重做日志缓冲区中生成了重做日志记录,记录中包含了对数据块和回滚块所进行的修改操作,这些记录可能在事务提交之前被写入磁盘。

③对数据的修改已经被写入 SGA 中的数据库缓冲区,这些修改可能在事务提交之前被写入磁盘。

④已提交事务对数据的修改被存储在 SGA 的数据库缓冲区中,并不是立即被写入数据文件中。Oracle 将选择恰当的时机进行写操作以保证系统的效率。因此写操作既可能发生在事务提交之前,也可能发生在提交之后。

事务的提交语句是:

COMMIT;

(2)事务回滚

回滚的含义表示在未提交的事务中,撤销已经对数据所做的修改。用户可以回滚整个未提交事务,也可以从事务的当前记录位置回滚到事务中的某个保存点处。回滚整个事务,Oracle 将会执行如下操作:

①Oracle 使用撤销表空间内的信息来撤销事务内所有 SQL 语句对数据的修改。

②Oracle 释放数据上的所有事务锁及事务所使用的资源。

③通知用户事务回滚成功。

设置保存点语句是:

SAVEPOINT savepoint ;

回滚事务的语句是:

ROLLBACK [TO SAVEPOINT savepoint] ;

【示例 5-16】　对客户表(clients)执行事务操作,代码如下:

```
SQL > INSERT INTO clients VALUES ('KH010','黎明','男','沈阳市和平街 221 号','024
-87665655',
  2  '85557229@qq.com');
已创建 1 行。
SQL>SAVEPOINT save1;
保存点已创建。
SQL> INSERT INTO clients VALUES ('KH011','李明','男','大连市胜利路 221 号','0414
-87665555',
  2  '85557230@qq.com');
已创建 1 行。
SQL>ROLLBACK TO SAVEPOINT save1;
回退已完成。
SQL>COMMIT;
提交完成。
SQL>SELECT client_id,client_name FROM clients;
CLIENT_ID              CLIENT_NAME
```

KH001	李志强
KH002	赵立志
KH003	屈晓东
KH004	安立柱
KH005	李随宗
KH007	邹欣新
KH008	沈文丽
KH006	周娟
KH009	金鑫
KH010	黎明

已选择 10 行。

上述代码中 ROLLBACK TO SAVEPOINT save1;进行了事务回滚,则将事务保存点之后插入"李明"客户的信息进行了回退操作,事务提交后并没有存储到客户表中。

知识点 5　存储过程

存储过程是一组为了完成特定功能的 SQL 语句集,是一个功能相对独立的命名模块。使用存储过程大大提高了 SQL 语句的功能和灵活性。存储过程经编译后存储在数据库中,所以执行存储过程比执行一般的 SQL 语句更有效率。

1. 创建与调用存储过程

(1)创建存储过程

创建存储过程需要使用 CREATE PROCEDURE 语句,其语法如下:

```
CREATE [OR REPLACE] PROCEDURE procedure_name
[
    (parameter [IN|OUT|IN OUT] data_type)
    [,...]
]
{IS|AS}
    [declaration_section;]
BEGIN
    procedure_body;
END [procedure_name];
```

语法说明:

①OR REPLACE:用于重复创建过程,替换原来的定义,是可选项。

②PROCEDURE:表示过程的关键字。

③procedure_name:表示过程的名称。

④parameter:表示过程的参数,是可选项。可以为存储过程设置多个参数,参数之间使用","隔开。

⑤IN|OUT|IN OUT:指定参数的模式。IN 表示输入参数,在调用存储过程时需要为输入参数赋值;OUT 表示输出参数,存储过程通过输出参数返回值;IN OUT 表示输入输出参数,这种类型的参数既接收传递值,也允许在过程体中修改其值,并可以返回;如果省略模式,默认情况下是 IN。

⑥data_type：参数的数据类型，不能指定精确的数据类型，例如只能使用 NUMBER，不能使用 NUMBER(2)等。

⑦declaration_section：声明变量，在此处声明变量不能使用 DECLARE 语句，这些变量主要用于过程体中。

⑧procedure_body：过程体。

（2）调用存储过程

存储过程创建之后，就可以调用存储过程，存储过程的调用是作为语句使用的。调用就是把实参传给形参，所谓形参，就是在定义存储过程时指定的参数，所谓实参，就是在调用存储过程时指定的参数。在调用时，可以使用两种形式指定实参：

位置指定：实参的顺序与形参的顺序一致，按序指定实参。

名称指定：使用箭头"⇒"单独为形参指定实参值，参数的顺序不重要。

注意：两种形式混合使用时，使用位置指定的参数在前面，使用名称指定的参数在后面。

执行存储过程有三种形式：

①在 SQL＞提示符下直接执行 CALL 命令：CALL 存储过程名(参数)。

②在 SQL＞提示符下直接执行 EXEC 命令：EXEC 存储过程名(参数)。

③在执行块中作为语句使用：BEGIN 存储过程名(参数)…END;

【示例 5-17】 演示输入参数的使用，创建一个按图书编号查询指定图书的图书名称的存储过程。代码如下：

```
SQL>CREATE OR REPLACE PROCEDURE p_books
  2  (s_id IN VARCHAR2)
  3  AS
  4    b_name VARCHAR2(100);
  5  BEGIN
  6    SELECT book_name  INTO b_name FROM books WHERE book_id=s_id;
  7    DBMS_OUTPUT.PUT_LINE('图书名为:'|| b_name);
  8  END;
  9  /
过程已创建。
SQL>EXEC   p_books('10000001');
图书名为:二维动画设计与制作
```

【示例 5-18】 演示输出参数的使用，创建一个按客户编号查询指定客户的电话号，并将该用户的电话号存储到 OUT 参数中的存储过程。然后调用该存储过程，并返回该过程中 OUT 参数的值，代码如下：

```
SQL>CREATE OR REPLACE PROCEDURE p_clients
  2  (c_id IN VARCHAR2,c_phone OUT VARCHAR2)
  3  AS
  4  BEGIN
  5    SELECT client_phone  INTO  c_phone  FROM clients WHERE client_id =c_id;
  6  END;
  7  /
过程已创建。
SQL>VARIABLE clients_tel VARCHAR2(30);
```

SQL＞EXEC p_clients（′KH001′,:clients_tel）;

SQL＞PRINT clients_tel;

CLIENTS_TEL

－－－－－－－－－－－－－－－－－

0411-87665645

上述代码中 VARIABLE 语句是用来定义绑定关键字,在 EXEC 语句中使用绑定变量时,需要在变量名前加冒号(:),PRINT 语句是用来查看变量 clients_tel 的值。

2. 修改与删除存储过程

修改存储过程是在 CREATE PROCEDURE 语句中添加 OR REPLACE 关键字,其他内容与创建存储过程一样,其实是删除原有过程,然后创建一个全新的过程,只不过前后两个过程的名称相同而已。

删除存储过程需要使用 DROP PROCEDURE 语句,其语法形式如下:

DROP PROCEDURE procedure_name;

知识点 6　存储函数

函数与存储过程很相似,它同样可以接收用户的传递值,也可以向用户返回值,它与存储过程的不同之处就在于函数必须有一个返回值。

1. 创建函数

创建函数需要使用 CREATE FUNCTION 语句,其语法如下:

```
CREATE [OR REPLACE]] FUNCTION function_name
[
    (parameter [IN|OUT|IN OUT] data_type)
    [,...]
]
RETURN data_type
{IS|AS}
    [declaration_section;]
BEGIN
    function_body;
END [function_name];
```

从语法上看可以发现,函数与存储过程大致相同,不同的是函数中需要使 RETURN 子句,该子句指定返回值的数据类型(不能指定确定精度),而在函数体中也需要使用 RETURN 语句返回对应数据类型的值,该值可以是一个常量,也可以是一个变量。

【示例 5-19】　创建一个函数 get_name,该函数实现按图书类号返回图书的类名。代码如下:

```
SQL＞CREATE OR REPLACE FUNCTION get_name(t_id VARCHAR2)
  2    RETURN VARCHAR2
  3    AS
  4      t_name VARCHAR2(100);
  5    BEGIN
  6      SELECT type_name INTO t_name FROM booktypes WHERE type_id=t_id;
  7      RETURN t_name ;
```

```
8   END；
9   /
```
函数已创建。
```
SQL>SELECT get_name('T') FROM DUAL；
GET_NAME('T')
－－－－－－－－－－－－－－－－
```
工业技术

2. 修改与删除函数

修改函数是在 CREATE FUNCTION 语句中添加 OR REPLACE 关键字，其他内容与创建函数一样，其实是删除原有函数，然后创建一个全新的函数，只不过前后两个函数的名称相同而已。

删除函数需要使用 DROP FUNCTION 语句，其语法形式如下：
```
DROP FUNCTION function_name；
```

知识点 7　程序包

使用程序包主要是为了实现程序的模块化，程序包是把逻辑相关的 PL/SQL 类型、变量、子程序组合在一起，通过这种方式可以构建供程序员重用的代码库。另外，首次调用程序包中的存储过程或函数等元素时，Oracle 会将整个程序包调入内存，在下次调用包中的元素时，Oracle 就可以直接从内存中读取，从而提高程序的运行效率。程序包由两部分组成：包规范（也称包头或包声明）和包体，包规范用于声明公有的数据类型、变量、常量、异常、游标和子程序，在包外能够被引用，包体是具体的细节实现，其中包括私有声明。

1. 创建包规范

创建包规范需要使用 CREATE PACKAGE 语句，其语法如下：
```
CREATE [OR REPLACE]] PACKAGE   package_name
{IS|AS}
    package_specification；
END package_name；
```
语法说明：

（1）package_name：创建的包名。

（2）package_specification：用于列出用户可以使用的公共存储过程、存储函数、类型和对象等。

【示例 5-20】　创建一个程序包 book_package，在该包的规范中列出一个存储过程 p_clients 和一个函数 get_name。代码如下：
```
SQL>CREATE   PACKAGE   book_package
2   AS
3       PROCEDURE p_clients(c_id IN VARCHAR2,c_phone OUT VARCHAR2)；
4       FUNCTION   get_name(t_id VARCHAR2)       RETURN VARCHAR2；
5   END book_package；
6   /
```
程序包已创建。

2. 创建包体

创建包体需要使用 CREATE PACKAGE BODY 语句，并且在创建时需要指定已创建的

包,其语法如下:

```
CREATE [OR REPLACE]] PACKAGE BODY package_name
{IS|AS}
    package_body;
END package_name;
```

其中,package_body 表示包体,在包体中需要列出存储过程、存储函数等的执行代码。

【示例 5-21】 创建包 book_package 的包体,在该包的规范中列出存储过程 p_clients 和函数 get_name 的执行代码,当然也可以包含其他私有项目。代码如下:

```
SQL>CREATE  PACKAGE  BODY book_package
  2   AS
  3   PROCEDURE p_clients
  4     (c_id IN VARCHAR2,c_phone OUT VARCHAR2)
  5     AS
  6     BEGIN
  7       SELECT client_phone INTO c_phone FROM clients WHERE client_id=c_id;
  8     END p_clients;
  9   FUNCTION  get_name(t_id VARCHAR2)      RETURN VARCHAR2
 10    AS
 11       t_name VARCHAR2(100);
 12    BEGIN
 13       SELECT type_name INTO t_name FROM bookTypes WHERE type_id=t_id;
 14       RETURN t_name ;
 15    END get_name;
 16  END book_package;
 17   /
```

程序包体已创建。

3. 调用包中的元素

调用包中的元素时,使用如下的形式:

package_name. element_name;

说明:element_name 是元素的名称,可以是存储过程名、函数名、变量名和常量名等。

【示例 5-22】 调用 book_package 包中的 get_name 函数返回图书的类型名称。代码如下:

```
SQL>SELECT book_package. get_name('C') FROM DUAL;
BOOK_PACKAGE. GET_NAME('C')
```
————————————————————————————————————
———

社会科学总论

4. 删除程序包

删除程序包需要使用 DROP PACKAGE 语句。如果程序包被删除,则其包体也将被自动删除。删除程序包的语法如下:

```
DROP PACKAGE package_name;
```

知识点 8　触发器

触发器也是命名的 PL/SQL 程序块,触发器不同于存储过程,是不能被应用程序调用的,而是由触发器事件自动触发执行。触发器与一个表和一些触发器事件相关联,当一个触发器事件发生时,定义在表上的触发器被触发执行,该表也可以称之为触发表。

1. 触发器的触发事件

在创建触发器时要指明触发的事件,触发器的触发事件分可为两大类,数据库事件与客户端事件。数据库事件是指与数据库实例或模式相关的事件。客户端事件是指与用户登录、用户注销、DML、DDL 相关的事件,每类事件包含若干个具体事件,主要事件见表 5-5。

表 5-5　　　　　　　　　　　　　　　　触发器事件

事件类型		事件	描述
客户端事件	DML 事件	INSERT	在表或视图中插入数据时触发
		UPDATE	在修改表或视图中的数据时触发
		DELETE	在删除表或视图中的数据时触发
	DDL 事件	CREATE	在创建数据库对象时触发
		ALTER	在修改数据库对象时触发
		DROP	在删除数据库对象时触发
	登录事件	LOGON	当用户连接到数据库并建立会话时触发
		LOGOFF	当一个会话从数据库中断开时触发
数据库事件		STARTUP	在打开数据库时触发
		SHUTDOWN	在关闭数据库时触发
		DB_ROLE_CHANGE	在改变角色后第一次打开数据库时触发
		SERVERERROR	发生 Oracle 错误时触发

2. 触发器的类型

触发器的类型可划分为以下四种:数据操纵语言(DML)触发器、替代(INSTEAD OF)触发器、数据定义语言(DDL)触发器和数据库事件触发器,具体描述见表 5-6。

表 5-6　　　　　　　　　　　　　　　　触发器类型

触发器类型	描述
DML 触发器	创建在表上,由 DML 事件引发的触发器
替代触发器	创建在视图上,用来替换对视图进行的插入、删除和修改操作
DDL 触发器	定义在模式上,触发事件是数据库对象的创建和修改
数据库触发器	定义在整个数据库或模式上,触发事件是数据库事件

3. 创建触发器

创建触发器需要使用 CREATE TRIGGER 语句,其语法如下:

```
CREATE [OR REPLACE] trigger_name
[BEFORE|AFTER|INSTEAD OF] trigger_event
{ON table_name|view_name|DATABASE}
[FOR EACH ROW [WHEN trigger_condition]]
```

```
[ENABLE|DISABLE]
BEGIN
    trigger_body;
END[trigger_name]
```

说明：

①trigger_name：创建的触发器名称。

②BEFORE|AFTER|INSTEAD OF：BEFORE 表示触发器在触发事件执行前被激活；AFTER 触发器表示触发器在触发事件执行之后被激活；INSTAED OF：表示用触发器的事件代替触发事件执行。

③trigger_event：表示激活触发器的事件。例如 INSERT、UPDATE 和 DELETE 事件。如果同时指定多个事件，事件之间用 OR 分隔。

④FOR EACH ROW：表示触发器是行级触发器，如果不指定则默认为是语句级触发器。只能用于 DML 触发器和替代触发器（INSTEAD OF）。

⑤WHEN trigger_condition：用于指定触发时需满足的条件，而且只能用于行级触发器。

⑥ENABLE|DISABLE：用于指定触发器被创建之后的初始状态为启用状态（ENABLE）还是禁用（DISABLE）状态，默认为 ENABLE。

⑦trigger_body：触发器体，包含触发的内容。

4. DML 触发器

DML 触发器由 DML 语句触发，其对应的触发事件具体如下：

{INSERT|DELETE|UPDATE[OF column[,…]]}

关于 DML 触发器的说明如下：

①针对具体的触发事件可将 DML 触发器分为 INSERT 触发器、UPDATE 触发器和 DELETE 触发器。

②按触发时间可将 DML 触发器分为 BEFORE 触发器和 AFTER 触发器。

③可以将 DML 操作细化到列，即针对某列进行 DML 操作时激活触发器。

④按触发级别可将 DML 触发器分为有语句级触发器和行级触发器两种。语句级触发器表示 SQL 语句只触发一次触发器。行级触发器表示 SQL 语句影响的每一行都要触发一次。

⑤在行级触发器中，为了获取某列在 DML 操作前后的数据，Oracle 提供了两种特殊的标识符：OLD 和：NEW，通过：OLD. column_name 的形式可以获取该列的旧数据，而通过：NEW. column_name 则可以获取该列的新数据。INSERT 触发器只能使用：NEW，DELETE 触发器只能使用：OLD，而 UPDATE 触发器则两者都可以用。注意，语句级触发器不能使用这两个标识符。

【示例 5-23】 为了演示触发器的效果并且不破坏原数据库中的内容，新创建一个名称为 entryorders1 的表，并把 entryorders 表中的入库单号、入库数量、图书单价三列的信息复制到新表 entryorders1 中，然后创建一个 DML 语句级 BEFORE 触发器。如果修改 entryorders1 表中的信息，将显示"修改了表中的信息"的信息，代码如下：

```
SQL>CREATE TABLE entryorders1 AS
  2   SELECT entryorder_id,book_num,book_price
  3   FROM entryorders;
表已创建。
SQL>CREATE TRIGGER update_trigger
```

```
2    BEFORE UPDATE ON entryorders1
3    BEGIN
4        DBMS_OUTPUT. PUT_LINE('修改了表中的信息');
5    END;
6    /
SQL>UPDATE entryorders1 SET book_price＝book_price＋5；
修改了表中的信息
已更新 40 行。
```

【示例 5-24】　将【示例 5-23】修改为行级触发器，并用 UPDATE 语句修改"entryorders1"表中的信息，注意观察触发器的执行结果，代码如下：

```
SQL>CREATE OR REPLACE TRIGGER update_trigger
2    BEFORE UPDATE ON  entryorders1
3    FOR EACH ROW
4    BEGIN
5        DBMS_OUTPUT. PUT_LINE('修改了表中的信息');
6    END;
7    /
SQL>UPDATE entryorders1 SET book_price＝50；
修改了表中的信息
修改了表中的信息
修改了表中的信息
……
已更新 40 行。
```

说明：修改了表中 40 条记录，并激活了 40 次触发器，因此"修改了表中的信息"一共显示了 40 次。

5. 替代触发器

替代触发器与 DML 触发器不同，该触发器只能用于视图而不能用于表，对视图进行 DML 操作时，由替代触发器来实现 DML 操作。触发事件发生时，触发语句本身没有被执行，转而执行替代触发器，触发器的执行替代触发语句的执行。有的视图支持 DML 操作，但并不是所有列都支持。例如进行了数据或函数计算，则不能对该列进行 DML 操作，这时可以使用 INSTEAD OF 触发器。

【示例 5-25】　首先基于 entryorders1 表创建视图 entry_view，该视图检索 entryorders1 表中的入库单号（entryorder_id）、入库数量（book_num）、图书单价（book_price）列，但将入库数量（book_num）加 1，想要通过 entry_view 视图向 entryorders1 表中添加记录，则需要使用 INSTEAD OF INSERT 触发器。具体实现代码如下：

```
SQL>CREATE VIEW entry_view
2    AS
3    SELECT entryorder_id,book_num＋1 new_num,book_price
4    FROM entryorders1；
视图已创建。
SQL>CREATE TRIGGER insteadof_entry_view
2    INSTEAD OF INSERT
```

```
3    ON entry_view
4    FOR EACH ROW
5    BEGIN
6       INSERT INTO entryorders1(entryorder_id,book_num,book_price)
7       VALUES(:NEW. entryorder_id,:NEW. new_num,:NEW. book_price);
8    END insteadof_entry_view;
9    /
```

触发器已创建。

使用 INSERT 语句向 entry_view 视图中添加记录,并查询新插入的记录,代码如下:

```
SQL>INSERT INTO entry_view values('RKD0000041',20,40.5);
```

已创建 1 行。

```
SQL>SELECT  entryorder_id,book_num,book_price FROM entryorders1 WHERE entryorder_
  2 id='RKD0000041';
```

ENTRYORDER_ID	BOOK_NUM	BOOK_PRICE
RKD0000041	20	40.5

6. DDL 触发器

DDL 触发器由 DDL 语句触发,按触发时间可以分为 BEFORE 触发器与 AFTER 触发器,其所针对的事件包括 CREATE、ALTER、DROP、ANALYZE、GRANT、COMMENT、REVOKE、RENAME、TRUNCATE、AUDIT、NOTAUDIT、NOTAUDIT、ASSOCIATE STATISTICS 和 DISALSSOCIATE STATISTICS。

创建 DDL 触发器需要用户具有 DBA 权限。

【示例 5-26】　在 system 用户下创建一个 DDL 触发器,该触发器由 CREATE 事件触发,记录该操作的用户(USER),以及创建的对象名(SYS. DICTIONARY_OBJ_NAME)、对象类型(SYS. DICTIONARY_OBJ_TYPE)和创建时间,具体实现代码如下:

```
SQL>CREATE TABLE create_log(
  2 user_name VARCHAR2(8),
  3 obj_name VARCHAR2(20),
  4 obj_type VARCHAR2(20),
  5 sys_time DATE);
```

表已创建。

```
SQL>CREATE OR REPLACE TRIGGER create_trigger
  2 AFTER CREATE
  3 ON   DATABASE
  4 BEGIN
  5 INSERT INTO create_log VALUES
  6   (USER,SYS. DICTIONARY_OBJ_NAME,SYS. DICTIONARY_OBJ_TYPE,SYSDATE);
  7 END create_trigger;
  8 /
```

触发器已创建。

7. 系统事件触发器

系统事件触发器是指由数据库系统事件触发的触发器,其所支持的事件见表 5-7。

表 5-7	触发器类型
系统事件	描　述
LOGOFF	用户从数据库注销
LOGON	用户登录数据库
SERVERERROR	服务器发生错误
SHUTDOWN	关闭数据库
STARTUP	打开数据库实例

说明：LOGOFF 和 SHUTDOWN 事件只能创建 BEFORE 触发器；对于 LOGON、SERVERERROR 和 STARTUP 事件只能创建 AFTER 触发器。

创建系统事件触发器需要 ON DATABASE 子句，即表示创建的触发器是数据库级触发器。创建系统事件触发器需要具有 DBA 权限。

【示例 5-27】　在 system 用户下创建一个系统事件触发器，该触发器由 LOGON 事件触发，记录登录用户名(USER)与登录时间，具体实现代码如下：

```
SQL>CONNECT system/system AS SYSDBA;
已连接。
SQL>CREATE TABLE logon_log(
  2   logon_name VARCHAR2(12),
  3   logon_time DATE);
表已创建。
SQL> CREATE OR REPLACE TRIGGER logon_trigger
  2   AFTER  LOGON
  3   ON  DATABASE
  4   BEGIN
  5   INSERT INTO  logon_log    VALUES(USER,SYSDATE);
  6   END create_trigger;
  7   /
触发器已创建。
```

任务 5.1　使用流程控制结构处理图书销售管理系统的数据

在图书销售管理系统中经常要根据一定的条件去执行一系列语句，或重复地去执行一系列语句或者逐条读取查询结果集中的每一行，Oracle 为完成这些操作提供了分支语句、循环语句和游标语句等。

子任务 1　使用分支结构调整图书价格

【任务分析】

在 Oracle 中提供了两种条件选择语句来对程序进行逻辑控制，分别是 IF 条件语句和 CASE 语句。使用这两种语句可以实现根据给定的条件有选择地执行相应的语句序列。

本任务功能是使用 IF 语句调整图书价格和使用 CASE 语句为图书打折。

【任务实施】

1. 使用 IF 语句为图书调价,随机指定书号,将小于等于 30 元的图书单价增加 10 元,大于 30 元且小于等于 40 元的图书单价增加 5 元,除此之外,图书单价不变。

(1)连接到数据库 book。

(2)在 SQL Plus 编辑窗口中输入图书调价的 PL/SQL 程序块,代码如下:

```
SQL>SET VERIFY OFF;
SQL>DECLARE
  2      b_price NUMBER(10,2):=0;  ——声明图书单价变量
  3    BEGIN
  4      SELECT book_price into b_price FROM books WHERE book_id=&&b_id;
  5      IF b_price<=30 THEN
  6          UPDATE books SET book_price=book_price+10 WHERE book_id=&&b_id;
  7          DBMS_OUTPUT.PUT_LINE('调价 10 元');
  8      ELSIF b_price<=40 THEN
  9          UPDATE books SET book_price=book_price+5 WHERE book_id=&&b_id;
 10          DBMS_OUTPUT.PUT_LINE('调价 5 元');
 11      ELSE
 12          DBMS_OUTPUT.PUT_LINE('此书不需要调价');
 13      END IF;
 14    END;
 15    /
输入 b_id 的值:10000002
此书不需要调价
PL/SQL    过程已成功完成。
```

小提示☞:

当再次运行上述代码时,必须使用 undefine 命令清除定义的变量 b_id,即 undefine b_id,否则不提示输入 b_id 的值。

2. 使用 CASE 语句显示图书打折后的价格,要求随机指定书号,将图书单价高于 50 元的打六折,大于 40 元且小于等于 50 元的打七折,大于 30 元且小于等于 40 元的打八折,低于 30 元的不打折,显示打折后的单价。

(1)连接到数据库 book。

(2)在 SQL Plus 编辑窗口中输入实现图书打折的 PL/SQL 程序块,代码如下:

```
SQL>DECLARE
  2      b_price NUMBER(10,2):=0;  ——声明图书单价变量
  3      n_price NUMBER(10,2):=0;
  4    BEGIN
  5      SELECT book_price into b_price FROM books WHERE book_id=&&b_id;
  6      CASE
  7          WHEN  b_price>50 THEN
  8              n_price:=b_price*0.6;
  9              DBMS_OUTPUT.PUT_LINE('打六折后的价格为:'||n_price);
 10          WHEN  b_price>40 THEN
 11              n_price:=b_price*0.7;
```

```
12          DBMS_OUTPUT.PUT_LINE('打七折后的价格为:'||n_price);
13      WHEN  b_price>30 THEN
14        n_price:=b_price*0.8;
15          DBMS_OUTPUT.PUT_LINE('打八折后的价格为:'||n_price);
16      ELSE
17            DBMS_OUTPUT.PUT_LINE('此书不打折');
18      END CASE;
19    END;
20    /
```
输入 b_id 的值:10000005
打七折后的价格为:30.1
PL/SQL　过程已成功完成。

子任务2　使用循环结构浏览供应商信息

【任务分析】

在图书销售管理系统中经常要重复地执行同一个任务,Oracle 中提供了循环语句来实现重复性操作,本任务的功能是使用 WHILE 循环语句来实现显示所有供应商名称及其联系电话。实现此功能可以通过使用循环语句从游标中循环地读取记录来实现。

【任务实施】

(1)连接到数据库 book。

(2)在 SQL Plus 编辑窗口中输入显示所有供应商名称及其联系电话的 PL/SQL 程序块,代码如下:

```
SQL>DECLARE
 2    CURSOR suppliers_cursor
 3    IS
 4    SELECT supplier_name,supplier_phone
 5    FROM suppliers;
 6    s_name      suppliers.supplier_name%TYPE;
 7    s_phone     suppliers.supplier_phone%TYPE;
 8  BEGIN
 9   OPEN suppliers_cursor;
10   LOOP
11      FETCH  suppliers_cursor  INTO s_name,s_phone;
12      EXIT WHEN  suppliers_cursor%NOTFOUND;
13      DBMS_OUTPUT.PUT_LINE(s_name ||'的联系电话是:'|| s_phone);
14    END LOOP;
15    CLOSE suppliers_cursor;
16  END;
17  /
```
大连新华书店的联系电话是:0411-88119018
瓦房店新华书店的联系电话是:0411-85611450
金州新华书店的联系电话是:0411-84752639
沈阳新华书店的联系电话是:024-82453698

济南新华书店的联系电话是:0531-88450678

北京图书大厦的联系电话是:010-66078477

PL/SQL　过程已成功完成。

子任务 3　使用游标浏览和更新图书销售管理系统中的数据

【任务分析】

在图书销售管理系统中有时需要对 SELECT 语句的查询结果集中的每一行进行操作,这时需要使用游标来完成。本任务的要求是:

(1)使用游标浏览"清华大学出版社"出版图书的书号(book_id)、图书名称(book_name)。

(2)实现对 SELECT 语句的结果集实现逐行操作,以及通过游标来更新表中的记录。

【任务实施】

1.使用游标完成显示指定出版社出版的图书书号、图书名称信息。

(1)连接到数据库 book。

(2)在 SQL Plus 编辑窗口中输入使用游标浏览"清华大学出版社"出版图书的书号(book_id)、图书名称(book_name)的 PL/SQL 程序块,代码如下:

```
SQL>DECLARE
  2    CURSOR books_cursor(p_id VARCHAR2:='清华大学出版社')
  3    IS
  4    SELECT book_id,book_name
  5    FROM books,presses WHERE books.press_id=presses.press_id AND press_name=p_id ;
  6    b_id books.book_id%TYPE;
  7    b_name books.book_name%TYPE;
  8    BEGIN
  9    OPEN books_cursor();
 10    LOOP
 11      FETCH books_cursor INTO b_id,b_name;
 12      EXIT WHEN books_cursor %NOTFOUND;
 13      DBMS_OUTPUT.PUT_LINE('书号:'|| b_id||'图书名称:'|| b_name);
 14    END LOOP;
 15    CLOSE books_cursor;
 16    END;
 17    /
```

书号:10000006 图书名称:绿野仙踪

书号:10000007 图书名称:UG NX6.0 中文版曲面造型设计

书号:10000034 图书名称:ASP. NET 项目开发实践

书号:10000035 图书名称:Oracle 10g 数据库管理应用与开发标准教程

书号:10000036 图书名称:计算机基础实用教程

PL/SQL 过程已成功完成。

2.使用游标完成更新客户编号为"KH009"的联系电话为"0414-87666666"。

(1)连接到数据库 book。

(2)在 SQL Plus 编辑窗口中输入使用游标完成更新客户编号为"KH009"的联系电话为"0414-87666666"的 PL/SQL 程序块,代码如下:

```
SQL>DECLARE
  2     CURSOR clients_cursor
  3     IS
  4     SELECT client_id,client_phone
  5     FROM   clients   WHERE client_id ='KH009'
  6     FOR UPDATE OF client_phone NOWAIT;
  7     client_id VARCHAR2(10);
  8     client_phone VARCHAR2(20);
  9   BEGIN
 10      OPEN clients_cursor;
 11      FETCH clients_cursor INTO client_id,client_phone;
 12      UPDATE clients SET client_phone='0414-87666666' WHERE CURRENT OF clients_cursor;
 13   END;
 14     /
PL/SQL   过程已成功完成。
SQL>SELECT client_id,client_phone FROM clients WHERE client_id='KH009';
CLIENT_ID              CLIENT_PHONE
——————————             ——————————————
KH009                  0414-87666666
```

任务 5.2   存储过程在图书销售管理系统业务处理中的应用

在图书销售管理系统中经常完成一些具体的业务处理,完成这些业务处理需要由多条 SQL 语句来实现。Oracle 中提供了存储过程可以满足这些业务处理的需要。存储过程是由一组完成特定功能的 SQL 语句集构成的。

存储过程在图书
销售管理系统
业务处理中的应用

子任务 1   创建一般存储过程修改出版社信息

【任务分析】

存储过程在使用前,必须先创建存储过程,然后再用 EXECUTE 或 CALL 语句调用存储过程。

本任务的功能是创建一个简单的存储过程 update_presses,该过程将“清华大学出版社”的电话修改为“010-62778888”,然后调用该过程。

【任务实施】

(1)连接到数据库 book。

(2)在 SQL Plus 编辑窗口中输入创建一个简单的存储过程 update_presses 的代码,代码如下:

```
SQL>CREATE   OR REPLACE PROCEDURE update_presses
  2 AS
  3 BEGIN
  4    UPDATE presses SET press_phone='010-62778888' WHERE press_name='清华大学出版社';
  5 END;
  6 /
过程已创建。
```

（3）调用存储过程 update_presses

创建存储过程后，过程体中的内容并没有被执行，仅仅是被编译，要想执行过程中的语句还需要调用该过程，调用过程有两种形式，一种是使用 EXECUTE 语句，另一种是使用 CALL 语句。代码如下：

```
SQL>EXECUTE update_presses;
PL/SQL    过程已成功完成。
```

或：

```
SQL>CALL update_presses();
PL/SQL    过程已成功完成。
```

子任务 2　使用创建带参数存储过程显示指定出版社的图书信息

【任务分析】

上面创建了一个很简单的存储过程 update_presses，每次调用该过程时，都会将"清华大学出版社"的电话修改为"010-62778888"。这种过程在实际的应用过程中的作用不大。事实上，存储过程通常应该具有一定的交互性。

本任务的功能是创建带有参数的存储过程 get_num，该存储过程实现的是返回指定图书编号的图书名称（book_name）。

【任务实施】

（1）连接到数据库 book。

（2）在 SQL Plus 编辑窗口中输入创建带有参数的存储过程 get_num 的语句块，代码如下：

```
SQL>CREATE OR REPLACE PROCEDURE get_num
  2      (b_id IN VARCHAR2,b_bookname OUT VARCHAR2) AS
  3    BEGIN
  4        SELECT book_name INTO b_bookname FROM books WHERE book_id=b_id;
  5    END;
  6    /
```

过程已创建。

（3）调用带 IN 参数的存储过程时，需要给 IN 参数提供值，如果要获取 OUT 参数的返回值需要事先使用 VARIABLE 语句声明对应变量（也称绑定变量）来接收返回值。具体代码如下：

```
SQL>VARIABLE b_name VARCHAR2(30);
SQL>EXEC get_num('10000001',:b_name);——绑定变量前需要加冒号(:)
PL/SQL 过程已成功完成。
SQL>PRINT b_name ;——显示变量 b_name 的值
B_NAME
————————————————————
二维动画设计与制作
```

任务 5.3　存储函数在图书销售管理系统业务处理中的应用

存储函数是由用户定义的存储在数据库中的命名代码块，它与存储过程不同的是，可以把值返回到调用程序，调用时如同调用系统函数一样。

子任务1 创建存储函数返回指定图书总销量

【任务分析】

在图书销售管理系统中,经常会查询某一本图书的销售总量、某一本图书的价格等。这个功能可以通过函数来实现。

本任务创建一个存储函数 get_salenum,该函数的功能是查询某种图书的总销量。

【任务实施】

(1)连接到数据库 book。

(2)在 SQL Plus 编辑窗口中输入创建查询某种图书总销量的函数 get_salenum 的语句块,代码如下:

```
SQL>CREATE OR REPLACE FUNCTION get_salenum
  2    (s_id IN VARCHAR2)
  3    RETURN NUMBER
  4  AS
  5    s_booknum NUMBER:=0;
  6  BEGIN
  7    SELECT SUM(sale_num) INTO s_booknum FROM saleorders WHERE  book_id=s_id;
  8    RETURN s_booknum;
  9  END;
 10  /
函数已创建。
```

(3)调用函数 get_salenum,代码如下:

```
SQL>SELECT get_salenum('10000001') AS   总销量 FROM DUAL;
总销量
——————
7
```

子任务2 创建嵌套表函数返回指定经手人的销售单信息

【任务分析】

子任务1创建的函数只返回一个值,有时希望函数返回多行多列的值,这时可以在函数中返回嵌套表来实现。

本任务的功能是在匿名块中声明一个返回销售单的嵌套表函数,函数的参数为经手人,该函数返回指定经手人的销售单信息。

【任务实施】

(1)连接到数据库 book。

(2)在 SQL Plus 编辑窗口中输入返回"u1001"经手人的销售单信息函数的代码,代码如下:

```
SQL>DECLARE
  2  TYPE s_nt_type IS TABLE OF saleorders%ROWTYPE;
  3  s_nt s_nt_type;
```

```
 4    FUNCTION get_saleorders(e_id saleorders. emp_id%TYPE)
 5    RETURN s_nt_type
 6    IS
 7      s_nt s_nt_type;
 8    BEGIN
 9      SELECT * BULK COLLECT INTO s_nt FROM saleorders WHERE emp_id = e_id;
10      RETURN s_nt;
11    END;
12    BEGIN
13          s_nt:=get_saleorders('u1001');
14      FOR i IN s_nt. FIRST.. s_nt. LAST LOOP
15          DBMS_OUTPUT. PUT(s_nt(i). saleorder_id||CHR(9));
16          DBMS_OUTPUT. PUT(s_nt(i). book_id||CHR(9));
17          DBMS_OUTPUT. PUT(s_nt(i). sale_date||CHR(9));
18          DBMS_OUTPUT. PUT(s_nt(i). sale_num||CHR(9));
19          DBMS_OUTPUT. PUT(s_nt(i). sale_price||CHR(9));
20          DBMS_OUTPUT. PUT(s_nt(i). client_id||CHR(9));
21          DBMS_OUTPUT. NEW_LINE();
22      END LOOP;
23    END;
24    /
```

XSD0000001	10000001	01-2-10	1	29.5	KH001
XSD0000001	10000002	01-2-10	1	59	KH001
XSD0000008	10000016	01-8-10	1	23.8	KH004
XSD0000008	10000017	01-8-10	1	36	KH004
XSD0000012	10000024	11-9-10	1	35	KH002
XSD0000012	10000008	11-9-10	2	27	KH002
XSD0000012	10000001	11-9-10	1	29.5	KH002
XSD0000017	10000008	11-10-10	2	27	KH001
XSD0000017	10000001	11-10-10	1	29.5	KH001
XSD0000020	10000002	15-11-10	1	59	KH009
XSD0000020	10000038	16-11-10	3	35	KH009
XSD0000020	10000039	17-11-10	2	32	KH009
XSD0000020	10000008	18-11-10	2	27	KH009

PL/SQL 过程已成功完成。

任务 5.4   触发器在图书销售管理系统业务处理中的应用

触发器是一种特殊的存储过程,当特定对象上的特定事件出现时,将自动执行的代码块。触发器比数据库有更精细的和复杂的数据控制能力。图书销售管理系统中经常会用到触发器来保证数据的完整性。

子任务 1　DML 触发器在图书销售管理系统中的应用

【任务分析】

DML 触发器是使用最多的触发器，DML 触发器是由 DML 操作触发，通常根据触发器所依赖的表对象的不同，可将触发器进一步分为语句级触发器和行级触发器两种。在图书销售管理系统中经常会使用这两种触发器来维护数据库中的数据。

本任务的功能是在图书销售管理系统数据库中创建一个语句级触发器和一个行级触发器。

【任务实施】

1. 在入库单表 entryorders 上创建一个语句级触发器，功能是不允许在"星期日"修改和删除表 entryorders 的数据。

（1）连接到数据库 book。

（2）在 SQL Plus 编辑窗口中输入在入库单表 entryorders 上创建一个语句级触发器的语句块，代码如下：

```
SQL>CREATE OR REPLACE TRIGGER   entryorders_secure
  2   BEFORE INSERT OR UPDATE OR DELETE
  3   ON entryorders
  4   BEGIN
  5      IF (TO_CHAR(SYSDATE,'DY')='星期日') THEN
  6          RAISE_APPLICATION_ERROR(-20600,'不能在周日修改表 entryorders');
  7      END IF;
  8   END;
  9    /
```

触发器已创建。

（3）为了演示激活触发器，对 entryorders 表执行删除操作，代码如下：

```
SQL>DELETE FROM entryorders   WHERE emp_id='u1001';
ORA-20600:   不能在周日修改表 entryorders
```

小提示：

执行上述代码时，必须将系统日期修改为"星期日"再执行删除操作。

2. 创建 INSERT 行级触发器 add_book_trigger，该触发器的功能是在向 book 表中添加数据时，该触发器自动为表的主键列 book_id 赋值。

（1）连接到数据库 book。

（2）在 SQL Plus 编辑窗口中输入创建自动为表的主键列 book_id 赋值的触发器的语句块，代码如下：

```
SQL>CREATE OR REPLACE TRIGGER   add_book_trigger
  2   BEFORE INSERT
  3   ON books
  4   FOR EACH ROW
  5   BEGIN
  6    IF :NEW.book_id IS NULL   THEN
  7       SELECT TO_CHAR(TO_NUMBER(MAX(book_id)+1)) INTO :NEW.book_id FROM books;
  8    END IF;
```

```
9      END;
10       /
```
触发器已创建。

(3)为了演示激活触发器,对 entryorders 表执行插入操作,代码如下:

SQL>INSERT INTO books(book_isbn,book_name) values ('9787302205715','Oracle 数据库技术');
已创建一行。

说明:语句执行后,将自动执行触发器 add_book_trigger,自动为 books 表的书号赋值。

子任务 2　替代触发器在图书销售管理系统中的应用

【任务分析】

在图书销售管理系统的应用中,经常会定义一些视图,这些视图方便用户对数据的查询,有时需要基于视图来执行更新操作,但并不是视图中的所有列都支持,这是需要使用替代触发器来实现。

本任务创建一个替代触发器 insteadof_saleorders_view,该触发器的功能是基于 saleorders_view 删除 saleorders 表中的记录。

【任务实施】

(1)连接到数据库 book。

(2)在 SQL Plus 编辑窗口中输入创建视图 saleorders_view 的 SQL 语句,代码如下:

```
SQL>CREATE VIEW    saleorders_view
  2   AS
  3   SELECT emp_id,SUM(sale_num) AS   销售总量   FROM   saleorders GROUP BY emp_id;
```
视图已创建。

(3)创建一个替代触发器 insteadof_saleorders_view,具体代码如下:

```
SQL>CREATE OR REPLACE TRIGGER insteadof_saleorders_view
  2   INSTEAD OF DELETE
  3   ON saleorders_view
  4   BEGIN FOR EACH ROW
  5      DELETE FROM saleorders WHERE emp_id=:OLD. emp_id;
  6   END;
  7    /
```
触发器已创建。

(4)为了演示激活触发器,对 saleorders_view 视图执行删除操作。代码如下:

```
SQL>DELETE FROM saleorders_view   WHERE emp_id='u1001';
```
已删除一行。

```
SQL>select * FROM saleorders   WHERE emp_id='u1001';
```
未选定行。

子任务 3　DDL 触发器在图书销售管理系统中的应用

【任务分析】

在图书销售管理系统的使用过程中,一般是不允许删除数据库中的表,为了防止非法执行删除操作,可以在数据库中创建一个触发器禁止删除数据库中的表。

本任务在当前模式中创建 DDL 触发器 modify_trigger,功能是禁止删除表。

【任务实施】

(1)连接到数据库 book。

(2)在 SQL Plus 编辑窗口中输入创建 DDL 触发器 modify_trigger 的语句块,代码如下:

```
SQL>CREATE OR REPLACE TRIGGER modify_trigger
  2     BEFORE DROP ON   SCHEMA
  3  BEGIN
  4      RAISE_APPLICATION_ERROR ( -20100,'此系统已经运行,不允许对表进行删除
操作!');
  5  END;
  6  /
触发器已创建。
SQL>DROP TABLE student;
DROP TABLE student
    *
第 1 行出现错误:
ORA-00604:  递归 SQL 级别 1 出现错误
ORA-20100:  此系统已经运行,不允许对表进行删除操作!
ORA-06512:  在 line 2
```

对于设置了这类触发器的用户,如果需要修改表结构,那么需要首先把这个触发器禁用,使用下面的语句:

```
ALTER TRIGGER modify_trigger   DISNABLE;
```

子任务 4　数据库触发器在图书销售管理系统中的应用

【任务分析】

数据库触发器又称系统事件触发器,是建立在数据库上的触发器,由数据库系统事件来触发。可以使用数据库触发器来记录用户的登录和用户的退出时间。

本任务完成的是当一个用户注销时自动记载用户注销的一些信息。

【任务实施】

(1)连接到数据库 book。

(2)在 SQL Plus 编辑窗口输入存储用户注销信息的表 logoff_log 的 SQL 语句,代码如下:

```
SQL>CREATE TABLE logoff_log(
  2   logon_name VARCHAR2(12),
  3   logon_time DATE);
表已创建。
```

(3)在 SQL Plus 编辑窗口中输入用户注销时自动记载用户注销一些信息的触发器代码,代码如下:

```
SQL>CREATE OR REPLACE TRIGGER logoff_trigger
  2     BEFORE LOGOFF
  3     ON DATABASE
  4     BEGIN
```

```
5      INSERT INTO  logoff_log  VALUES(USER,SYSDATE);
6   END;
7   /
```

触发器已创建。

任务小结

为了满足系统的业务数据处理的需求,Oracle 数据库提供了 PL/SQL 程序设计语言,这种语言是过程语言与数据库语言(SQL)结合而成的编程语言,功能非常强大,它支持多种数据类型,如常量、变量、大对象、集合类型、游标等,还可以使用条件和循环等控制结构以及异常处理等。提供了存储过程、函数、触发器、程序包等,以满足处理业务数据处理的需求。

本任务主要针对图书销售管理系统业务数据处理的需求,重点介绍了 PL/SQL 语言的基本语法结构、游标的创建及使用、存储过程与函数的创建及使用、触发器的创建及使用等。

任务实训　学生管理系统中游标、存储过程、函数和触发器的应用

一、实训目的和要求

1.掌握 PL/SQL 语言的基本功能

2.掌握 PL/SQL 程序块的语法结构

3.掌握 PL/SQL 语言的程序控制语句

4.掌握游标的创建与使用

5.掌握存储过程及存储函数的使用

6.掌握触发器的使用

7.掌握程序的异常处理

二、实训知识准备

1.PL/SQL 程序块的语法结构

2.PL/SQL 语言中的数据类型、常量、变量及程序的控制结构等

3.游标的创建及其使用

4.存储过程、存储函数的创建及使用

5.程序包的创建及使用方法

三、实训内容和步骤

1.创建一个简单的游标 student_cursor,该游标的功能是显示指定学生编号的姓名、性别、所在的班级信息。

2.创建一个循环游标 for_cursor,该游标的功能是显示指定学生所选的所有课程的课程编号、课程名、成绩。

3.创建一个存储过程 proc_teacher,该过程的功能是根据指定教师号返回该教师的姓名、电子邮件信息。

4.创建一个存储函数 proc_sum,该函数的功能是根据指定学生编号返回该学生所选的课程门数。

5.创建一个 DML 触发器 dmldelstudent_trigger,该触发器的功能是删除某一个学生信息时,自动删除该同学的所有选课信息。

6. 创建一个 DDL 触发器 ddlstudent_trigger，该触发器的功能是在当前模式中禁止删除表的定义。

7. 创建一个数据库触发器 dbms_trigger，当一个用户登录 STUDENT 数据时自动记载用户的一些登录信息。

思考与练习

一、填空题

1. PL/SQL 块包含三部分，分别是_____、_____、_____。

2. 系 统 预 定 义 的 命 名 块 有 _____、_____、_____、_____。

3. PL/SQL 语言支持的数据类型有_____、_____、_____、_____。

4. PL/SQL 程序块中的赋值语句为_____。

5. 在声明常量时需要使用_____关键字，并且必须为常量赋初始值。

6. 使用游标一般分为声明游标、_____、_____和关闭游标。

7. 处理异常需要使用_____语句块。

8. %TYPE 属性的作用是_____。

9. %ROWTYPE 属性的作用是_____。

10. 创建存储过程需要使用 CREATE PROCEDURE 语句，调用存储过程使用_____或_____语句。

11. 存储过程有三种参数模式，分别是 IN、_____和_____。

12. 事务的四个特性是_____、_____、_____、_____。

13. 事务的结束语句有_____、_____。

14. 创建函数的关键字是_____。

15. 程序包由两部分组成，分别是_____、_____。

16. Oracle 中触发器的类型主要有_____、_____、_____、_____。

17. DML 事件主要有_____、_____、_____。

18. 替代触发器创建在_____上，不能创建在_____上。

二、选择题

1. 在 PL/SQL 环境中，以下说法正确的是(   )。

A. 字符串是用单引号加以界定的

B. 字符串是用双引号加以界定的

C. 对于单行注释可以用双斜线//开始

D. 多行注释是以大括号{ }加以界定的

2. 以下关于 PL/SQL 块的说法正确的是(   )。

A. PL/SQL 块是最小的程序单元，因此 PL/SQL 块是不能嵌套使用的

B. 在 PL/SQL 块中 DECLARE 和 EXCEPTION 部分都是可选项，但执行部分是必选

C. 异常处理是 PL/SQL 的一个特点,因此 EXCEPTION 部分是不可缺少的

D. 在 PL/SQL 块中,SELECT 查询语句的用法与 SQL 中的用法是完全相同的

3. 对于 Oracle PL/SQL 标识符的有效长度是(   )。

A. 16 位   B. 18 位   C. 24 位   D. 30 位

4. 在 PL/SQL 中定义一个名为 v_name 长度为 60 个字符的变长字符串类型的变量,以下正确的是(   )。

A. v_name char(60);   B. v_name string(60);

C. v_name varchar2(60);   D. v_name varchar2(61);

5. 在以下 PL/SQL 循环语句的括号位置应该填写(   )。

for i in 1 ( ) 10 loop

A. TO   B. →   C. ..   D. INC

6. 在 PL/SQL 环境中,若想定义一个变量 v_name,要求与 student 表中 student_name 字段类型相同,正确的方法是(   )。

A. v_name   student. student_name%TYPE;

B. v_name   student%TYPE. student_name;

C. v_name   student_name%TYPE IN student;

D. v_name   %TYPE student. student_name;

7. 如何将变量 v_row 定义为 emp 表的记录类型(   )。

A. v_row emp%TYPE;   B. v_row emp%RECORD;

C. v_row emp%TABLETYPE;   D. v_row emp%ROWTYPE;

8. 在 Oracle 中,游标都具有下列属性,除了(   )。

A. %NOTFOUND   B. %ROWTYPE

C. %ISOPEN   D. %ROWCOUNT

9. 在 Oracle 中,当控制一个显式游标时,(   )命令包含 INTO 子句。

A. OPEN   B. CLOSE   C. FETCH   D. CURSOR

10. 在 PL/SQL 中,所要查询的数据没有找到时抛出的异常是(   )。

A. NOT_DATA_FOUND   B. DATA_NOT_FOUND

C. NO_DATA_FOUND   D. DATA_NO_FOUND

11. 当给一个有主键的表中插入重复行时,将引发(   )异常。

A. NO_DATA_FOUND   B. TOO_MANY_ROWS

C. DUP_VAL_ON_INDEX   D. ZERO_DIVIDE

12. 以零作除数会引发(   )异常。

A. NO_DATA_FOUND   B. ZERO_DIVIDE

C. STORAGE_ERROR   D. SELF_IS_NULL

13. 以下对 PL/SQL 变量的定义,正确的是(   )。

A. v_hiredate   DATE:=TO_DATE(SYSDATE);

B. v_deptno   NUMBER(2) NOT NULL:=10;

C. v_location   VARCHAR2(13):="china";

D. c_comm   CONSTANT NUMBER;

14. 在 Oracle 中,PL/SQL 块中定义了一个带参数的游标:

CURSOR student_cursor(classno VARCHAR2) IS

SELECT student_no,student_name FROM student WHERE classmate_no = classno;

那么正确打开此游标的语句是(　　)。

A. OPEN student_cursor(20);

B. OPEN student_cursor FOR 20;

C. OPEN student_cursor USING 20;

D. FOR stu_rec IN student_cursor USING20 LOOP… END LOOP;

15. 下列选项中,(　　)是一个独立的逻辑工作单元。

A. 记录　　　　　　　B. 数据库　　　　　　C. 事务　　　　　　　D. 字段

16. 以下对于事务的叙述,比较全面的是(　　)。

A. 事务中的操作是一个整体,要么全做,要么全不做

B. 事务可以把所操作的数据库由一个一致状态转变到另一个一致状态

C. 事务在提交之前,其他事务看不到它对数据库的影响

D. 事务提交后,其结果将在数据库中得以体现

E. 以上所述都是正确的

17. 下列选项中,(　　)命令在未提交前可以通过 ROLLBACK 命令进行回退。

A. DCL　　　　　　　B. DDL　　　　　　　C. DML　　　　　　　D. DQL

18. 公用的子程序和常量在(　　)中声明。

A. 过程　　　　　　　B. 游标　　　　　　　C. 包规范　　　　　　D. 包主体

19. 以下不属于命名 PL/SQL 块的是(　　)。

A. 程序包　　　　　　B. 过程　　　　　　　C. 游标　　　　　　　D. 函数

20. 关于存储过程参数,正确的说法是(　　)。

A. 存储过程的输出参数可以是标量类型,也可以是表类型

B. 存储过程输入参数可以不输入信息而调用过程

C. 可以指定字符参数的字符长度

D. 以上说法都不对

21. 如果在包规范 mypackage 中没有声明过程 myprocedure,而在创建包体时包含了该过程,那么对该过程叙述正确的是(　　)。

A. 包体无法创建成功,因为在包体中含有包规范中没有声明的元素

B. 该过程不影响包体的创建,它属于包的私有元素

C. 可以通过 mypackage. myprocedure 调用该过程

D. 可以在包体外使用该过程

22. 一般在(　　)中有机会使用":NEW"和":OLD"。

A. 游标　　　　　　　B. 存储过程　　　　　C. 函数　　　　　　　D. 触发器

23. 关于触发器,下列说法正确的是(　　)。

A. 可以在表上创建 INSTEAD OF 触发器

B. 语句级触发器不能使用":OLD"和":NEW"

C. DELETE 触发器可以使用":NEW"

D. 触发器可以显式调用

三、简答题

1. 简述常量与变量在创建与使用时的区别。
2. PL/SQL 语言中有几种条件选择语句？分别写出它们的语法结构。
3. PL/SQL 语言中有几种循环语句？分别写出它们的语法结构。
4. 简述使用游标主要遵循的步骤。
5. 简述 PL/SQL 语言中有几种类型的异常及其各自使用的场合。
6. 简述带参数的存储过程调用的两种形式。
7. 简述存储过程与触发器的区别。
8. 简述 Oracle 中触发器的类型及各种触发器的含义。

任务6　图书销售数据库中索引和其他模式对象的应用

学习重点与难点

- 索引的创建、重建和合并
- 外部文件的创建和使用
- 索引组织表和分区表的创建和使用
- 视图的创建和使用
- 序列和同义词的使用

学习目标

- 掌握索引的概念、分类、作用以及索引的创建、重建与合并
- 掌握外部数据文件的读取和错误处理方法
- 掌握索引组织表和分区表的创建与管理
- 掌握视图的概念以及视图的创建和使用
- 了解序列和同义词的含义和功能

工作任务

1. 图书销售管理数据库中索引的使用。
2. 图书销售管理数据库中外部表的应用。
3. 图书销售管理数据库中索引组织表和分区表的应用。
4. 创建图书销售管理数据库的视图。
5. 图书销售管理数据库中序列和同义词的应用。

预备知识

知识点1　索　引

在图书销售管理系统中,经常要进行数据的查询工作,如查询一定时期内的图书入库信息、查询图书库存信息以及一定日期内图书销售信息等。如果对数据表从头到尾进行查询将大大降低数据的查询效率,Oracle 提供的索引对象极大地提高了数据的查询速度。

1. 索引概述

在 Oracle 中,索引是数据库中用于存放表中每一条记录位置的一种模式对象,索引主要用于提高表的查询速度。索引与表一样,有独立的数据段存储,并且可以通过设置存储参数,控制索引段的盘区分配方式。

索引的作用相当于图书的目录,例如要在一本书中找到有关某方面的知识时,可以采取两种方法,一种方法是从书的开头逐页翻阅,一直到尾,这样需要翻阅全书才能找到所需要的知

识。另一种方法是从书的索引目录中查找所需要的知识主题,然后再根据目录中的页码找到所需的知识内容。非常明显,采用第二种方法要比第一种快。同样道理,如果一个表中包含很多记录,当对表执行查询时,第一种方法须将所有的记录全部取出,把每一条记录与查询条件进行比较,然后返回满足条件的记录。这种搜索信息的方式称为全表搜索,全表搜索会消耗大量的数据库系统资源,并造成大量的 I/O 操作。第二种方法是通过在表中建立类似于目录的索引,然后在索引中找到符合查询条件的索引值,最后就可以通过保存在索引中的 ROWID 快速找到表中对应的记录,这就是索引的作用。

在数据库中使用索引是以占用磁盘空间和消耗系统资源为代价的,创建索引需要占用大量存储空间,同时再向表中添加、更新或删除记录时,数据库需要花费额外的开销来维护和更新索引。

2. 索引的分类

在 Oracle 中,为适应各种表的特点可以创建多种类型的索引,常用的索引类型有 B 树索引、反向键索引、位图索引、基于函数的索引、簇索引、全局和局部索引等,本部分只介绍 B 树索引、位图索引、反向键索引和基于函数的索引。

(1)B 树索引

B 树索引是 Oracle 中默认和最常用的索引。B 树索引的逻辑结构类似于一棵树,其中的主要数据都集中在叶子结点上。每个叶子结点中包括的数据有索引列的值和数据表中对应行的物理地址 ROWID,B 树索引的逻辑结构如图 6-1 所示。

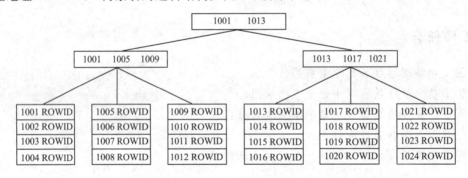

图 6-1　B 树索引的逻辑结构

小提示☞:

　　Oracle 数据库内部使用 ROWID 来存储表中数据行的物理位置。使用索引查询数据时,首先通过索引列的值查询到 ROWID,然后通过 ROWID 找到记录的物理地址。

采用 B 树索引可以确保 Oracle 只需要花费相同的 I/O 就可以获得要查询的索引条目。例如,采用 B 树索引查询编号为 1020 的结点,其查询过程如下:

①访问根结点,将 1020 与 1011 与 1013 进行比较。

②因为 1020 大于 1013,所以接着搜索右子树,在右子树中将 1020 再与 1013、1017 和 1021 进行比较。

③由于 1020 大于 1017 但是小于 1021,所以搜索右子树的第二结点,并找到要查询的索引条目。

(2)位图索引

位图索引与 B 树索引不同,在 B 树索引中,通过在索引中保存排过序的索引列的值与相对应记录的 ROWID 来实现快速查找,但是对于一些特殊的表,B 树索引的效率可能会很低。

例如,在图书销售管理数据库的客户信息表 clients 中的客户性别(client_sex)列,它只有两个取值:"男"或"女"。如果在该列上创建 B 树索引,那么创建的 B 树只有两个分支,使用该索引对客户信息进行检索时,将返回接近一半的记录,这样也就失去了索引的基本作用。所以,当一个列的所有取值数量与行的总数的比例小于 1% 时,那么该列不再适合建立 B 树索引,而适用建立位图索引。

（3）反向键索引

在 Oracle 中,系统会自动为表的主键列建立索引,这个索引是普通的 B 树索引。对于主键值是按顺序添加的情况,默认的 B 树索引并不理想,这是因为如果索引列的值具有严格顺序,随着数据行的插入,索引树的层级就会增长很快。搜索索引发生的 I/O 读写次数和索引树的层级数成正比,也就是说,一棵具有 5 个层级的 B 树索引,在最终读到索引数据时,最多可能发生多达 5 次 I/O 操作。另外,由于 B 树索引是以严格有序的方式将索引数值插入的,那么 B 树索引将变成一棵不对称的"歪树"。

反向键索引是一种特殊类型的 B 树索引,在索引基于含有有序数的列时非常有用。反向键索引的工作原理在存储结构方面与普通的 B 树索引相同。然而,如果用户使用序列编号在表中输入新的记录,则反向键索引首先反向每个列键值的字节,然后在反向后的新数据上进行索引。例如,如果用户输入索引键为 2008,就反向转换为 8002 进行索引,2015 就反向转换为 5102 进行索引。

（4）基于函数的索引

基于函数的索引其实也是 B 树索引,不过基于函数的索引存放是经过函数处理后得到的数据,而不存放数据本身。如果检索的数据需要对字符大小写转换或数据类型进行转换,则使用这种索引就可以提高查询效率。例如图书销售管理数据库中的销售单表 saleorders,其中 saleorder_date 列存储了图书销售的日期,如果要搜索 2011 年以后销售单信息,那么使用 WHERE saleorder_date$>=$'2011'这样的搜索条件时,会提示数据类型不匹配的错误。为了解决这个问题,可以在 saleorder_date 列使用类型转换函数 TO_CHAR,代码如下:

```
SQL>SELECT  *  FROM saleorders
  2    WHERE TO_CHAR(sale_date,'YYYY')>='2011';
```

使用这种方法后,虽然可以正常运行,但是该查询将执行全表搜索,即使在 birthday 列建立了索引,对列值进行类型转换后,该值也不会出现在索引中。

为了解决这个问题,可以创建基于函数的索引。基于函数的索引只是常规的 B 树索引,但它是基于一个应用于表中数据的函数,而不是直接放在表中的数据本身上。

3. 索引的使用环境

根据不同的数据查询需要,建立不同的索引类型,一般基于以下原则:

（1）B 树索引可以快速定位行,应建立于高 cardinality 列(即列的唯一值除以行数为一个很大的值,存在很少的相同值)的情况下。B 树索引分为唯一性和非唯一性索引,如果某个列的值唯一,则在该列上就可以创建唯一性索引,否则就创建非唯一性索引,默认情况下创建的是非唯一性索引。

（2）位图索引主要用于决策支持系统或静态数据,不支持行级锁定,适合集中读取,不适合插入和修改。位图索引最好用于低 cardinality 列。

（3）反向索引应用于特殊场合,多用于并行服务器环境下,用于减少索引叶的竞争。

（4）基于函数索引应用于查询语句条件列上包含函数的情况，索引中储存了经过函数计算的索引码值，这种索引可以在不修改应用程序的情况下提高查询效率。

4. 创建索引

创建索引的语法如下：

```
CREATE UNIQUE|BITMAP INDEX <schema>.<index_name>
ON <schema>.<table_name>
(<column_name>|<expression>ASC|DESC,
<column_name>|<expression>ASC|DESC,…)
TABLESPACE <tablespace_name>
STORAGE (<STORAGE_SETTINGS>
LOGGING|NOLOGGING
COMPUTE STATISTICS
NOCOMPRESS|COMPRESS <nn>
NOSORT|REVERSE
PARTITION |GLOBAL PARTITION <partition_setting>
```

语法说明如下：

（1）UNIQUE|BITMAP：在创建索引时，如果指定关键字 UNIQUE，表示建立唯一 B 树索引，要求表中的每一行在索引列中都包含唯一的值。如果指定 BITMAP 关键字，表示创建一个位图索引。这两个关键字可以省略，省略后创建的索引为普通 B 树索引。

（2）ON <schema>.<table_name>：表示创建索引的数据表名。

（3）(<column_name>|<expression> ASC|DESC,…)：该语句列出了创建索引的列。ASC 为默认顺序，表示为升序排列，DESC 为降序排列。各列之间用逗号间隔，也可以不使用基本列，而使用一个表达式，这时创建的索引为"基于函数的索引"。

（4）TABLESPACE <tablespace_name>：表示指定存储索引的表空间。如果省略，则索引将使用用户模式的默认表空间。

（5）STORAGE (<STORAGE_SETTINGS>：表示为索引指定存储参数。如果省略，则使用指定表空间或默认表空间的存储参数。

（6）LOGGING|NOLOGGING：LOGGING 表示存储日志信息，NOLOGGING 表示不存储日志信息。

（7）COMPUTE STATISTICS：表示创建新索引时收集统计信息。

（8）NOCOMPRESS|COMPRESS <nn>：表示是否使用"键压缩"。使用键压缩可以删除一个键列中出现的重复值，节省空间。

（9）NOSORT|REVERSE：NOSORT 表示将使用与表中相同的顺序创建索引，不再对索引进行排序。REVERSE 则表示以相反的顺序存储索引值。

（10）PARTITION|GLOBAL PARTITION <partition_setting>：表示使用该子句可以在分区表或未分区表上对创建的索引进行分区。

【示例 6-1】 在图书销售管理数据库供应商表 suppliers 中的列（supplier_name）上创建 B 树索引 suppliername_index，存储在表空间 bookspace 中。

```
SQL>CREATE INDEX suppliername_index ON suppliers(supplier_name)
  2   TABLESPACE BOOKSPACE;
```

索引已创建。

知识点 2　索引组织表和分区表

1. 索引组织表

（1）索引组织表概念

索引组织表是 Oracle 提供的用于提高查询效率的一种新型表，索引组织表也称为 IOT，它不仅可以存储数据，而且还可以存储为表建立的索引，以提高查询性能。索引组织表与普通表不同，索引组织表的数据是以被排序后的主键顺序存储的。索引组织表为精确匹配和范围搜索的数据查询提供了快速访问。

索引组织表是以牺牲插入和更新性能为代价的。在索引组织表中，如果向表中添加数据，首先会根据主键列对其排序，然后才将数据写入磁盘，这样能够在使用主键列查询时，在索引组织表中得到更好的读取性能。在基本表上进行相同的查询时，首先读取索引，然后判断数据块在磁盘上的位置，最后 Oracle 必须将相关的数据块放入内存中。而索引组织表将所有数据都存储在索引中，所以不需要再去查询存储数据的数据块。在索引组织表中执行查询的效率是基本表的两倍。

索引组织表与基本表的结构对比，如图 6-2 所示。

索引	
80001	ROWID
80002	ROWID
......	

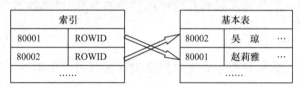

基本表		
80002	吴　琼	...
80001	赵莉雅	...
......		

索引组织表		
80001	赵莉雅	...
80002	吴　琼	...
......		

图 6-2　索引组织表与基本表的结构对比

（2）创建索引组织表

创建索引组织表使用 CREATE TABLE 语句时，要提供如下选项：

①ORGANIZATION INDEX 子句，必选项，表示创建的表为索引组织表。

②必须为索引组织表指定主键。

③OVERFLOW 子句，可选项。表示使用行溢出子句，当索引包含大量的数据时，将会降低索引组织表的查询性能，为此引用了行溢出说明子句，可以将经常要查询的数据放在基本索引块中，将不经常查询或者较大的数据列存储在另外的段中，这种段称为溢出段，有两个选项规定数据的存储方式：INCLUDING 和 PCTTHRESHOLD。

- INCLUDING n，表示当行中数据超出此百分比，该行尾部的列溢出到溢出段。

- PCTTHRESHOLD column_name，表示指定列之前的所有列均存入基本索引块，之后的列则存入溢出段。

④COMPRESS 子句，可选项。表示使用键压缩方法创建索引组织表时，能够消除索引键列中重复出现的值，它可以用于所有索引的选项。

【示例 6-2】　为图书销售管理数据库创建基本的索引组织表 t_book，代码如下：

```
SQL>CREATE TABLE t_book
  2  (
  3  id VARCHAR2(10),
  4  book_name VARCHAR2(100),
  5  book_isbn VARCHAR2(20),
  6  CONSTRAINT pk_id PRIMARY KEY(id)
```

```
7   )
8   ORGANIZATION INDEX
9   ;
```

表已创建。

2. 临时表

Oracle 的临时表是"静态"的,它与普通的数据表一样在数据库中只需建立一次,其结构从创建到删除的整个期间都是有效的。

(1)临时表的特点

①临时表只有在用户实际向表中添加数据时,才会为其分配存储空间。

②为临时表分配的空间来自临时表空间,避免了与永久对象的数据争用存储空间。

③临时表中存储的数据也是以事务或者会话为基础的,当用户当前的事务结束或者会话终止时,临时表就会因为释放所占用的存储空间而丢失数据。

④与堆表一样,用户可以在临时表上建立索引、视图和触发器等,但建立的索引、视图和触发器也是临时的,只对当前会话或者事务有效。

(2)临时表的级别

由于临时表中存储的数据只在当前事务处理或者会话进行期间有效,因此临时表主要分为两种:事务级别临时表和会话级别临时表。

①事务级别临时表

事务级别临时表是指临时表中的数据只在事务生命周期中存在。当一个事务结束时,临时表中的数据被自动清除。

②会话级别临时表

会话级别临时表是指临时表中的数据只在会话生命周期中存在,当用户退出,会话结束时,临时表中的数据被自动清除。

3. 分区表

(1)分区表

在大型的数据库应用中,需要处理的数据量可以达到几十到几百 GB,甚至达到 TB 级,例如图书销售管理数据库的图书数据表 books。为了提高对大容量数据库的读写和查询速度,Oracle 提供了分区技术。分区表是将一个非常大的表分割成较小的片段(分区)。在实际应用中,对分区表的操作是在独立的分区上,但是对用户而言,分区表的使用就像一个基本表一样。

(2)分区表的类型

Oracle 数据库提供对表或索引的分区类型有五种:范围分区、散列分区、列表分区、组合范围散列分区和组合范围列表分区。在创建分区表时,应根据不同类型分区的特点,选择合适的分区类型。

①范围分区表

范围分区表就是根据数据表中的某个值的范围进行分区,根据某个值的大小或次序,决定将每条数据分别存储在哪个分区上。创建范围分区需要使用 PARTITION BY RANGE 子句。

②散列分区表

散列分区表是通过 HASH 算法均匀分布数据的一种分区类型。通过在 I/O 设备上进行

散列分区,可以使得分区的大小一致。创建散列分区需要使用 PARTITION BY HASH
子句。

③列表分区表

列表分区表是基于特定值的列表对表进行分区。列表分区适用于分区列表的值为非数字
或日期数据类型,并且分区列的取值范围较少时使用。创建列表分区需要使用 PARTITION
BY LIST 子句。

④组合范围散列分区表

组合范围散列分区表,是范围分区和散列分区进行组合使用。这种形式首先使用范围值
进行分区,然后使用散列值进行分区。创建组合范围散列分区表要同时使用范围分区子句和
散列分区子句。

⑤组合范围列表分区表

组合范围列表分区,就是将范围分区和列表分区结合使用。这种形式首先使用范围值进
行分区,然后使用列表值进行分区。创建组合范围列表分区表要同时使用范围分区子句和列
表分区子句。

【示例 6-3】　为图书销售管理数据库创建图书范围分区表 part_book,要求 2009 年以前的
记录存放到 part1 分区,2011 年以前的记录存放到 part2 分区,其他记录保存在 part3 分区,代
码如下:

```
SQL>CREATE TABLE part_book
  2  (
  3  id VARCHAR2(10) PRIMARY KEY,
  4  book_name VARCHAR(100),
  5  book_date DATE
  6  )
  7  PARTITION BY RANGE(book_date)
  8  (
  9  PARTITION part1 VALUES LESS THAN('01-1-2009') TABLESPACE mytemp1,
 10  PARTITION part2 VALUES LESS THAN('01-1-2011') TABLESPACE mytemp2,
 11  PARTITION part3 VALUES LESS THAN(MAXVALUE) TABLESPACE mytemp3
 12  );
```

表已创建。

说明:在创建范围分区表前,要求表空间必须存在,而且建议将不同的分区放入不同的表
空间中,本例中必须要先建立表空间 mytemp1、mytemp2 和 mytemp3,创建方法请参考任务 2
的知识点 2。

知识点 3　视　图

1. 视图概述

(1)视图

视图是根据一个或多个基本表定义的一个虚拟表,视图并不存储真正的数据,它的行和列
的数据来自于定义视图的查询语句中引用的数据表,这些表称为视图的基本表。视图仅仅把
视图定义语句存储在 Oracle 数据字典中,实际的数据仍保存在基本表中,所以建立视图不用
消耗任何存储空间。

视图可以建立在基本表上,也可以建立在其他视图上,或者同时建立在两者之上。视图看上去非常像数据库中的表,用户可以在视图中进行 INSERT、UPDATE 和 DELETE 操作,所以说视图是可更新的,但通过视图修改数据时,实际上是在修改基本表中的数据,相应地,改变基本表中的数据也会反映在由该表产生的视图中。

（2）视图的作用

①视图可以隐藏复杂查询,简化用户编写查询语句

例如程序员在设计开发图书销售管理系统时,经常要查询图书的销售情况信息,这样需要涉及图书表、销售单表和客户表,由于涉及多表查询,因此必须建立表与表之间的联系,同时还要添加其他的查询条件,为此在查询图书销售情况时书写的 SQL 语句比较复杂,如果将其定义为视图,则程序员在设计查询图书的销售情况信息时,只需从视图中查询即可,不必重复输入复杂的 SQL 语句。

②视图保证了数据的安全性

用户在进行数据查询时,如果直接从基本表中进行查询,则必须要指定表中的基本列,这样表中的所有数据以及结构将全部呈现在用户面前,会给数据库造成一定安全性问题。如果将多个基本表的查询定义为视图,则用户在查询时只能看见视图,同时视图的结构可以使用它所基于表的列名指定不同的列名,还可以建立限制其他用户访问的视图,保证了数据的安全性。

2. 创建视图

在当前用户模式下创建视图,用户必须有 CREATE VIEW 的系统权限。在其他用户模式下创建视图,用户必须具有 CREATE ANY VIEW 的系统权限。另外,如果创建视图所用到的表或视图不是该用户的表,必须由拥有该表或视图的用户将其相关权限赋予该用户。

创建视图的命令为 CREATE VIEW,定义视图的查询可以建立在一个或多个表,或其他视图上。创建视图时可以带有一些关键字或子句。其语法如下:

```
CREATE [ OR REPLACE ] [ FORCE|NOFORCE ] VIEW view_name
[（alias_name [,…]）]
AS subquery
[WITH { CHECK OPTION|READ ONLY } CONSTRAINT constraint_name];
```

语法说明如下:

（1）OR REPLACE:表示如果视图已存在,则替换现有视图。

（2）FORCE|NOFORCE:FORCE 表示即使基本表不存在,也要创建视图;NOFORCE 表示如果基本表不存在,则不创建视图,默认为 NOFORCE。

（3）view_name:创建的视图名称。

（4）alias_name:子查询中列（或表达式）的别名。别名的个数与子查询中列（或表达式）的个数必须一致。

（5）subquery:子查询语句。

（6）CHECK OPTION:除了可以对视图执行 SELECT 查询以外,还可以对视图进行 DML 操作。对视图的操作实际上也是对基本表的操作。默认情况下,可以通过视图对基本表中的所有数据行进行 DML 操作,包括视图的子查询无法检索到的数据行。如果使用 WITH CHECK OPTION,则表示只能对视图中子查询能够检索的数据行进行 DML 操作。

（7）READ ONLY:表示通过视图只能读取基本表中的数据行,而不能进行 DML 操作。

(8)CONSTRAINT constraint_name：为 WITH CHECK OPTION 或 WITH READ ONLY 约束定义约束名称。

【示例 6-4】　创建视图 press_view，查询"清华大学出版社"出版的图书的书号、图书名称和作者，代码如下：

```
SQL>CREATE VIEW press_view AS
  2   SELECT book_id,book_name,book_author
  3   FROM presses,books
  4   WHERE presses. press_id=books. press_id AND press_name='清华大学出版社';
视图已创建。
```

3. 查看视图

一个视图创建好后，想要了解其定义信息（主要是指其子查询内容），可以查询与视图相关的数据字典。与视图相关的数据字典视图有：

(1)DBA_VIEWS：存放了数据库中所有视图的信息。

(2)ALL_VIEWS：存放用户可存取的视图的信息。

(3)USER_VIEWS：存放用户拥有的视图的信息。

它们各自有 3 个字段：视图名 VIEW_NAME，视图文本长度 TEXT_LENGTH，视图文本 TEXT。其中 TEXT 字段比较有用，它反映了创建该视图的语句。

【示例 6-5】　查看 USER_VIEWS 数据字典中定义的视图信息，代码如下：

```
SQL>SELECT view_name,text FROM USER_VIEWS;
```

VIEW_NAME	TEXT
AQDEF_AQCALL	SELECT q_name QUEUE,msgid MSG_ID,corrid CORR_ID,priority MSG_PRIORITY,decode
AQDEF_AQERROR	SELECT q_name QUEUE,msgid MSG_ID,corrid CORR_ID,priority MSG_PRIORITY,decode
AQ$_DEF$_AQCALL_F	SELECT qt. q_name Q_NAME,qt. rowid ROW_ID,qt. msgid MSGID,qt. corrid CORRID,qt. p
AQ$_DEF$_AQERROR_F	SELECT qt. q_name Q_NAME,qt. rowid ROW_ID,qt. msgid MSGID,qt. corrid CORRID,qt. p

……

已选择 13 行。

4. 删除视图

删除视图的操作很简单，使用 DROP VIEW 命令。同时将视图定义从数据字典中删除，基于视图的权限也同时被删除，其他涉及该视图的函数、视图、程序等都将被视为非法。

【示例 6-6】　将视图 press_view 删除，代码如下：

```
SQL>DROP VIEW press_view;
视图已删除。
```

知识点 4　序列和同义词

1. 序列

在创建表时，通常通过指定数据表的主键值来保证数据表的实体完整性。使用手工指定主键值这种方式,由于主键值不允许重复,因此它要求操作人员在指定主键值时自动判断添加的值是否已经存在,这明显是不可取的。Oracle 中提供了序列对象,序列表示自动生成一个整数序列,主要用来自动为表中的主键列提供有序的唯一值,这样就可以避免在向表中添加数据时手工指定主键值。

(1)创建序列

序列与视图一样,并不占用实际的存储空间,只是在数据字典中保存它的定义信息。在当前用户模式中创建序列时,必须具有 CREATE SEQUENCE 系统权限。要在其他模式中创建序列,必须具有 CREATE ANY SEQUENCE 系统权限。

创建序列需要使用 CREATE SEQUENCE 语句,其语法如下:

```
CREATE SEQUENCE <sequence_name>
[START WITH start_number]
[INCREMENT BY increment_number]
[MINVALUE minvalue|NOMINVALUE]
[MAXVALUE maxvalue|NOMAXVALUE]
[CHCHE cache_number|NOCACHE]
[CYCLE|NOCYCLE]
[ORDER|NOORDER];
```

语法说明如下:

①sequence_name:创建的序列名。

②START WITH start_number:指定序列的起始值。如果序列是递增的,则其默认值为MINVALUE 参数值;如果序列是递减的,则其默认值为 MAXVALUE 参数值。

③INCREMENT BY increment_number:指定序列的增量。如果 increment_number 为正数,则表示创建递增序列,否则表示创建递减序列,默认值为 1。

④MINVALUE minvalue | NOMINVALUE:指定序列最小整数值。如果指定为NOMINVALUE,则表示递增序列的最小值为 1,递减序列的最小值为 -10^{26},默认为NOMINVALUE。

⑤MAXVALUE maxvalue | NOMAXVALUE:指定序列的最大整数值。如果指定为NOMAXVALUE,则表示递增序列的最大值为 10^{27},递减序列的最大值为 -1,默认为NOMAXVALUE。

⑥CHCHE cache_number | NOCACHE:指定在内存中预存储的序列号的个数。默认为20 个,最少为 2 个。

⑦CYCLE|NOCYCLE:指定是否循环生成序列号。如果指定为 CYCLE,表示循环,当递增序列达到最大值时,重新从最小值开始生成序列号,当递减序列达到最小值后,重新从最大值开始生成序列号,默认为 NOCYCLE。

⑧ORDER | NOORDER:指定是否按照请求次序生成序列号。ORDER 表示是,NOORDER 表示否,默认为 NOORDER。

【示例 6-7】 创建一个名为 book_seq 的序列,用于给 books 表的 book_id 列产生序列使用。要求起始值为 10000001,自动增长为 1,不循环生成序列号,按照请求次序生成序列号。代码如下:

```
SQL>CREATE SEQUENCE book_seq
 2  START WITH 10000001
```

```
    3    INCREMENT BY 1
    4    NOCACHE
    5    NOCYCLE
    6    ORDER;
```
序列已创建。

（2）使用序列

在使用序列之前，首先介绍序列中的两个伪列，它们是：

①CURRVAL：用于获取序列的当前值。使用形式为＜sequence_name＞. CURRVAL。必须在使用一次 NEXTVAL 之后才能使用此伪列。

②NEXTVAL：用于获取序列的下一个值。使用序列向表中的列自动赋值时，就是使用此伪列。使用形式为＜sequence_name＞. NEXTVAL。

【示例 6-8】 创建一个表名为 book_new 的示例数据表，代码如下：
```
SQL＞CREATE TABLE book_new
    2    (
    3    book_id NUMBER(8) PRIMARY KEY,              ——书号
    4    book_name VARCHAR2(100) NOT NULL,    ——图书名称
    5    book_author VARCHAR2(100)              ——作者
    6    );
```
表已创建。

【示例 6-9】 向 book_new 表中添加记录，使用前面创建的 book_seq 序列，为表中的 book_id 列自动赋值。代码如下：
```
SQL＞INSERT INTO book_new
    2    VALUES(book_seq. NEXTVAL,'Oracle 实用教程(第 2 版)','郑阿奇主编');
```
已创建 1 行。
```
SQL＞INSERT INTO book_new
    2    VALUES(book_seq. NEXTVAL,'SQL Server 2005 数据库基础','吴伶琳  杨正校主编');
```
已创建 1 行。

显示 book_new 表中的内容：
```
SQL＞SELECT  *  FROM book_new;
BOOK_ID          BOOK_NAME                          BOOK_AUTHOR
————        ——————————            ——————
10000001        Oracle 实用教程(第 2 版)          郑阿奇主编
10000002        SQL Server 2005 数据库基础        吴伶琳  杨正校主编
```
从查询的结果来看，虽然添加数据时没有为 book_id 列指定具体的值，但是序列已经为该列自动赋值了。

（3）修改序列

序列可以使用 ALTER SEQUENCE 语句进行修改，其他参数与 CREATE SEQUENCE 语句相同。修改序列的参数必须要注意以下事项：不能修改序列的起始值、序列的最小值不能大于当前值、序列的最大值不能小于当前值。

【示例 6-10】 修改 book_seq 序列，增量为 5，最大值为 80000000，循环生成序列号，代码如下：
```
SQL＞ALTER SEQUENCE book_seq
```

```
2   INCREMENT BY   5
3   MAXVALUE 80000000
4   CYCLE
5   NOCACHE;
```

序列已修改。

（4）删除序列

序列可以使用 DROP SEQUENCE 语句删除，其语法如下：

```
DROP SEQUENCE sequence_name;
```

【示例 6-11】　删除 book_seq 序列，代码如下：

```
SQL>DROP SEQUENCE book_seq;
```

序列已删除。

2. 同义词

（1）同义词概述

同义词是表、索引等模式对象的一个别名。同义词只是数据库对象的一个替代名，在使用同义词时，Oracle 会将其翻译为对应的对象名称。同义词只在数据字典中保存其定义描述，并不占用实际的存储空间。

在开发数据库应用程序时，在代码中应尽量避免直接引用表、视图的对象名称，而使用这些对象的同义词，这样可以避免当数据库管理员对数据库对象做出修改和变动时，必须重新编译应用程序。

Oracle 中同义词分为两类：

①公有同义词：在数据库中的所有用户都可以使用。

②私有同义词：由创建它的用户私人拥有，但用户可以控制其他用户是否有权使用自己的同义词。

（2）创建同义词

创建同义词的语法如下：

```
CREACE  ［PUBLIC］ SYNONYM synonym_name FOR schema_object;
```

语法说明如下：

①PUBLIC：指定创建的同义词是公有同义词，如果无该选项，则表示是私有同义词。

②synonym_name：创建的同义词名称。

③schema_object：指定同义词所代表的对象名。

【示例 6-12】　在 system 用户模式下为 books 数据表创建一个公有同义词"图书"，代码如下：

```
SQL>CREATE PUBLIC SYNONYM 图书 FOR book.books;
```

同义词已创建。

使用同义词查询图书表的数据，代码如下：

```
SQL>SELECT  * FROM  图书;
```

（3）删除同义词

删除同义词，需要使用 DROP SYNONYM 语句。如果是删除公有同义词，还需要指定 PUBLIC 关键字。其语法如下：

```
DROP [PUBLIC] SYNONYM synonym_name;
```

【示例 6-13】 删除公有同义词"图书",代码如下:

SQL>DROP PUBLIC SYNONYM 图书;

同义词已删除。

任务 6.1 图书销售管理数据库中索引的使用

在图书销售管理系统中经常要进行数据查询工作,如查询指定供应商供应的图书信息、查询指定类别的图书信息、统计图书销售情况等。为了提高数据的查询效率,Oracle 提供了索引对象,以便实现快速数据查询。

子任务 1 创建图书销售管理数据库的 B 树索引

【任务分析】

Oracle 数据库系统提供了 B 树索引,B 树索引是一种最常用的索引类型,适用于查询列的值很少出现重复的情况,可以实现查询数据的快速定位。

在图书销售管理系统中经常进行供应商信息查询、出版社信息查询、图书信息查询以及客户信息查询等。本任务根据图书销售管理系统的查询功能需求,为图书销售管理数据库的供应商表 suppliers、出版社表 presses、图书表 books、客户表 clients 建立 B 树索引。

【任务实施】

1. 为图书销售管理数据库的供应商表 suppliers 的供应商名称列建立 B 树索引

(1)使用 SQL Plus 工具连接到数据库 book,操作过程请参考任务 2。如果当前连接的不是 book 数据库,也可以在连接到默认数据库后,使用 connect 命令连接到指定的数据库。

(2)在 SQL Plus 编辑窗口中建立供应商表的 B 树索引,索引名称为 suppliername_idx,存储到 bookspace 表空间,代码如下:

```
SQL>CREATE INDEX suppliername_idx ON suppliers(supplier_name)
  2   TABLESPACE BOOKSPACE;
索引已创建。
```

2. 为图书销售管理数据库的出版社表 presses 的出版社名称列建立 B 树索引

(1)连接到数据库 book。

(2)在 SQL Plus 编辑窗口中输入建立出版社表的 B 树索引,索引名称为 pressname_idx,存储到 bookspace 表空间的 SQL 语句,代码如下:

```
SQL>CREATE INDEX pressname_idx ON presses(press_name) TABLESPACE BOOKSPACE;
索引已创建。
```

3. 为图书销售管理数据库的图书表 books 的图书名称列建立 B 树索引

(1)连接到数据库 book。

(2)在 SQL Plus 编辑窗口中输入建立图书表的 B 树索引,索引名称为 bookname_idx,存储到 bookspace 表空间的 SQL 语句,代码如下:

```
SQL>CREATE INDEX bookname_idx ON books(book_name) TABLESPACE BOOKSPACE;
索引已创建。
```

子任务 2　创建图书销售管理数据库的位图索引

【任务分析】

位图索引适用于表中的列具有较小的基数,在创建位图索引时,必须在语句中使用 BITMAP 关键字,同时位图索引不能是唯一索引,也不能对其进行键压缩。

图书销售管理系统中按类别查询图书信息,在图书表中类别列的值占总记录的百分比在 1%左右,如果建立 B 树索引,将大大降低数据查询的效率,这种情况下必须要建立位图索引。本任务为图书表 books 建立位图索引。

【任务实施】

(1)连接到数据库 book。

(2)在 SQL Plus 编辑窗口中输入建立图书表 books 位图索引,索引名称为 typeid_bitmap,存储到 users 表空间的 SQL 语句,代码如下:

```
SQL>CREATE BITMAP INDEX typeid_bitmap ON books(type_id) TABLESPACE users;
```

索引已创建。

小提示☞:

在表上放置单独的位图索引是无意义的。例如,单独在 books 表的 type_id 列创建位图索引,如果使用该索引进行查询,则会返回表中大部分的行。因此,位图索引的作用来源于与其他位图索引的结合。这样当在多个列上进行查询时,就可以对这些列上的位图进行布尔 AND 和 OR 运算,最终找到所需要的结果。只有对多个列建立索引,用户才能够有效地利用它们。

子任务 3　创建图书销售管理数据库的反向键索引和基于函数的索引

【任务分析】

反向键索引适用于严格排序的列,键的反转对用户而言是完全透明的。用户可以使用常规的方式查询数据,对键的反转由系统自动处理。在创建反向键索引时,必须在创建索引的语句中指定关键字 REVERSE。

创建基于函数的索引,可以提高当在查询条件中使用函数和表达式时查询的执行效率,在创建基于函数的索引时,Oracle 首先会对包含索引列的函数或表达式进行求值,然后对求值后的结果进行排序,最后再存储到索引中。

在创建基于函数的索引时,既可以是普通的 B 树索引,也可以是位图索引。同时在创建基于函数的索引时,不仅可以使用 SQL 函数,也可以使用用户自定义函数。

图书销售管理系统中,有时会按书号来查询图书信息或图书销售信息,为提高查询效率,可以在该列建立反向键索引。

在图书销售管理系统中,查询某年购入的图书信息或销售的图书信息,要使用函数 to_char 函数提取入库日期或销售日期的年份进行比较,则可以在图书入库日期或销售日期列建立基于函数的索引。

本任务对图书销售单表 saleorders 的书号列建立反向键索引,对入库单表 entryorders 和销售单表 saleorders 建立基于函数的索引。

【任务实施】

1. 为图书销售单表 saleorders 的书号(book_id)列建立反向键索引。

(1)连接到数据库 book。

(2)在 SQL Plus 编辑窗口输入建立图书销售单表的反向键索引,索引名称为 saleorder_bookid_idx,存储到表空间 users 中的 SQL 语句,代码如下:

```
SQL>CREATE INDEX saleorder_bookid_idx ON saleorders(book_id) REVERSE TABLESPACE users;
索引已创建。
```

2. 为图书入库单表 entryorders 的入库日期(entry_date)列建立基于函数的索引。

(1)连接到数据库 book。

(2)在 SQL Plus 编辑窗口建立输入图书入库单表基于函数的索引,索引名称为 entryorder_date_idx,存储到表空间 users 中的 SQL 语句,代码如下:

```
SQL>CREATE INDEX entryorder_date_idx
  2   ON entryorders(TO_CHAR(entry_date,'YYYY')) TABLESPACE users;
索引已创建。
```

3. 为图书销售单表 saleorders 的销售日期列(sale_date)建立基于函数的索引,索引名称为 saleorder_date_idx,存储到表空间 users 中,代码参考为图书入库单建立基于函数的索引。

子任务 4　图书销售管理数据库的索引管理

【任务分析】

索引管理除了创建索引之外,还可以进行合并索引、重建索引和删除索引。在图书销售管理系统中经常对各个表进行更新操作,这样在表的索引中会产生越来越多的存储碎片,从而影响索引的工作效率,用户可以通过合并索引和重建索引的方法来解决这个问题。

修改索引的语句为 ALTER INDEX,本任务对图书销售管理数据库建立的索引进行合并、重建和删除。

【任务实施】

1. 合并图书销售管理数据库中图书表 books 的索引 bookname_idx

合并索引只是简单地把 B 树索引的叶子节点中的存储碎片合并在一起,并不会改变物理组织结构,所以执行合并索引操作的代价较小。

语法格式为:

```
ALTER INDEX indexname COALESCE
```

(1)连接到 book 数据库。

(2)在 SQL Plus 编辑窗口输入合并图书销售管理数据库的索引 bookname_idx 的 SQL 语句,代码如下:

```
SQL>ALTER INDEX bookname_idx COALESCE;
索引已更改。
```

2. 重建图书销售管理数据库中出版社表 presses 的索引 pressname_idx

重建索引是在指定的表空间中删除原来的索引,再重新建立一个索引,执行重建索引操作的代价较大。

语法格式为:

```
ALTER INDEX indexname REBUILD
```

（1）连接到 book 数据库。

（2）在 SQL Plus 编辑窗口输入重建图书销售管理数据库的索引 pressname_idx 的 SQL 语句，代码如下：

SQL＞ALTER INDEX pressname_idx   REBUILD;

索引已更改。

3. 把图书销售管理数据库中出版社表 suppliers 中的索引 suppliername_idx 删除

语法格式为：

```
DROP INDEX [schema.]indexname [FORCE]
```

语法说明：

①schema：包含索引的模式。

②index_name：索引的名称。

③FORCE：强制删除，即使索引类型程序调用返回错误或者索引被标记为处理中，该索引同样被删除。

（1）连接到 book 数据库。

（2）在 SQL Plus 编辑窗口输入删除图书销售管理数据库的索引 suppliername_idx 的 SQL 语句，代码如下：

SQL＞DROP INDEX suppliername_idx;

索引已删除。

说明：若要删除与主键或唯一键约束相关的索引，必须先删除这些约束。

任务 6.2   图书销售管理数据库中外部表的应用

在图书销售管理系统中，经常接收到供应商或出版社的图书信息，接收到的信息大部分都是 Excel 文件，那么在系统中如何导入或应用这些外部的数据问题就提到了用户的面前。Oracle 提供了外部表来实现这项功能。

外部表是引用数据库之外的文件系统中存储数据的一种只读表，外部表所要读取的数据存储在 Oracle 数据库外部的文件中，如文本文件、Excel 文件，并且只能读取外部文件中的数据，不能进行数据的写入。使用外部表无需将数据复制到数据库中，可以让数据保留在普通的文件中，并且允许数据库对其进行实时读取。

子任务 1   读取文本文件中的数据

图书销售管理系统
中外部表的应用

【任务分析】

使用 Oracle 的外部表，可以将一个格式化的文本文件或 Excel 文件等虚拟成数据库的表，并且可以使用 Select 语句进行访问表中的数据。

Oracle 读取外部文件，必须要创建目录对象和外部表，然后通过 SQL 语句读取外部表链接的外部文件中的数据。

1. 创建目录对象

在 Oracle 中创建目录对象用来指向外部文件所存放的磁盘文件夹。创建目录对象登录用户必须具有 CREATE ANY DIRECTORY 权限。

基本格式如下：

```
CREATE DIRECTORY   exterior_data   as   磁盘路径
```

2. 创建外部表

创建外部表,仍使用 CREATE TABLE 语句,并添加 ORGANIZATION EXTERNAL 子句。格式如下:

```
CREATE TABLE   table_name
(
……
)
ORGANIZATION EXTERNAL(
TYPE driver_interface
DEFAULT DIRECTORY   directory_object
LOCATION('filename')
ACCESS PARAMETERS(Fields terminated by 'separative_sign')
);
```

ORGANIZATION EXTERNAL 子句选项说明如下:

(1)TYPE:用来指定访问外部表数据文件时所应用的访问驱动程序,该程序可以将数据从它们最初的格式转为可以向服务器提供的格式,默认访问驱动程序是 ORACLE_LOADER。

(2)DEFAULT DIRECTORY:用来指定所使用的目录对象,该目录对象指向外部数据文件所在目录。

(3)LOCATION:用来指定源数据文件名称。

(4)ACCESS PARAMETERS:用来设置访问驱动程序进行数据格式转换时的参数。

(5)FIELDS TERMINATED BY:用来指定字段之间的分隔符。

小提示 :

在创建外部表时,表中的字段数量、各个字段的数据类型必须与外部文件的数据格式一致,并且不能为表中的字段指定主键约束、唯一约束和空值约束等。

3. 外部表错误的处理

在将外部文件中的数据转换为外部表时,源数据文件中的数据类型转换为表定义的数据类型时,有可能会出现错误,如指定的分隔符不符合要求,这会导致数据类型转换出错。在创建外部表时,可以指定一些子句来对错误进行处理。关于错误的子句主要包括 REJECT LIMIT、BADFILE 和 LOGFILE。

(1)REJECT LIMIT 子句

在创建外部表时,如果使用 REJECT LIMIT 子句,可以指定在数据类型转换期间允许出现的错误个数。默认情况下,REJECT LIMIT 子句指定的数值为 0,即不允许错误发生。可以在使用 REJECT LIMIT 子句时设置允许出现的错误数为 UNLIMITED,则在查询时不会出现失败。如果外部数据文件中的所有记录都由于转换错误而失败,那么查询结果将返回 0 行,即"未选定行"。

(2)BADFILE 和 NOBADFILE 子句

如果在创建外部表时使用 BADFILE 子句,则将所有不能转换的数值都写入 BADFILE 子句指定的文件中。如果在创建外部表时使用了 NOBADFILE 子句时,Oracle 将忽略数据类型转换错误。如果用户在创建表时没有规定 BADFILE 和 NOBADFILE 子句,默认情况下,Oracle 将自动建立一个名称与外部表相同,但扩展名为. bad 的文件,并且该文件与数据文件位于同一个目录中。

(3)LOGFILE 和 NOLOGFILE 子句

在建立外部表时经常会发生错误,如操作系统限制 Oracle 读取文件、数据文件不存在。当发生错误时,Oracle 将在日志文件中记录这些错误。LOGFILE 子句用来指定一个记录错误信息的日志文件,NOLOGFILE 子句则不会将错误信息写入任何日志文件中。

在创建外部表时如果没有规定 LOGFILE 或 NOLOGFILE,则 Oracle 将会默认建立一个 LOGFILE 文件,该文件的名称与外部表相同,扩展名为.log,该文件与数据文件位于同一个目录中。

4.外部表的局限性

(1)外部表只能用于查询,不能写入数据。

外部表在读取外部文件中的数据时,其实数据并没有存放到 Oracle 数据库,仍然存放在外部数据文件中,因此外部表是只读的,只能够用于查询数据。Oracle 没有提供相应的方法去更新或删除这些表中的记录,当需要对外部表中的数据进行修改时,只能通过直接修改数据文件实现。

(2)外部表不能建立索引

Oracle 不能在外部表上建立索引,这就表明在每次使用 SELECT 查询表时,Oracle 都需要进行完全搜索外部表,当表比较大时,将严重影响查询的执行效率。

本任务使用 Oracle 的外部表读取供应商提供格式化的文本文件图书信息,基本步骤是建立格式化的文本文件、建立 Oracle 外部表文件结构和使用 Select 语句读取外部表文件。

【任务实施】

1.创建或取得供应商提供的格式化文本文件图书信息,分隔符为逗号,文件名为 books.txt,保存在"D:\exterior"文件夹中。如图 6-3 所示。

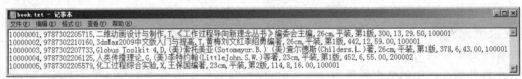

图 6-3　图书信息文本文件 books.txt 数据内容

小提示:

外部文件可以是文本文件,也可以是 Excel 文件,但要注意必须是格式化的文件,尤其是各字段的值不要出现分隔符字符。

2.创建目录对象,指向文本文件所存放的磁盘文件夹,在 SQL Plus 界面中输入如下代码:

SQL>CREATE DIRECTORY exterior_data AS 'D:\exterior';

3.针对上述所建立的图书信息文本文件和目录对象,创建 Oracle 外部表,表名为"exterior_books",在 SQL Plus 界面中输入如下代码:

```
SQL>CREATE TABLE exterior_books
  2  (book_id        VARCHAR2(10)
  3  ,book_isbn      VARCHAR2(20)
  4  ,book_name      VARCHAR2(100)
  5  ,type_id        VARCHAR2(4)
  6  ,book_author    VARCHAR2(100)
```

```
 7     ,book_format         VARCHAR2(10)
 8     ,book_frame          VARCHAR2(10)
 9     ,book_edition        VARCHAR2(10)
10     ,book_pageCount      INTEGER
11     ,book_num            INTEGER
12     ,book_price          NUMBER(7,2)
13     ,press_id            VARCHAR2(6)
14     )
15     ORGANIZATION EXTERNAL
16     (
17     TYPE oracle_loader
18     DEFAULT DIRECTORY exterior_data
19     ACCESS PARAMETERS(fields terminated by ',')
20     LOCATION('books.txt')
21     )
22     REJECT LIMIT UNLIMITED;
表已创建。
```

4. 在 Oracle Enterprise Manager 管理器的 SQL 工作表中使用 SELECT 语句查询外部表 exterior_books 的数据,如图 6-4 所示。

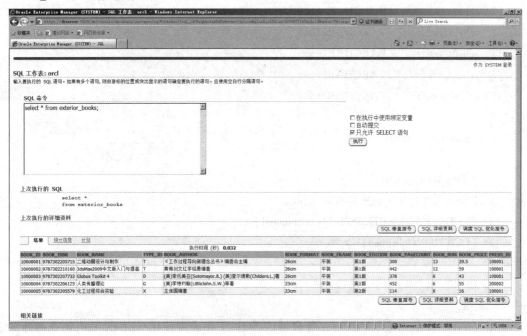

图 6-4　查询 exterior_books 外部表数据

子任务 2　读取 Excel 文件中的数据

【任务分析】

使用 Oracle 的外部表,不仅可以读取格式化的文本文件,还可以读取 Excel 文件,并使用 SELECT 语句进行表中数据的访问。

本任务是读取保存在 Excel 文件中的客户信息数据，并将其添加到基本表 clients 中。

【任务实施】

1. 创建或取得供应商提供的 Excel 格式文件图书信息，文件名为 clients. csv，保存在“D:\data”文件夹中。该类型的文件可以被 Excel 软件使用，如图 6-5 所示。

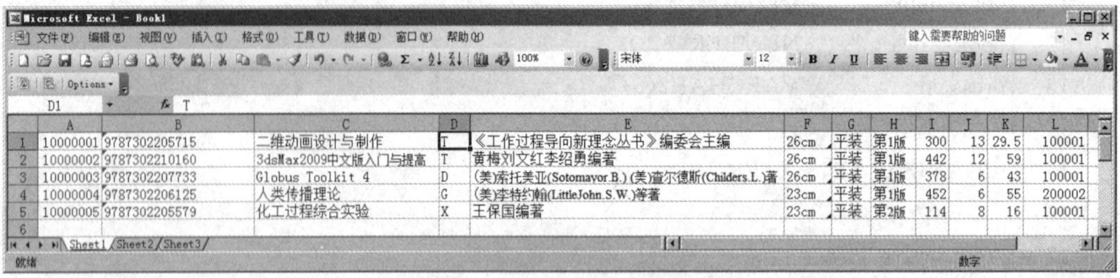

	A	B	C	D	E	F	G	H	I	J	K	L
1	10000001	9787302205715	二维动画设计与制作	T	《工作过程导向新理念丛书》编委会主编	26cm	平装	第1版	300	13	29.5	100001
2	10000002	9787302210160	3dsMax2009中文版入门与提高	T	黄梅刘文红李绍勇编著	26cm	平装	第1版	442	12	59	100001
3	10000003	9787302207733	Globus Toolkit 4	D	(美)索托美亚(Sotomayor.B.) (美)查尔德斯(Childers.L.)著	26cm	平装	第1版	378	6	43	100001
4	10000004	9787302206125	人类传播理论	G	(美)李特约翰(LittleJohn.S.W.)等著	23cm	平装	第1版	452	6	55	200002
5	10000005	9787302205579	化工过程综合实验	X	王保国编著	23cm	平装	第2版	114	8	16	100001

图 6-5 clients. csv 文件中的数据内容

2. 创建目录对象，如果存在目录对象，则不必建立。代码如下：

```
Create directory exterior_data  as  'D:\data'
```

3. 针对上述所提供的图书信息 Excel 文件和目录对象，创建 Oracle 外部表，表名为“exterior_clients”，在 Oracle Enterprise Manager 管理器的 SQL 工作表中或 SQL Plus 界面输入代码如下：

```
SQL>CREATE TABLE exterior_clients
  2  (client_id        VARCHAR2(10)
  3  ,client_name      VARCHAR2(30)
  4  ,client_address   VARCHAR2(100)
  5  ,client_phone     VARCHAR2(20)
  6  ,client_email     VARCHAR2(30)
  7  )
  8  organization external
  9  (
 10  TYPE oracle_loader
 11  DEFAULT DIRECTORY exterior_data
 12  ACCESS PARAMETERS(fields terminated by ',')
 13  LOCATION('clients. csv')
 14  )
 15  REJECT LIMIT UNLIMITED;
表已创建。
```

4. 在 Oracle Enterprise Manager 管理器的 SQL 工作表中使用 SELECT 语句查询外部表 exterior_clients 的数据，如图 6-6 所示。

5. 使用 INSERT 语句将外部表 exterior_clients 读取的数据追加到基本表 clients 中。代码如下：

```
SQL>INSERT INTO clients SELECT * FROM exterior_clients;
```

小提示☞：

使用此命令时，必须保证 clients 表与 exterior_clients 表的结构相同。

图 6-6　查询 exterior_clients 外部表数据

任务 6.3　图书销售管理数据库中索引组织表和分区表的应用

根据图书销售管理系统的功能以及用户对图书销售管理系统软件的数据需求，如果全部创建基本表(堆表)将不能满足用户快速查询数据和存储大量数据的要求，Oracle 提供了索引组织表和分区表来实现用户的大数据量需求。

子任务 1　建立存储客户信息的索引组织表

【任务分析】

索引组织表为精确匹配和范围搜索的数据查询提供了快速访问。索引组织表不仅存放数据，而且存放索引数据。

本任务是为图书销售管理数据库建立存储客户信息的索引组织表 client_tableindex。

【任务实施】

(1)连接到数据库 book。

(2)在 SQL Plus 界面输入为图书销售管理数据库建立存储客户信息的索引组织表 clients_tableindex 的 SQL 语句，代码如下：

```
SQL>CREATE TABLE clients_tableindex
  2  (client_id          VARCHAR2(10) PRIMARY KEY
  3  ,client_name        VARCHAR2(30) NOT NULL
  4  ,client_address     VARCHAR2(100)
  5  ,client_phone       VARCHAR2(20)
  6  ,client_email       VARCHAR2(30)
  7  )
```

```
8    ORGANIZATION INDEX
9    ;
```

表已创建。

注意：建立索引组织表在语句中必须要添加 ORGANIZATION INDEX 选项。

子任务 2　建立存储图书销售信息数据的分区表

【任务分析】

图书销售管理系统中存储着大量的图书销售信息数据，当图书销售信息的存储容量大于几 GB 或者更多时，为了提高数据的读写和查询速度，Oracle 提供了分区表技术来实现。

本任务是为图书销售管理数据库建立存储图书信息的分区表 saleorders_part，分区表按销售日期进行分区。

【任务实施】

(1)连接到数据库 book。

(2)在 SQL Plus 界面输入 SQL 语句，为图书销售管理数据库创建销售单的范围分区表 saleorders_part，要求 2010 年以前的记录存放到 mypart1 分区，2010~2012 年的记录存放到 mypart2 分区，其他记录保存在 mypart3 分区，存储到表空间 bookspace 中。代码如下：

```
SQL>CREATE TABLE saleorders_part
 2  (saleorder_id        VARCHAR2(10)
 3  ,book_id             VARCHAR2(10) REFERENCES books(book_id) ON DELETE CASCADE
 4  ,sale_date           DATE
 5  ,book_num            INTEGER
 6  ,book_price          NUMBER(7,2)
 7  ,client_id           VARCHAR2(10)
 8  ,emp_id              VARCHAR2(10)
 9  ,PRIMARY KEY(saleorder_id,book_id)
10  )
11  PARTITION BY RANGE(sale_date)
12  (
13  PARTITION mypart1 VALUES LESS THAN('01-1-2010') TABLESPACE bookspace,
14  PARTITION mypart2 VALUES LESS THAN('01-1-2012') TABLESPACE bookspace,
15  PARTITION mypart3 VALUES LESS THAN(MAXVALUE) TABLESPACE bookspace
16  );
```

表已创建。

说明：在创建分区表前，必须保证当前数据库已经存在的表空间，以便于将不同的分区指定到不同的表空间中。

任务 6.4　创建图书销售管理数据库的视图

查询是管理信息系统必备的功能之一。图书销售管理系统中经常要对数据进行查询，在查询过程中会使用一个数据表或多个数据表。例如在供应商管理子系统中包括对供应商信息的查询,可以按供应商编号或供应商名称完成查询。在图书信息管理子系统中包括对图书综合信息的查询,如查询图书信息以及出版社和供应商信息等,这样就用到了多个基本表,表与表之间必须要建立连接,因而书写查询语句较为复杂,程序代码也会增加复杂度。Oracle 提供了视图对象来解决这个问题,视图是从一个或多个表中导出的虚拟表,视图建立后可多次使用,同时视图限制了用户直接访问基本表的数据,保证了数据的安全性和可靠性。

子任务 1　建立查询图书采购情况的视图

【任务分析】

根据图书销售管理系统的功能需求,用户查询图书采购的图书信息,对应的 SELECT 查询命令是:

SELECT book_name AS　图书名称,book_isbn AS　标准书号,book_author AS　作者,entry_number AS 入库数量,entry_date AS 入库日期,supplier_name AS 供应商名称

FROM suppliers,books,entryorders

WHERE suppliers. supplier_id＝entryorders. supplier_id AND entryorders. book_id＝book. book_id;

上述查询命令中用到了供应商表、入库单表和图书表。由于查询涉及多个数据表,则必须要建立表与表之间的联系,这样无疑增加了书写查询语句的复杂性。本任务建立一个视图 suppliers_view,用于查询图书采购的情况。

【任务实施】

1.建立查询供应商供应图书的视图,视图名称为 suppliers_view,要求查询供应商名称、书名、标准书号、作者、入库数量和入库日期信息,并要求创建的视图为只读。

(1)连接到数据库 book。

(2)在 SQL Plus 窗口中输入创建视图 suppliers_view 的 SQL 语句,代码如下:

```
SQL＞CREATE VIEW suppliers_view(图书名称,标准书号,作者,入库数量,入库日期,供应商名称)
  2  AS
  3  SELECT book_name,book_isbn,book_author,entry_number,entry_dat,supplier_name
  4  FROM suppliers,books,entryorders
  5  WHERE suppliers. supplier_id＝entryorders. supplier_id AND entryorders. book_id＝
  6  books. book_id;
```

2.利用视图 suppliers_view 查询从"大连新华书店"购入的图书信息,并按入库日期升序排序,代码如下:

```
SQL＞SELECT ＊ FROM　suppliers_view
  2  WHERE　供应商名称＝'大连新华书店'
  3  ORDER BY　入库日期 ASC;
```

从上述查询命令中可以看出,当从视图中查询数据时,则不必重复建立数据表之间的联系,只需添加必要的查询条件,另外通过 suppliers_view 视图不仅可以按供应商名查询,也可以按入库日期查询指定日期或日期范围内所采购的图书信息。

小提示☞:

在上述代码条件中不能使用 supplier_name 列名,而使用在定义视图时指定的 supplier_name 字段的别名,即供应商名称。另外在建立视图时不允许使用排序子句,如果要排序则应在使用视图查询时再指定 ORDER BY 子句。

子任务 2　建立综合查询图书信息的视图

【任务分析】

在图书销售管理系统的图书信息管理子系统中，可以实现多种方式综合查询图书信息，例如查询某出版社出版的图书信息、查询某类别的图书信息、查询某作者编写的图书信息等。

本任务建立一个通用的图书信息查询视图，用于实现多种方式综合查询图书信息，视图名称为 books_view。

【任务实施】

1. 建立综合查询图书信息的视图，视图名称为 books_view，要求视图中包含书号、图书名称、作者、类别名称、开本、版次、出版日期、图书单价、库存数量、出版社名称等信息。

（1）连接到 book 数据库。

（2）在 SQL Plus 界面中输入建立综合查询图书信息的 SQL 语句，代码如下：

```
SQL＞CREATE VIEW books_view(书号,图书名称,作者,类别名称,开本,版次,出版日期,图书单价,
库存数量,出版社名称)
  2    AS
  3    SELECT book_id,book_name,book_author,type_name,book_format,book_
  4    edition,book_date,book_price,book_num,press_name
  5    FROM    type,books,presses
  6    WHERE    type. type_id＝books. type_id AND books. press_id＝presses. press_id;
视图已创建。
```

2. 使用视图 books_view 查询"大连理工大学出版社"出版的图书信息，要求只查询书号、图书名称、作者、库存数量、出版日期，并按出版日期降序排序，代码如下：

```
SQL＞SELECT 书号,图书名称,作者,库存数量,出版日期
  2    FROM    books_view
  3    WHERE    出版社名＝'大连理工大学出版社'
  4    ORDER BY    出版日期 DESC;
```

3. 使用视图 books_view 查询"工业技术"类图书的库存信息，要求只查询书号、图书名称、作者、库存数量、出版日期，并按库存数量升序排序，代码如下：

```
SQL＞SELECT    书号,图书名称,作者,库存数量,出版日期
  2    FROM    books_view
  3    WHERE    类别名称＝'工业技术'
  4    ORDER BY    库存数量 ASC;
```

子任务 3　建立查询图书销售情况的视图

【任务分析】

图书销售是图书销售管理系统的重要功能，用户经常要进行图书销售情况的查询与分析汇总，例如按书号汇总图书的销售数量合计、查询在指定销售日期范围内图书的销售情况等，这样必须要涉及图书、销售单、客户以及出版社等多个数据表。

本任务建立查询和统计图书销售情况的视图，用于实现图书销售信息的查询与汇总统计，视图名称为 saleorders_view。

【任务实施】

1. 建立查询和统计图书销售情况的视图,视图名称为 saleorders_view,要求视图中包含书号、图书名称、作者、出版日期、图书单价、销售数量、出版社名称、客户名称、销售日期和销售单号等信息。

(1)连接到 book 数据库。

(2)在 SQL Plus 窗口中输入建立查询和统计图书销售情况视图的 SQL 语句,代码如下:

```
SQL >CREATE VIEW saleorders_view(书号,图书名称,作者,出版日期,销售单价,销售数量,出版社
    名称,客户名称,销售日期,销售单号)
  2   AS
  3   SELECT book. book_id,book_name,book_author,book_date,
  4   saleorders. sale_price,sale_num,press_name,client_name,sale_date,sale_id
  5   FROM books,presses,saleorders,clients
  6   WHERE book. book_id＝saleorders. book_id and books. press_id＝presses. press_id AND
  7   clients. client_id＝saleorders. client_id;
```

2. 使用视图 saleorders_view 查询 2013 年 5 月份销售的图书信息,要求只查询书号、图书名称、作者、销售数量、销售日期和客户名称,并按销售日期和书号升序排序,SQL 语句代码如下:

```
SQL>SELECT   书号,图书名称,作者,销售数量,销售日期,客户名称
  2   FROM   saleorders_view
  3   WHERE YEAR(销售日期)＝2013 AND MONTH(销售日期)＝5
  4   ORDER BY   销售日期,书号;
```

3. 使用视图 saleorders_view 按书号统计各种图书的销售数量合计在 10 册以上图书的书号、图书名称、销售数量合计,并按销售数量合计降序排序,代码如下:

```
SQL>SELECT   书号,图书名称,sum(销售数量) as   销售数量合计
  2   FROM   saleorders_view
  3   GROUP BY   书号 HAVING   SUM(销售数量)＞10
  4   ORDER BY   销售数量合计 DESC;
```

任务 6.5　图书销售管理数据库中序列和同义词的应用

在图书销售管理系统中必须保证基本表中记录的唯一性,如供应商表中的供应商编号、图书表中的书号、出版社表中的出版社编号等都是不允许重复的。实现数据表记录唯一性,一种方法是通过建立主键来实现,另一种方法是通过 Oracle 提供的用于产生一系列唯一数字的序列来实现。通过建立主键虽然能保证数据记录的唯一,但程序员在添加记录时必须要随时考虑主键的当前值,防止出现重复值。而使用序列可以实现自动产生主键值,并为所有用户生成不重复的顺序数字,而且不需要任何额外的 I/O 开销。为此在图书销售管理数据库中可以为基本表专门建立一个序列,用来存放记录的序列值。

子任务 1　创建应用于入库单表和销售单表的序列

【任务分析】

图书销售管理数据库入库单表和销售单表分别用来存储从供应商采购图书和向客户销售

图书的数据信息,为保证数据的完整性,为入库单表和销售单表分别定义了 ID 列,此列用来存储记录的物理顺序号,是不允许重复的,即主键约束。

本任务为入库单表和销售单表建立两个序列,当向两个表添加数据时分别将序列应用于表的 ID 列。

【任务实施】

1. 为入库单表的 entry_id 列建立序列

(1)连接到 book 数据库。

(2)在 SQL Plus 窗口中为图书销售管理数据库的入库单表建立序列,名称为 entry_seq,序列增量为 1,初始值为 100001,不循环生成序列号,并按请求次序生成序列号,SQL 语句代码如下:

```
SQL>CREATE SEQUENCE entry_seq
  2   START WITH 100001
  3   INCREMENT BY 1
  4   NOCACHE
  5   NOCYCLE
  6   ORDER;
```

序列已创建。

2. 为销售单表的 sale_id 列建立序列

(1)连接到 book 数据库。

(2)在 SQL Plus 界面中为图书销售管理数据库的入库单表建立序列,名称为 sale_seq,序列增量为 1,初始值为 10000001,不循环生成序列号,并按请求次序生成序列号,SQL 语句代码如下:

```
SQL>CREATE SEQUENCE sale_seq
  2   START WITH 10000001
  3   INCREMENT BY 1
  4   NOCACHE
  5   NOCYCLE
  6   ORDER;
```

序列已创建。

3. 序列的应用

(1)向入库单表 entryorders 添加记录,添加记录时使用前面创建的 entry_seq 序列,为表中的 entryorder_id 列自动赋值。代码如下:

```
SQL>INSERT INTO entryorders
  2   VALUES(entry_seq. NEXTVAL,'RKD0000041','10000002',
  3   TO_DATE('2012-12-13','yyyy-mm-dd'),5,29.50,'1005','u1004');
```

已创建 1 行。

(2)向销售单表 saleorders 添加记录,添加记录时使用前面创建的 sale_seq 序列,为表中的 saleorder_id 列自动赋值。代码如下:

```
SQL>INSERT INTO saleorders
  2   VALUES(sale_seq. NEXTVAL,'XSD0000021','10000008',
  3   TO_DATE('2012-04-11','yyyy-mm-dd'),1,29.50,'KH007','u1003'));
```

已创建 1 行。

小提示 ☞:

在向入库单表和销售单表添加记录时,调用了序列的一个伪列 NEXTVAL,表示用于获取序列的下一个值,如果获取当前序列的值,则使用序列的伪列 CURRVAL。

子任务 2 创建销售单数据表的同义词

【任务分析】

在开发图书销售管理系统时,程序代码中尽量避免直接引用基本表、视图或其他模式对象的名字,以保证数据库的安全性和完整性。Oracle 提供了同义词为引用的基本表、视图等对象定义别名。

本任务为图书销售管理数据库的销售单表 saleorders 创建同义词。

【任务实施】

1.创建图书销售单表 saleorders 的同义词,名称为 xsd_syn。

(1)连接到数据库 book。

(2)在 SQL Plus 界面中输入建立查询同义词 xsd_syn 的 SQL 命令,代码如下:

SQL>CREATE PUBLIC SYNONYM xsd_syn FOR book.saleorders;

同义词已创建。

2.应用 xsd_syn 同义词和图书表(books)查询 2012 年销售的图书的书号、图书名称、作者、销售数量和销售日期,代码如下:

```
SQL>SELECT   books.id AS   书号,book_name AS 图书名称,book_author AS 作者,
  2    sale_num AS 销售数量,sale_date AS 销售日期
  3    FROM   xsd_syn,books
  4    WHERE   xsd_syn.book_id=books.book_id AND   YEAR(sale_date)=2012;
```

上述代码中的 xsd_syn 为图书销售单表 saleorders 的同义词,它可以像基本表一样使用。代码执行的结果在此略。

任务小结

为了满足不同类型的数据存储、数据访问和性能需求,Oracle 数据库提供了多种类型的表,除了创建基本表、索引等模式对象外,还可以创建临时表、外部表、分区表、视图、序列和同义词等各种模式对象,使之应用于不同类型的存储要求。

本任务主要介绍索引、外部表、分区表、视图、序列和同义词等其他模式对象。针对图书销售管理系统的功能需求和数据存储的性能要求,重点介绍了索引的概念、作用、分类以及创建,索引组织表和分区表的应用范围及其创建,视图的概述、创建以及使用,序列以及同义词的创建与使用。

任务实训 学生管理系统中索引和其他模式对象的应用

一、实训目的和要求

1.掌握索引的创建和操作

2.掌握外部表的创建和使用

3.掌握索引组织表和分区表的创建和使用

4.掌握视图的创建和使用

5.掌握序列和同义词的使用

二、实训知识准备

1.索引的概念、分类以及创建

2.索引组织表、临时表以及分区表的创建

3.视图的概念、创建以及使用

4.序列和同义词的概念、创建以及使用

三、实训内容和步骤

1.为学生管理数据库的系别表 department 的系号（department_no）列和班级表（classmate）的班号（classmate_no）列创建 B 树索引 deptno_idx 和 classno_idx，存储到 studentspace 表空间。

2.为学生管理数据库的学生表 student 的学生性别（student_sex）列创建位图索引 stdsex_bimpidx，存储到 studentspace 表空间。

3.为学生管理数据库的学生表 student 的学号（student_no）列创建反向键索引 stdno_idx，存储到 studentspace 表空间。

4.为学生管理数据库的学生表 student 的出生日期（student_birthday）列创建基于函数的索引 stdbirthday_idx，存储到 studentspace 表空间。

5.现有 Excel 外部文件 student.csv，分隔符为逗号，保存在 D 盘下的 Excel 文件夹中，先创建目录对象 extrior_data，然后创建外部表 student_extrior，结构同学生表 student，最后使用 SELECT 语句查询外部表中的记录。student.csv 文件内容如下：

```
20120001,于婷,女,1994-01-10,490,10001
20120002,王艺樵,女,1994-12-12,463,10001
20120003,王旨,男,1993-08-08,485,10001
20120004,刘畅,女,1994-11-10,474,10001
20120005,李湾湾,女,1995-01-04,468,10001
20120006,唐纯,女,1994-05-23,458,10002
20120007,高伟闻,女,1995-02-13,481,10002
20120008,张冠男,男,1994-10-29,453,10002
20120009,喻悦,女,1994-01-20,469,10002
20120010,谭睿,女,1995-06-02,495,10002
```

6.为学生管理数据库建立存储课程信息的索引组织表 course_tableidx，结构为包含课程号（course_no）、课程名称（course_name）、学分（course_credit），类型分别为 number，varchar2（30）和 integer。

7.在学生管理数据库中创建学生的范围分区表 student_part，在 student 表的基础上增加入学年份（student_year）列，数据类型为 number。要求 2010 年学生存放到 studentpart1 分区，2012 年的记录存放到 studentpart2 分区，其他记录保存在 studentpart3 分区，存储到表空间 studentspace 中。

8.创建视图 student_view，用于查询学生信息，包括学生编号（student_no）、姓名（student_name）、性别（student_sex）、出生日期（student_birthday）、班级名称（classmate_name）、系部名称（deptment_name）。

9.创建视图 sc_view，用于查询学生选课情况，包括学生编号（student_no）、姓名（student_

name)、性别(student_sex)、课程名称(course_name)和成绩(score)。

10. 利用视图 student_view,查询"网络 0431"班且性别为男的学生的学生编号(student_no)、姓名(student_name)和出生日期(student_birthday)。

11. 利用视图 sc_view,查询选修课程的学生选课信息,包括学生编号(student_no)、姓名(student_name)、课程名称(course_name)和成绩(score)。

12. 在学生表(student)中增加一列 student_id,用来存放学生序号,类型为 number。创建一个序列 student_seq,初始值为 20120001,序列增量为 1,不循环生成序列号,并按请求次序生成序列号。应用该序列向 student 表中添加一条记录,各列值自定。

13. 为学生表(student)创建同义词"学生",并使用同义词"学生"查询性别为男且姓张的学生的信息。

思考与练习

一、填空题

1. Oracle 中,常用的索引类型有_____、_____、_____、_____、_____、_____、_____。

2. Oracle 建议,当一个列的所有取值数量与行的总数的比例小于 1% 时,那么该列不再适合建立 B 树索引,而适用于建立_____索引。

3. _____索引应用于查询语句条件列上包含函数的情况,索引中储存了经过函数计算的索引码值。

4. B 树索引分为_____索引和_____索引两种,创建唯一索引需添加_____选项。

5. 创建位图索引需要在 CREATE INDEX 中添加_____选项。

6. 合并索引主要功能是_____。

7. 外部表是_____,创建外部表必须添加 ORGANIZATION EXTERNAL 子句。

8. 在创建外部表时,如果使用_____子句,可以指定在数据类型转换期间允许出现的错误个数。

9. 外部表只能_____,不能_____,外部表_____(能或不能)建立索引。

10. _____表不仅可以存储数据,而且还可以存储表建立的索引,从而提高查询性能。

11. 创建索引组织表必须添加_____选项,表示建立的表为索引组织表。

12. Oracle 数据库中,提供对表或索引的分区类型有_____、_____、_____、_____、_____。

13. _____是一个或多个表中的数据简化描述,用户可以将其看成一个存储查询或一个虚拟表。

14. 在创建视图时,如果使用_____选项,则表示只能对视图中子查询能够检索的数据行进行 DML 操作。

15. 视图是否可以更新,这取决于定义视图的_____选项,通常情况下,该语句越复杂,创建的视图可以更新的可能性也就_____(越大或越小)。

16. 在不为视图指定列名的情况下,视图列的名称将使用_____。

17. 创建一个序列,该序列的起始数为 10,每次递增 5,当大于 1000 时,序列值重新返回到 10。在空白处填写适当的代码,完成上述要求。

```
CREATE SEQUENCE  seg_test
    _____
    _____
    _____;
```

18. 下列语句用于创建一个同义词,请补充完整:

CREATE _____学生 FOR orcl. student;

19. Oracle 的临时表分为_____临时表和_____临时表。

二、选择题

1. 下面的语句创建了(　　)索引?

CREATE BITMAP INDEX TEST_INDEX

ON STUDENT(STUDENT_NO,STUDENT_NAME)

TABLESPACE USERS

A. B 树索引　　　　　B. 位图索引　　　　C. 反向键索引　　　D. 基于函数的索引

2. 使用 ALTER INDEX……REBUILD 语句不可以执行下面的哪个任务? (　　　)

A. 将反向键索引重建为普通索引　　　　B. 将一个索引移动到另一个表空间

C. 将位图索引更改为普通索引　　　　　D. 将一个索引分区移动到另一个表空间

3. 假设 EMPLOYEE 表包含一个 MARRIAGE 列,用于描述职工的婚姻状况,则应该在该字段上创建(　　)类型的索引。

A. B 树唯一索引　　　　　　　　　　　B. B 树不唯一的索引

C. 基于函数的索引　　　　　　　　　　D. 位图索引

4. 下列关于索引的描述中,(　　)是不正确的。

A. 表是否具有索引不会影响到所使用的 SQL 的编写形式

B. 在为表创建索引后,所有的查询操作都会使用索引

C. 为表创建索引后,可以提高查询的执行速度

D. 在为表创建索引后,Oracle 优化器将根据具体情况决定是否采用索引

5. 如果经常执行类似于下面的查询语句:

Select ＊ FROM student WHERE substr(student_name,0,2)＝'张'

应该为 student_name 列创建(　　)类型的索引。

A. B 树唯一索引　　　　　　　　　　　B. 位图索引

C. B 树不唯一索引　　　　　　　　　　D. 基于函数的索引

6. 如果创建的表其主键可以自动编号,则应该为主键创建(　　)类型的索引。

A. 反向键索引　　　B. B 树索引　　　C. 位图索引　　　D. 基于函数的索引

7. 下列关于索引组织表的说法中,错误的是(　　)。

A. 索引组织表中所有的数据都是以 B 树索引的方式存储的

B. 索引组织表实际上是一个表而不是索引

C. 索引组织表适用于经常需要通过主键字段的值来查询的情况

D. 索引组织表不能通过查询来创建

8. 假设要对商品表进行分区处理，并根据商品的产地进行分区，则应采用(　　)分区方法。

A. 范围分区 B. 散列分区

C. 列表分区 D. 组合范围散列分区

9. 如果允许用户对视图进行更新和插入操作，但是又要防止用户将不符合视图约束条件的记录添加到视图，则在创建视图时指定(　　)选项。

A. WITH GRANT OPTION B. WITH READ ONLY

C. WITH CHECK OPTION D. WITH CHECK ONLY

10. 在下列模式对象中，(　　)对象不会占用实际的存储空间。

A. 视图 B. 表 C. 索引 D. 簇

三、简答题

1. 什么是索引？索引分为哪几种？分别应用于哪种情况？

2. 简述外部表的创建过程。

3. 什么是索引组织表和分区表？应用于哪种情况下的数据表存储？

4. 简述视图的概念以及特点。

5. 解释序列和同义词的含义。

图书销售数据库的用户权限管理

学习重点与难点

- 用户的管理
- 用户配置文件的创建与应用
- 权限的管理
- 角色的管理

学习目标

- 掌握用户帐号和用户配置文件的含义及功能
- 掌握用户帐号的创建
- 掌握系统权限和对象权限的含义及权限的授予与撤销
- 理解角色的含义及作用,学会自定义角色的创建及角色的启用与禁用

工作任务

1. 创建图书销售管理数据库的用户。
2. 授予图书销售管理数据库用户的权限。
3. 图书销售管理数据库用户角色的管理。

预备知识

知识点 1 用 户

Oracle 数据库自带了许多用户,如 system、scott 和 sys 用户等,同时也允许数据库管理员根据需要创建用户。

1. Oracle 的用户

（1）用户概述

在 Oracle 数据库系统中,用户是允许访问数据库系统的有效帐户,是可以对数据库资源进行访问的对象。在数据库系统中必须创建用户帐户并授予帐户相应的数据库访问权限,用户才能够访问数据库。某些用户帐户自动包括在预先配置的数据库中,但是由于安全性的原因,这些帐户大多数都是被锁定的或过期的。

（2）用户类别

在数据库系统中根据完成的工作性质和特点,用户分为三类,分别是数据库管理员（DBA）、数据库开发人员和最终用户。不同类型的用户分别赋予不同的权限,以此限制其工作范畴,同时保证数据库系统的安全。

①数据库管理员

数据库管理员(DBA)用来管理和维护数据库系统的正常运行,负责数据库建立、存储、修改和存储数据库中的信息。其工作职责主要包括数据库安装、数据库配置与管理、权限设置和安全管理、监控和性能调节、数据库备份与恢复和解决数据库其他相关问题。

②数据库开发人员

数据库开发人员,主要完成编写程序,并执行与数据库相关的测试操作,需要数据库管理员配合并赋予较大的权限,相当于一个数据库管理员。

③最终用户

最终用户是指执行与数据库相关的日常操作人员。由于局限于日常事务,权限只控制在完成日常操作,且无较大变化。所以与数据库管理员和数据库开发人员相比,最终用户的权限最小。

2. 用户的管理

在实际应用系统中,数据库的用户一般较多,分别赋予不同的权限履行不同的工作职责,所以数据库管理员应该对用户允许使用的系统资源加以限制,为此必须创建用户并指定配置文件。

(1)创建用户

创建用户使用 CREATE USER 语句,创建用户需具有 CREATE USER 权限。基本语法格式如下:

```
CREATE USER user_name
IDENTIFIED BY password
[DEFAULT TABLESPACE   default_tablespace_name]
[TEMPORARY TABLESPACE temporary_tablespace_name]
[
QUOTA   quota [K|M]|UNLIMITED ON   tablespace_name
[,...]
[PROFILE   profile_name]
[PASSWORD EXPIRE]
[ACCOUNT LOCK|UNLOCK]
];
```

语法说明如下:

①user_name:创建的用户名。

②IDENTIFIED BY password:为用户指定口令。

③DEFAULT TABLESPACE default_tablespace_name:可选项,为用户指定默认表空间,如果不指定此子句,则用户默认表空间为 system。

④TEMPORARY TABLESPACE temporary_tablespace_name:可选项,为用户指定默认的临时表空间,如果不指定此子句,则用户默认临时表空间为 temp。

⑤QUOTA quota [K|M]|UNLIMITED ON tablespace_name:可选项,为用户设置在某表空间上可以使用的字节数。其中 UNLIMITED 表示无限制,默认值。临时表空间不能限制使用限额。

⑥PROFILE profile_name:可选项,为用户指定配置文件,限制用户对系统资源的使用,如果不指定此子句,则为用户指定默认的用户配置文件,即 DEFAULT。

⑦PASSWORD EXPIRE：可选项，将用户口令的初始状态设置为已过期，从而强制用户在登录时修改口令。

⑧ACCOUNT LOCK | UNLOCK：可选项，设置用户的初始状态，LOCK 表示锁定，UNLOCK 表示解锁，默认为 UNLOCK。

【例 7-1】 使用 system 用户连接到 book 数据库，并创建用户 zhangsan，代码如下：

```
SQL>CONNECT system/system
已连接。
SQL>CREATE USER zhangsan
  2   IDENTIFIED BY zhangsan0001
  3   DEFAULT TABLESPACE users
  4   TEMPORARY TABLESPACE temp
  5   QUOTA 20M ON users；
用户已创建。
```

上述代码创建用户 zhangsan，口令为 zhangsan0001，默认表空间为 users，临时表空间为 temp，用户第一次登录时不修改密码。

（2）修改用户

对创建好的用户可以使用 ALTER USER 语句进行修改，可以针对用户修改不同的参数。下面主要介绍修改用户口令、修改用户口令过期、修改用户的锁定状态。

①修改用户口令

语法格式为：

```
ALTER USER user_name IDENTIFIED BY new_password；
```

功能是修改指定用户的口令为新的口令。

【例 7-2】 修改 zhangsan 用户的口令为 zs8888，代码如下：

```
SQL>ALTER USER zhangsan IDENTIFIED BY zs8888；
用户已更改。
```

②修改用户口令过期

语法格式为：

```
ALTER USER user_name PASSWORD EXPIRE；
```

【例 7-3】 将用户 zhangsan 用户口令的初始状态设置为过期，然后用 zhangsan 连接默认数据库，代码如下：

```
SQL>ALTER USER zhangsan PASSWORD EXPIRE；
用户已更改。
SQL>connect zhangsan/zs8888；
ERROR：
ORA-28001：the password has expired
更改 zhangsan 的口令
新口令：
重新键入新口令：
ERROR：
ORA-01045：user ZHANGSAN lacks CREATE SESSION privilege；logon denied
口令已更改
警告：您不再连接到 ORACLE。
```

上述代码先更改 zhangsan 用户口令的初始状态设置为过期,然后使用该用户连接到默认数据库,系统提示更改 zhangsan 用户的口令,输入两次口令后,系统提示口令已更改,但仍无法连接到数据库,这是因为该用户没有登录的会话权限。

③修改用户的锁定状态

语法格式为:

```
ALTER USER user_name ACCOUNT LOCK|UNLOCK;
```

【例 7-4】　将用户 zhangsan 的锁定状态设置为 LOCK 状态,然后使用该用户连接默认数据库,代码如下:

```
SQL>ALTER USER zhangsan ACCOUNT LOCK;
用户已更改。
SQL>connect zhangsan/zs9999;
ERROR：
ORA-28000：the account is locked
警告:您不再连接到 ORACLE。
```

上述代码执行结果显示,被锁定的用户连接数据库时,Oracle 会报 ORA-28000 的错误,提示该用户已锁定。

(3)删除用户

删除用户使用 DROP USER 语句。如果删除的用户在数据库中创建了内容,则必须指定 CASCADE 关键字,表示删除用户的同时,删除该用户创建的所有内容。

基本语法格式如下:

```
DROP USER user_name [CASCADE]
```

【例 7-5】　删除用户 zhangsan,代码如下:

```
SQL>DROP  USER zhangsan  CASCADE;
用户已删除。
```

知识点 2　权　限

1.权限及其分类

一个用户创建后,用户仍无法操作数据库,还需要为用户授予相关的操作权限。权限是指在数据库中执行某种操作的权力,例如连接数据库、在数据库创建与操作数据库对象等。

Oracle 系统中权限主要分为系统权限和对象权限两种。

(1)系统权限

Oracle 的系统权限是指对整个 Oracle 系统的操作权限,例如连接数据库、创建数据表和视图等。系统权限一般由数据库管理员授予用户,并允许用户将被授予的系统权限再授予其他用户。Oracle 常用的系统权限见表 7-1。

表 7-1　　　　　　　　　　Oracle 常用的系统权限

系统权限	权限说明
CREATE SESSION	连接数据库
CREATE TABLESPACE	创建表空间
CREATE SEQUENCE	创建序列
CREATE SYNONYM	创建同义词

（续表）

系统权限	权限说明
CREATE TABLE	在用户模式中创建表
CREATE ANY TABLE	在任何模式中创建表
DROP TABLE	在用户模式中删除表
DROP ANY TABLE	在任何模式中删除表
CREATE PROCEDURE	创建存储过程
EXECUTE ANY PROCEDURE	执行任何模式的存储过程
CREATE USER	创建用户
DROP USER	删除用户
CREATE VIEW	创建视图
ALTER ANY TABLE	修改任何用户模式中的表结构
SELECT ANY TABLE	查询任何用户模式中基本表的记录
INSERT ANY TABLE	向任何用户模式中基本表插入记录
UPDATE ANY TABLE	修改任何用户模式中的基本表记录
DELETE ANY TABLE	删除任何用户模式中基本表的记录

（2）对象权限

对象权限是指用户对数据库对象的操作权限,数据库对象包括表、视图、函数、存储过程以及序列等。例如对某一个表的插入、修改和删除记录等权限。Oracle 中常用对象以及与其对象权限之间的关系见表 7-2。"√"表示该对象上具有该权限。

表 7-2　　　　　　　　　　　对象与对象权限之间的对应关系

权限	对象				
	函数	存储过程	序列	表	视图
ALTER			√	√	
DELETE				√	√
EXECUE	√	√			
INDEX				√	
INSERT				√	√
READ					
SELECT			√	√	√
UPDATE				√	√

2. 授予用户权限

（1）授予用户系统权限

向用户授予系统权限需要使用 GRANT 语句,语法基本格式如下:

```
GRANT system_privilege [,...]
TO {user_name [,...]|role_name [,...]|PUBLIC}
[WITH ADMIN OPTION];
```

语法说明如下:

①system_privilege:表示要授予用户的系统权限,如 CREATE TABLE,多个权限用逗号

间隔。

②user_name：被授予权限的用户，可以同时为多个用户授予权限。

③role_name：被授予权限的角色名称。

④PUBLIE：表示将权限授予 Oracle 系统的所有用户。

⑤WITH ADMIN OPTION：可选项，如果指定该选项，则被授予权限的用户可以将获得的权限再授予其他用户。

【例 7-6】　使用用户 system 连接数据库，创建用户 yuting，并授予连接数据库和创建数据表的系统权限，代码如下：

```
SQL>CONNECT system/system;
已连接。
SQL>CREATE USER yuting
  2   IDENTIFIED BY zhangsan0001;
用户已创建。
SQL>GRANT CREATE SESSION,CREATE TABLE
  2   TO yuting;
授权成功。
```

（2）授予用户对象权限

语法基本格式如下：

```
GRANT object_privilege[(column_name,[...])][,...]|ALL
ON <schema.>object_name
TO {user_name [,...]|role_name [,...]|PUBLIC}
[WITH GRANT OPTION];
```

语法说明如下：

①object_privilege：表示要授予用户的对象权限，如 SELECT、INSERT，多个权限用逗号间隔。

②column_name：可选项，表或视图中的列名，表示将列对象上的权限授予某个用户。

③ALL：可以为指定用户授予对象上的所有权限。

④schema：用户模式。

⑤object_name：对象名称，如表名或视图名。

⑥WITH GRANT OPTION：可选项，允许被授予权限的用户可以将获得的对象权限授予其他用户。

【例 7-7】　使用 system 用户连接数据库，并将供应商表 suppliers 的 SELECT 和 INSERT 权限授予用户 yuting，代码如下：

```
SQL>CONNECT system/system;
已连接。
SQL>GRANT SELECT,INSERT
  2   ON suppliers
  3   TO yuting;
授权成功。
```

3. 撤销用户权限

（1）撤销用户的系统权限

撤销用户的权限需要使用 REVOKE 语句，语法基本格式如下：

REVOKE system_privilege [,...]
FROM { user_name [,...]|role_name [,...]|PUBLIC};

语法说明请参考授予权限的说明。

【例 7-8】 使用 system 用户连接到数据库,并将 yuting 用户的 CREATE TABLE 权限撤销,代码如下:

SQL>CONNECT system/system;

已连接。

SQL>REVOKE CREATE TABLE

　2　FROM yuting;

撤销成功。

(2)撤销用户的对象权限

撤销用户的对象权限,语法基本格式如下:

REVOKE object_privilege [,...]|ALL

ON <schema.>object_name

FROM { user_name [,...]|role_name [,...]|PUBLIC};

【例 7-9】 使用 system 用户连接到数据库,并将 yuting 用户对 suppliers 表的 INSERT 对象权限撤销,代码如下:

SQL>CONNECT system/system;

已连接。

SQL>REVOKE INSERT

　2　ON suppliers

　3　FROM yuting;

撤销成功。

知识点 3　角　色

1. 角色及其分类

(1)角色以及使用角色的优点

数据库通常由许多数据库对象组成,同时数据库的用户和权限也较多,如果数据库管理员为每个用户赋予或撤销权限则工作量是很大的。为了方便对用户权限的管理,Oracle 数据库提供了角色对象。角色是一个数据库对象,是一组相关权限的集合。角色包括一个或多个权限甚至包括其他角色。可以把角色分配给任意用户,实际是把角色所拥有的权限分配给数据库用户。

使用角色的优点是:减少授权工作量、选择可用的权限、动态管理权限、提高管理性能和效率。

(2)角色的分类

在 Oracle 系统中角色可分为预定义角色和自定义角色。不论哪种角色,根据权限大小,最终都是为了管理用户使用系统资源。

①预定义角色:是 Oracle 系统安装完成后就自动内置用于管理的角色。如 CONNECT 角色、RESOURCE 角色、DBA 角色等。

②自定义角色:是用户根据需求进行分类而创建的各种角色。

2. 自定义角色的管理

（1）创建自定义角色

创建角色需要使用 CREATE ROLE 语句，并要求用户具有 CREATE ROLE 权限。基本语法格式如下：

```
CREATE ROLE role_name [NOT IDENTIFIED|IDENTIFIED BY password]
```

语法说明如下：

①role_name：创建的角色名。

②NOT IDENTIFIED|IDENTIFIED BY password：可选项，可以为角色设置口令，默认为 NOT IDENIFIED 表示无口令。

【例 7-10】　使用 system 用户连接数据库，并创建角色 client_role，代码如下：

```
SQL>CONNECT system/system;
已连接。
SQL>CREATE ROLE client_role;
角色已创建。
```

（2）为角色授予权限

新创建的角色不具有任何权限，可以使得 GRANT 语句向角色授予权限。

【例 7-11】　使用 system 用户连接数据库，并为角色 client_role 授予在 clients 表上的 SELECT、INSERT、UPDATE 和 DELETE 的对象权限，代码如下：

```
SQL>CONNECT system/system;
已连接。
SQL>GRANT SELECT,INSERT,UPDATE,DELETE
  2   ON clients
  3   to client_role;
授权成功。
```

除了可以向角色授予权限以外，还可以直接向角色授予角色。

（3）删除自定义角色

删除角色需要使用 DROP ROLE 语句，基本语法格式如下：

```
DROP ROLE role_name;
```

任务 7.1　创建图书销售管理数据库的用户

【任务分析】

图书销售管理系统的用户分为系统管理员、采购人员和销售人员三类。系统管理员负责图书销售管理系统中基本信息的管理和维护；采购人员负责图书采购管理；销售人员负责图书销售管理。根据不同的工作性质和工作职责，系统需要创建不同的用户进行管理。

本任务是为图书销售管理数据库创建用于系统管理、图书采购和图书销售的三类用户。

【任务实施】

1. 创建用于系统管理的用户 system_manager

口令为 admin，默认表空间为 bookspace，临时表空间为 booktempspace。

（1）连接到 book 数据库。

（2）创建系统管理员用户 system_manager，代码如下：

```
SQL>CREATE USER system_manager
  2   IDENTIFIED BY admin
  3   DEFAULT TABLESPACE bookspace
  4   TEMPORARY TABLESPACE booktempspace;
用户已创建。
```

2. 创建用于图书采购的用户 wanglijie 和 luoqiaoyun

口令与用户名相同，默认表空间为 bookspace，临时表空间为 booktempspace，并限制使用 bookspace 表空间字节数为 50 MB。

(1)连接到 book 数据库。

(2)创建图书采购用户 wanglijie，代码如下：

```
SQL>CREATE USER wanlijie
  2   IDENTIFIED BY wanlijie
  3   DEFAULT TABLESPACE bookspace
  4   TEMPORARY TABLESPACE booktempspace
  5   QUOTA 50M ON bookspace;
用户已创建。
```

(3)创建图书采购用户 luoqiaoyun，代码如下：

```
SQL>CREATE USER luoqiaoyun
  2   IDENTIFIED BY luoqiaoyun
  3   DEFAULT TABLESPACE bookspace
  4   TEMPORARY TABLESPACE booktempspace
  5   QUOTA 50M ON bookspace;
用户已创建。
```

3. 创建用于图书销售的用户 panyumeng、liming 和 gaonan

口令与用户名相同，默认表空间为 bookspace，临时表空间为 booktempspace，并限制使用 bookspace 表空间字节数为 100 MB。

(1)连接到 book 数据库。

(2)创建图书销售用户 panyumeng，代码如下：

```
SQL>CREATE USER panyumeng
  2   IDENTIFIED BY panyumeng
  3   DEFAULT TABLESPACE bookspace
  4   TEMPORARY TABLESPACE booktempspace
  5   QUOTA 100M ON bookspace;
用户已创建。
```

(3)创建图书销售用户 liming，代码如下：

```
SQL>CREATE USER liming
  2   IDENTIFIED BY liming
  3   DEFAULT TABLESPACE bookspace
  4   TEMPORARY TABLESPACE booktempspace
  5   QUOTA 100M ON bookspace;
用户已创建。
```

(4)创建图书销售用户 gaonan，代码如下：

```
SQL>CREATE USER gaonan
```

```
2   IDENTIFIED BY gaonan
3   DEFAULT TABLESPACE bookspace
4   TEMPORARY TABLESPACE booktempspace
5   QUOTA 100M ON bookspace;
```
用户已创建。

微 课

授予图书销售管理
数据库用户的权限

任务7.2　授予图书销售管理数据库用户的权限

【任务分析】

根据图书销售管理系统的用户功能需求,在图书销售管理数据库创建了三类用户,新创建的用户没有任何权限,必须为用户授予相应的权限才能管理和使用图书销售管理数据库。针对系统管理员、采购人员和销售人员的功能需求,系统管理员具有 CREATE SESSION、CREATE TABLE、CREATE VIEW 等系统权限,具有对所有数据表的 INSERT、UPDATE、DELETE 和 SELECT 权限;图书采购人员具有对入库单表 entryorders 的 INSERT、UPDATE、DELETE 和 SELECT 权限,具有对供应商表 suppliers 和图书表 books 的 SELECT 权限;图书销售人员具有对销售单表 saleorders 的 INSERT、UPDATE、DELETE 和 SELECT 权限,具有对客户表 clients 和图书表 books 的 SELECT 权限。

本任务为三类用户授予对图书销售管理数据库操作的系统权限和对象权限。

【任务实施】

1. 为系统管理员 system_manager 用户授予管理员权限

(1)连接到 book 数据库。

(2)为 system_manager 用户授予 CREATE SESSION、CREATE TABLE、CREATE VIEW 等系统权限,并允许将授予的权限授予其他用户。代码如下:

```
SQL>GRANT CREATE SESSION,CREATE TABLE,CREATE VIEW
2   TO system_manager
3   WITH ADMIN OPTION;
```
授权成功。

(3)为 system_manager 用户授予对出版社表 presses 操作的 INSERT、UPDATE、DELETE 和 SELECT 的对象权限,并允许将授予的权限授予其他用户,其他数据表的权限授予请参阅此部分。代码如下:

```
SQL>GRANT INSERT,UPDATE,DELETE,SELECT
2   ON presses
3   TO system_manager
4   WITH GRANT OPTION;
```
授权成功。

2. 为采购人员 wanglijie 和 luoqiaoyun 用户授予图书采购权限

(1)连接到 book 数据库。

(2)为用户 wanlijie 授予 CREATE SESSION 系统权限。代码如下:

```
SQL>GRANT CREATE SESSION
2   TO wanglijie;
```
授权成功。

（3）为用户 wanglijie 授予对入库单表 entryorders 操作的 INSERT、UPDATE、DELETE 和 SELECT 的对象权限。代码如下：

```
SQL>GRANT INSERT,UPDATE,DELETE,SELECT
  2   ON entryorders
  3   TO wanglijie;
```
授权成功。

授予用户 wanglijie 对供应商表和图书表的 SELECT 权限请参考上述代码。授予用户 luoqiaoyun 图书采购权限请参考为用户 wanglijie 授予图书采购权限的操作。

3. 为销售人员 panyumeng、liming 和 gaonan 用户授予图书销售权限

为销售人员 panyumeng、liming 和 gaonan 用户授予图书销售权限请参考上述为采购用户 wanglijie 的权限授予操作。在此略。

任务 7.3　图书销售管理数据库用户角色的管理

【任务分析】

在任务 7.2 中为系统管理员、采购人员和销售人员授予了必要的系统权限和对象权限。从中发现，为便于管理，系统中有多名图书采购人员和销售人员，图书采购人员的权限是相同的，图书销售人员的权限也是相同的，但也要分别为多个用户分别授予权限，这样操作起来是很繁琐的，同时也容易出现授予权限错误。Oracle 提供了角色来完成上述同类用户授权。

本任务为图书采购人员和图书销售人员创建角色，并为用户授予角色。

【任务实施】

创建图书采购用户使用的角色 booksentry_role，为角色授予权限，然后为用户 wanglijie 和 luoqiaoyun 授予角色

（1）连接到 book 数据库。

（2）创建自定义角色 booksentry_role。代码如下：

```
SQL>CREATE ROLE booksentry_role;
```
角色已创建。

（3）为角色 booksentry_role 授予对入库单表 entryorders 操作的 INSERT、UPDATE、DELETE 和 SELECT 的对象权限。代码如下：

```
SQL>GRANT INSERT,UPDATE,DELETE,SELECT
  2   ON entryorders
  3   TO booksentry_role;
```
授权成功。

（4）为角色 booksentry_role 授予对供应商表 suppliers 和图书表 books 操作的 SELECT 的对象权限。代码如下：

```
SQL>GRANT SELECT
  2   ON suppliers
  3   TO booksentry_role;
```
授权成功。

```
SQL>GRANT SELECT
  2   ON  books
```

　　3　TO booksentry_role;

授权成功。

（5）为用户 wanglijie 和 luoqiaoyun 授予 bookentry_role 角色和 CREATE SESSION 系统权限，代码如下：

SQL>GRANT　bookentry_role,CREATE SESSION

　　2　TO wanglijie,luoqiaoyun;

授权成功。

关于图书销售用户的角色 booksale_ role 的创建、授予权限以及为用户 panyumeng、liming 和 gaonan 授予 booksale_role 角色和 CREATE SESSION 系统权限请参考图书采购人员的角色操作管理。

拓展技能　用户配置文件

　　在数据库系统运行时，实例会为用户分配一些系统资源，为了限制数据库用户对数据库系统资源的使用，在安装数据库时，Oracle 自动创建了名为 DEFAULT 的资源配置文件。

　　用户配置文件是一个管理系统资源使用的特殊数据库对象，通过创建和分配配置文件，可以实现对用户使用资源的配置。

　　一般情况下，在创建用户后，都习惯性地给用户授予相关的系统权限，很少使用配置文件来管理用户的资源使用。实际上，在没有分配任何资源配置文件给新用户时，则会为该用户默认指定 DEFAULT 的配置文件。DEFAULT 对用户使用系统资源几乎没有限制，因为许多选项都是无限制的。

1. 创建用户配置文件

创建配置文件需要使用 CREATE PROFILE 语句，基本的语法格式如下：

```
CREATE PROFILE profile_name LIMIT
    [SESSION_PER_USER number|UNLIMITED|DEFAULT]
    [CPU_PER_SESSION number|UNLIMITED|DEFAULT]
    [CPU_PER_CALL number|UNLIMITED|DEFAULT]
    [CONNECT_TIME number|UNLIMITED|DEFAULT]
    [IDLE_TIME number|UNLIMITED|DEFAULT]
    [PASSWORD_LIFE_TIME number|UNLIMITED|DEFAULT]
    [FAILED_LOGIN_ATTEMPTS number|UNLIMITED|DEFAULT]
    ……
```

语法说明如下：

（1）profile_name：创建的配置文件名称。

（2）number | UNLIMITED | DEFAULT：设置参数值，UNLIMITED 表示无限制，DEFAULT 表示使用默认值。

（3）SESSION_PER_USER：每个用户可以拥有的会话（连接）数。

（4）CPU_PER_SESSION：每个会话可以占用的 CPU 总时间，单位为百分之一秒。

（5）CPU_PER_CALL：每条 SQL 语句可以占用的 CPU 总时间，单位为百分之一秒。

（6）CONNECT_TIME：用户可以连接到数据库的总时间，单位为分钟。

（7）PASSWORD_LIFE_TIME：设置用户口令的有效时间，单位为天。

(8)FAILED_LOGIN_ATTEMPTS:用户登录到数据库时允许失败的次数。如果达到次数,用户将被自动锁定。

【例 7-11】 创建用户配置文件 user_profile,内容说明如下:

(1)限制用户允许拥有的会话数为 2。

(2)限制用户执行的每条 SQL 语句可以占用 CPU 的总时间为百分之五秒。

(3)限制用户登录数据库时可以失败的次数为 3 次。

(4)限制口令的有效期为 10 天。

创建用户配置文件 user_profile 的代码如下:

```
SQL>CREATE PROFILE user_profile LIMIT
  2   SESSIONS_PER_USER 2
  3   CPU_PER_CALL 5
  4   FAILED_LOGIN_ATTEMPTS 3
  5   PASSWORD_LOCK_TIME 10;
```

配置文件已创建。

用户配置文件中没有指定的参数,其值将默认由 DEFAULT 配置文件的对应参数提供。

2.使用配置文件

如果想在创建用户时为用户指定配置文件,则可以在 CREATE USER 语句中使用 PROFILE 子句。用户创建后,也可以使用 ALTER USER 语句为用户修改配置文件。基本的语法格式为:

```
ALTER USER user_name PROFILE profile_name;
```

【例 7-12】 修改用户 zhangsan 的配置文件为 user_profile,代码如下:

```
SQL>ALTER USER zhangsan PROFILE user_profile;
```

用户已更改。

3.删除配置文件

删除配置文件使用 DROP PROFILE 语句,语法如下:

```
DROP PROFILE profile_name;
```

任务小结

数据库中保存了大量的数据,有些数据对企业是极其重要的,是企业的核心机密,必须保证这些数据和操作的安全。数据库系统必须具备完善的、方便的安全管理机制。Oracle 系统中,数据库的安全性主要包括对用户登录进行身份验证和对用户操作进行权限控制,用户和用户权限是保证数据库安全性的主要对象和手段。

本任务主要介绍了 Oracle 系统中用户管理、权限管理、角色管理。重点介绍了用户的创建和用户权限的授予,要求通过本任务的学习和实训掌握 Oracle 系统的用户创建、修改与删除、系统权限的授予与收回、对象权限的授予与收回等,了解角色的管理操作。

任务实训　学生管理系统用户权限的管理

一、实训目的和要求

1.掌握用户的创建和修改

2.掌握用户权限的授予与撤销

　3.掌握自定义角色的创建、授权以及将角色授予用户

二、实训知识准备

1.用户的分类、创建以及修改

2.权限分类以及用户权限的授予与撤销

3.角色的创建、授权及角色授予用户

4.用户配置文件的创建与使用

三、实训内容和步骤

　　学生管理系统有四类用户,分别是系统管理员、教务员、教师和学生。系统管理员负责系统的维护与管理;教务员负责系别、班级、学生和课程的管理;教师负责学生成绩的管理;学生负责本人信息以及学生成绩的查询等。根据学生管理系统中用户的功能需求,完成学生管理数据库用户权限的管理。

　　1.创建学生管理数据库的系统管理员用户 student_manager,口令为 admin,默认表空间为 studentspace,临时表空间为 studenttempspace。

　　2.创建学生管理数据库的教务员用户 jwy01、jwy02、jwy03,口令与用户名相同,默认表空间为 studentspace,临时表空间为 studenttempspace,并限制使用 studentspace 表空间字节数为 20 MB。

　　3.创建学生管理数据库的教师用户 teacher01、teacher02、teacher03、teacher04,口令与用户名相同,默认表空间为 studentspace,临时表空间为 studenttempspace,并限制使用 studentspace 表空间字节数为 50 MB。

　　4.创建学生管理数据库的学生用户 student0001、student0002、student0003、student0004,口令与用户名相同,默认表空间为 users,临时表空间为 temp,并限制使用 users 表空间字节数为 10 MB。

　　5.使用 student_manager 和 student0001 用户连接到 student 数据库,观察能否连接?

　　6.使用 system 用户连接到 student 数据库,并为用户 student_manager 授予 CREATE SESSION、CREATE TABLE、CREATE VIEW、DROP TABLE 等系统权限,并允许将授予的权限授予其他用户。使用 student_manager 用户连接到 student 数据库。

　　7.使用 system 用户连接到 student 数据库,并为用户 jwy01、jwy02、jwy03 授予 CREATE SESSION 系统权限和对系别表 department、班级表 classmate、学生表 student、成绩表 sc 的 INSERT、UPDATE、DELETE 和 SELECT 对象权限。

　　8.使用 system 用户连接到 student 数据库,并为用户 teacher01、teacher02、teacher03、teacher04 授予 CREATE SESSION 系统权限和对班级表 classmate、学生表 student、课程表 course、成绩表 sc 的 INSERT、UPDATE、DELETE 和 SELECT 对象权限。

　　9.使用 system 用户连接到 student 数据库,并为用户 student0001、student0002、student0003、student0004 授予 CREATE SESSION 系统权限和对学生表 student 操作的 INSERT、UPDATE、DELETE 和 SELECT 对象权限。授予对班级表 classmate、课程表 course 和成绩表 sc 操作的 SELECT 对象权限。

　　10.创建教务员角色 jwy_role,并授予 CREATE SESSION 系统权限和对系别表 department、班级表 classmate、学生表 student、成绩表 sc 的 INSERT、UPDATE、DELETE 和 SELECT 对象权限。

　　11.将 jwy_role 角色授予用户 jwy01、jwy02、jwy03。

思考与练习

一、填空题

1.在数据库系统中根据完成的工作性质和特点,用户分为三类,分别是_____、_____和_____。

2.创建用户使用 CREATE USER 语句,创建用户需具有_____权限。

3.在创建用户的 CREATE USER 语句中,_____选项用来指定用户的口令,_____选项用于指定用户的初始状态。

4.权限是指_____。

5.Oracle 中数据库中的权限主要分为_____和_____。

6.Oracle 的_____权限是指对整个 Oracle 系统的操作权限。_____权限是指用户对数据库对象的操作权限。

7.向用户授予系统权限需要使用 GRANT 语句,其中_____选项表示用户可以把授予的权限再授予其他用户。

8._____是一个数据库对象,是将一组相关的权限集合。

9.角色包括一个或多个_____,还可以包括其他_____。

10.在 Oracle 系统中角色可分为_____和_____。

11.创建角色需要使用 CREATE ROLE 语句,_____可以为角色设置口令。

二、选择题

1.在修改用户属性时,用户的(   )属性不能修改。

A.名称　　　　　　　B.口令　　　　　　　C.表空间　　　　　　　D.临时表空间

2.下列选项中,(   )资源不能在用户配置文件中限定。

A.各个会话的用户数　　　　　　　B.登录失败的次数

C.使用 CPU 时间　　　　　　　D.使用 SGA 区的大小

3.下列选项中,(   )权限不是系统权限。

A.SELECT TABLE　　　　　　　B.ALTER TABLE

C.SYSDBA　　　　　　　D.CREAE INDEX

4.如果在另一个用户模式中创建表,用户最少应该具有(   )系统权限。

A.CREATE TABLE　　　　　　　B.CREATE ANY TABLE

C.RESOURCE　　　　　　　D.DBA

5.如果用户 user01 创建了数据库对象,删除该用户需要使用(   )语句。

A.DROP USER user01;　　　　　　　B.DROP USER user01 CASCADE;

C.DELETE USER user01;　　　　　　　D.DELETE USER user01 CASCADE;

三、简答题

1.什么是权限? 权限分为哪几种?

2.系统权限与对象权限有何区别?

3.什么是角色? 角色分为哪几种? 有何优点?

4.在为用户授予权限时,可以使用选项 WITH ADMIN OPTION 和 WITH GRANT OPTION,二者有何区别?

5.简述用户、权限和角色三者之间的关系。

任务8 图书销售管理系统的数据导入和导出

学习重点与难点
- 使用 Data Pump Export 工具导出数据
- 使用 Data Pump Import 工具导入数据
- 使用 EXPDP 和 IMPDP 导出/导入其他类型的数据

学习目标
- 掌握使用 Data Pump Export 导出表、数据库和表空间
- 掌握使用 Data Pump Import 导入表、数据库和表空间
- 掌握使用 EXPDP 和 IMPDP 导出/导入其他类型的数据

工作任务

1. 图书销售管理数据库的数据导出和导入。
2. 使用 Data Dump 工具实现数据库之间的迁移。
3. 导出和导入其他类型的数据库数据。

Oracle 10g 引入了最新的数据泵(Data Dump,数据转储)技术,使用数据泵中的 Data Pump Export(数据泵导出)应用程序,使数据库管理员或开发人员可以对数据库元数据执行不同形式的逻辑备份;为了恢复由 Data Pump Export 产生的文件,则使用 Data Pump Import (数据泵导入)应用程序。

预备知识

知识点1 Data Pump 工具概述

Data Pump 工具可以将数据从一个数据库迁移到其他数据库,或者对数据进行备份与恢复处理。Oracle 从 10g 开始提供 Data Pump Export 和 Data Pump Import 工具,以进行高速地数据导出和导入。

1. Data Pump 工具的作用
(1)实现逻辑备份和逻辑恢复
(2)在数据库用户之间移动对象
(3)在数据库之间移动对象
(4)实现表空间迁移

2. 数据泵导出和导入与传统导出和导入的区别
传统导出和导入分别使用 EXP 工具和 IMP 工具,而从 Oracle 10g 开始,数据导出和导入使用 EXPDP 和 IMPDP 工具。

数据泵导出导入与传统导出导入的区别在于：

(1)EXP 和 IMP 是客户端工具程序,它们既可以在客户端使用,也可以在服务器端使用。

(2)EXPDP 和 IMPDP 是服务器端工具程序,它们只能在 Oracle 服务器端使用,不能在客户端使用。

(3)IMP 只适用于 EXP 导出的文件,不适用于 EXPDP 导出文件;IMPDP 只适用于 EXPDP 导出的文件,不适用于 EXP 导出的文件。

3. Data Pump 工具的特点

与传统的 Export 和 Import 应用程序相比,Data Pump 工具的功能特性如下：

(1)在导出或导入作业中,能够控制用于此作业的并行线程的数量。

(2)支持在网络上进行导出或导入,而不需要使用转储文件集。

(3)如果作业失败或者停止,能够重新启动一个 Data Pump 作业,并且能够挂起恢复导出和导入作业。

(4)通过一个客户端程序能够连接或者脱离一个运行的作业。

(5)具有空间估算能力,而不需要实际执行导出。

(6)可以指定导出和导入对象的数据库版本。允许对导出和导入对象进行版本控制,以便与低版本数据库兼容。

4. 与数据泵相关的数据字典

Oracle 数据库系统提供了与数据泵相关的数据字典视图,通过这些视图可以查看数据泵的工作情况,表 8-1 列出了与数据泵有关的数据字典。

表 8-1 与数据泵有关的数据字典

视图名称	说　明
dba_datapump_jobs	显示当前数据泵作业的信息
dba_datapump_sessions	提供数据泵作业会话级的信息
datapump_paths	提供一系列有效的对象类型,可以将其与 EXPDP 或者 IMPDP 的 INCLUDE 或 EXCLUDE 参数关联起来
dba_directories	提供一系列已定义的目录

知识点 2　使用 Data Pump 工具的前期准备工作

使用 Data Pump 工具时,它的转储文件只能存放在目录对象的操作系统文件夹下,能直接指定转储文件所在的操作系统文件夹。为此,在使用 EXPDP 工具前,必须建立目录对象,用来指定要使用的外部目录,并为用户授予使用目录对象的权限。

在使用 Data Pump 工具前必须要完成如下操作：

1. 在环境变量中对 Oracle 的 BIN 目录进行配置,默认情况下,自动配置了相应的环境变量,bin 目录的路径是："E:\app\Administrator\product\11.1.0\db_1\BIN"。

2. 在 Oracle 安装路径的 bin 文件夹中,确定 expdp. exe 和 impdp. exe 文件的存在。

3. 创建目录对象。如果在 E 盘根文件夹下存在"E:\mytemp"文件夹,则直接创建目录对象,如果不存在,则在 E 盘根文件夹下建立 mytemp 文件夹。然后创建一个目录对象 mypump,指向 mytemp 文件夹,代码如下：

SQL>CREATE DIRECTORY mypump AS ′E:\mytemp′;

目录已创建。

4.为访问 Data Pump 文件的用户授予 READ 和 WRITE 权限。语法如下：

GRANT READ,WRITE ON DIRECTORY directory_name TO user_name;

【例 8-1】　为用户 scott 用户授予 READ 和 WRITE 权限。

SQL>GRANT READ,WRITE ON DIRECTORY mypump TO scott;

授权成功。

知识点 3　EXPDP 和 IMPDP 的导出和导入选项

1. Data Pump Export 导出和导入数据调用接口

使用 Data Pump Export 工具导出和导入数据调用接口有三种：命令行接口、参数接口和交互式命令接口。

（1）命令行接口（Command-Line Interface）

命令行接口是指在 DOS 控制台中执行 EXPDP 或 IMPDP 命令，并在执行命令行中直接指定 EXPDP 或 IMPDP 导出和导入参数设置。

（2）参数文件接口（Parameter File Interface）

参数文件接口是指将要执行的 EXPDP 或 IMPDP 命令所需要的参数设置存放到一个文件中，在执行 EXPDP 或 IMPDP 导出和导入命令时，在命令行中用 PARFILE 参数指定参数设置文件。

（3）交互式命令接口（Interactive-Command Interface）

交互式命令接口用户可以通过交互命令进行导出和导入操作管理。在当前运行作业的终端中按 Ctrl＋C 组合键，进入交互式命令状态。

2. EXPDP 导出模式

根据要导出的对象类型，从单个表到整个数据库，可以有多种不同的方式来转储数据。Oracle 支持 5 种导出模式，见表 8-2。

表 8-2　　　　　　　　　　　　　　　Oracle 中 EXPDP 的 5 种导出模式

模　式	使用的参数	说　明
Full(全库)	FULL	导出整个数据库
Schema（模式）	SCHEMAS	导出一个或多个用户模式中的数据和元数据
Table（表）	TABLES	导出指定模式中指定的所有表、分区及其依赖对象
Tablespace（表空间）	TABLESPACES	导出一个或多个表空间中的数据
Transportable Tablespace（可移动表空间）	TRANSPORT_TABLESPACES	导出一个或多个表空间中对象的元数据

3. EXPDP 导出命令常用参数和选项

Oracle 中使用 EXPDP 命令时可以带有各种参数完成不同的导出数据，常用的参数见表 8-3。

表 8-3　　　　　　　　　　　　　　　EXPDP 命令常用的参数选项

参数选项	参数说明
HELP	导出命令选项的帮助信息。默认为 n，当设置为 y 时，会显示导出选项的帮助信息。例如：EXPDP HELP＝y

（续表）

参数选项	参数说明
ATTACH	用于在客户会话与已存在导出作用之间建立关联。语法格式为：ATTACH＝[schema_name.] job_name，其中 Schema_name 用于指定方案名，job_name 用于指定导出作业名。如果使用 ATTACH 选项，在命令行除了连接字符串和 ATTACH 选项外，不能指定任何其他选项。例如：EXPDP scott/tiger ATTACH＝scott.export_job
CONTENT	用于指定要导出的内容，默认值为 ALL，参数格式为：CONTENT＝{ALL|DATA_ONLY| METADATA_ONLY}，当设置 CONTENT 为 ALL 时，将导出对象定义及其所有数据；为 DATA_ONLY 时，只导出对象数据；为 METADATA_ONLY 时，只导出元数据（对象定义）
DATA_OPTIONS	指定如何处理某些异常。从 Oracle Database 11g 开始，唯一有效值为 skip_constraint_errors
DIRECTORY	指定转储文件和日志文件所在的目录，参数格式为：DIRECTORY＝directory_object，其中 Directory_object 用于指定目录对象名称，需要注意目录对象是使用 CREATE DIRECTORY 语句建立的对象，而不是操作系统的目录。例如 EXPDP scott/tiger DIRECTORY＝dump DUMPFILE＝a.dump
DUMPFILE	用于指定转储文件的名称，默认名称为 expdat.dmp。参数格式为：DUMPFILE＝[directory_ object:]file_name[,…]，其中 Directory_object 用于指定目录对象名，file_name 用于指定转储文件名。需要注意如果不指定 directory_object，导出工具会自动使用 DIRECTORY 选项指定的目录对象。例如：EXPDP scott/tiger DIRECTORY＝dump1 DUMPFILE＝dump2:a.dmp
ESTIMATE	指定估算被导出表所占用磁盘空间分方法，默认值是 BLOCKS，参数格式为：EXTIMATE＝ {BLOCKS|STATISTICS}，其中设置为 BLOCKS 时，Oracle 会按照目标对象所占用的数据块个数乘以数据块尺寸估算对象占用的空间。设置为 STATISTICS 时，根据最近统计值估算对象占用空间。例如：EXPDP scott/tiger TABLES＝emp ESTIMATE＝STATISTICSDIRECTORY ＝dump DUMPFILE＝a.dump
EXTIMATE_ONLY	指定是否只估算导出作业所占用的磁盘空间，默认值为 N。参数格式为：EXTIMATE_ONLY ＝{Y|N}，其中设置为 Y 时，导出作用只估算对象所占用的磁盘空间，而不会执行导出作业。为 N 时，不仅估算对象所占用的磁盘空间，还会执行导出操作。例如：EXPDP scott/tiger ESTIMATE_ONLY＝y NOLOGFILE＝y
EXCLUDE	该选项用于指定执行操作时释放要排除对象类型或相关对象，参数格式为：EXCLUDE＝object _type[:name_clause][,…]，其中 Object_type 用于指定要排除的对象类型，name_clause 用于指定要排除的具体对象。注意 EXCLUDE 和 INCLUDE 不能同时使用。例如：EXPDP scott/ tiger DIRECTORY＝dump DUMPFILE＝a.dup EXCLUDE＝VIEW
FILESIZE	指定导出文件的最大尺寸，默认为 0，表示文件尺寸没有限制
FLASHBACK_SCN	指定导出特定 SCN 时刻的表数据，参数格式为：FLASHBACK_SCN＝scn_value，其中 Scn_ value 用于标识 SCN 值。注意 FLASHBACK_SCN 和 FLASHBACK_TIME 不能同时使用。例如：EXPDP scott/tiger DIRECTORY＝dump DUMPFILE＝a.dmp FLASHBACK_SCN＝358523
FLASHBACK_TIME	指定导出特定时间点的表数据，参数格式为：FLASHBACK_TIME＝"TO_TIMESTAMP(time_ value)" 例如：Expdp scott/tiger DIRECTORY＝dump DUMPFILE＝a.dmp FLASHBACK_ TIME＝"TO_TIMESTAMP('25-08-2004 14:35:00','DD-MM-YYYY HH24:MI:SS')"
FULL	指定数据库模式导出，默认为 N。参数格式为：FULL＝{Y|N}，其中为 Y 时，标识执行数据库导出
INCLUDE	指定导出时要包含的对象类型及相关对象，参数格式为：INCLUDE＝object_type[:name_ clause][,…]
JOB_NAME	指定要导出作业的名称，默认为 SYS_XXX，参数格式为：JOB_NAME＝jobname_string
LOGFILE	指定导出日志文件的名称，默认名称为 export.log，参数格式为：LOGFILE＝[directory_ object:]file_name，其中：Directory_object 用于指定目录对象名称，file_name 用于指定导出日志文件名。如果不指定 directory_object，导出作业会自动使用 DIRECTORY 的相应选项值。例如：Expdp scott/tiger DIRECTORY＝dump DUMPFILE＝a.dmp logfile＝a.log

（续表）

参数选项	参数说明
NETWORK_LINK	指定数据库链接名,如果要将远程数据库对象导出到本地例程的转储文件中,必须设置该选项
NOLOGFILE	该选项用于指定禁止生成导出日志文件,默认值为 N
PARALLEL	指定执行导出操作的并行进程个数,默认值为 1
PARFILE	指定导出参数文件的名称,参数格式为:PARFILE=[directory_path] file_name
QUERY	用于指定过滤导出数据的 WHERE 条件,参数格式为:QUERY=[schema.] [table_name:] query_clause。其中 Schema 用于指定方案名,table_name 用于指定表名,query_clause 用于指定条件限制子句。QUERY 选项不能与 CONNECT=METADATA_ONLY,EXTIMATE_ONLY,TRANSPORT_TABLESPACES 等选项同时使用。例如:EXPDP scott/tiger directory=dump dumpfile=a. dmp TABLES=emp QUERY='WHERE deptno=20'
SCHEMAS	用于指定执行方案模式导出,默认为当前用户方案
STATUS	指定显示导出作用进程的详细状态,默认值为 0
TABLES	指定表模式导出,参数格式为:TABLES=[schema_name.]table_name[:partition_name][,…]。其中 Schema_name 用于指定方案名,table_name 用于指定导出的表名,partition_name 用于指定要导出的分区名
TABLESPACES	指定要导出表空间列表
TRANSPORT_TABLESPACES	指定执行表空间模式导出
VERSION	指定被导出对象的数据库版本,默认值为 COMPATIBLE,参数格式为:VERSION={COMPATIBLE|LATEST|version_string},其中为 COMPATIBLE 时,会根据初始化参数 COMPATIBLE 生成对象元数据。为 LATEST 时,会根据数据库的实际版本生成对象元数据。version_string 用于指定数据库版本字符串

4. IMPDP 导入模式

根据要导入的对象类型,从单个表到整个数据库,可以有多种不同的方式来导入数据。Oracle 支持 5 种导入模式,见表 8-4。

表 8-4　　　　　　　　　　　　　　Oracle 中 IMPDP 的 5 种导入模式

模　式	使用的参数	说　明
Full(全库)	FULL	导入整个数据库的所有数据和元数据
Schema（模式）	SCHEMAS	导入模式中的数据和元数据
Table（表）	TABLES	导入表和分区的数据和元数据
Tablespace（表空间）	TABLESPACES	导入一个或多个表空间中的数据和元数据
Transportable Tablespace（可移动表空间）	TRANSPORT_TABLESPACES	导入特定表空间中对象的元数据

5. IMPDP 导入命令常用参数和选项

在使用 IMPDP 命令导入数据时,可以使用表 8-5 的参数。

表 8-5　　　　　　　　　　　　　　IMPDP 常用的参数选项

参数选项	参数说明
CONTENT	指定要加载的数据,其中有效关键字为:(ALL),DATA_ONLY 和 METADATA_ONLY
DATA_OPTIONS	数据层标记,其中唯一有效的值为:SKIP_CONSTRAINT_ERRORS——约束条件错误不严重

（续表）

参数选项	参数说明
DIRECTORY	供转储文件,日志文件和 sql 文件使用的目录对象
DUMPFILE	要从（expdat.dmp）中导入的转储文件的列表,例如 DUMPFIL E=scott1.dmp,scott2.dmp,dmpdir:scott3.dmp
ENCRYPTION_PASSWORD	用于访问加密列数据的口令关键字。此参数对网络导入作业无效
ESTIMATE	计算作业估计值,其中有效关键字为:(BLOCKS)和 STATISTICS
EXCLUDE	排除特定的对象类型,例如 EXCLUDE=TABLE:EMP
FLASHBACK_SCN	用于将会话快照设置回以前状态的 SCN
FLASHBACK_TIME	用于获取最接近指定时间的 SCN 的时间
FULL	从源导入全部对象(Y)
HELP	显示帮助消息(N)
INCLUDE	包括特定的对象类型,例如 INCLUDE=TABLE_DATA
JOB_NAME	要创建的导入作业的名称
LOGFILE	日志文件名（import.log）
NETWORK_LINK	链接到源系统的远程数据库的名称
NOLOGFILE	不写入日志文件
PARALLEL	更改当前作业的活动 worker 的数目
PARFILE	指定参数文件
PARTITION_OPTIONS	指定应如何转换分区,其中有效关键字为:DEPARTITION,MERGE 和（NONE)
QUERY	用于导入表的子集的谓词子句
REMAP_DATA	指定数据转换函数,例如:REMAP_DATA=EMP.EMPNO:REMAPPKG.EMPNO
REMAP_DATAFILE	在所有 DDL 语句中重新定义数据文件引用
REMAP_SCHEMA	将一个方案中的对象加载到另一个方案
REMAP_TABLE	表名重新映射到另一个表,例如 REMAP_TABLE=EMP.EMPNO:REMAPPKG.EMPNO
REMAP_TABLESPACE	将表空间对象重新映射到另一个表空间
REUSE_DATAFILES	如果表空间已存在,则将其初始化（N）
SCHEMAS	要导入的方案的列表
SKIP_UNUSABLE_INDEXES	跳过设置为无用索引状态的索引
SQLFILE	将所有的 SQL DDL 写入指定的文件
STATUS	在默认值（0）将显示可用时的新状态的情况下,要监视的频率（以秒计）作业状态
STREAMS_CONFIGURATION	启用流元数据的加载
TABLE_EXISTS_ACTION	导入对象已存在时执行的操作。有效关键字:(SKIP),APPEND,REPLACE 和 TRUNCATE
TABLES	标识要导入的表的列表
TABLESPACES	标识要导入的表空间的列表
TRANSFORM	要应用于适用对象的元数据转换。有效转换关键字为:SEGMENT_ATTRIBUTES,STORAGE,OID 和 PCTSPACE
TRANSPORTABLE	用于选择可传输数据移动的选项。有效关键字:ALWAYS 和（NEVER)。仅在 NETWORK_LINK 模式导入操作中有效

参数选项	参数说明
TRANSPORT_DATAFILES	按可传输模式导入的数据文件的列表
TRANSPORT_FULL_CHECK	验证所有表的存储段（N）
TRANSPORT_TABLESPACES	要从中加载元数据的表空间的列表。仅在 NETWORK_LINK 模式导入操作中有效
VERSION	要导出的对象的版本，其中有效关键字为：（COMPATIBLE），LATEST 或任何有效的数据库版本。仅对 NETWORK_LINK 和 SQLFILE 有效

任务 8.1　图书销售管理数据库的数据导出和导入

图书销售管理系统中存在着大量数据，如供应商信息、出版社信息、图书信息、入库单信息以及销售单信息等。在日常图书销售管理中为了保证在操作系统或硬件出现故障时能快速进行数据还原，Oracle 系统提供了两种方式：一种是使用 Data Pump 工具实现数据的导出和导入，另一种是利用数据的备份与恢复。

子任务 1　使用数据泵（EXPDP）导出图书销售管理数据库中的数据

【任务分析】

图书销售管理系统中的信息是非常重要的，为了保证图书销售管理数据库在系统出现故障时能快速还原到当前状态，可以使用数据泵（EXPDP）将其导出，然后使用数据泵（IMPDP）将其导入。

使用数据泵（EXPDP）导出数据命令的基本格式如下：

```
EXPDP user_name/password[@sid] DIRECTORY=directory_name DUMPFILE=file_name [OPTIONS]
```

命令说明如下：

（1）user_name：连接数据库的用户名。

（2）password：数据库用户的口令。

（3）@sid：指定连接的数据库名称，如果没有指定则表示默认数据库。

（4）DIRECTORY＝directory_name：指定目录对象名。

（5）DMPFILE＝file_name：指定导出数据文件名。

（6）OPTIONS：EXPDP 命令的其他参数选项，如导出表则指定 TABLES、导出数据库则指定 FULL、导出表空间则指定 TABLESPACES。

本任务利用数据泵导出图书表、入库单表、销售单表，导出整个数据库和导出表空间。本任务导出的 dump 数据文件保存在"D:\mydump"文件夹。

【任务实施】

1. 导出图书销售管理数据库的图书表 books、入库单表 entryorders 和销售单表 saleorders

（1）查看环境变量中是否对 Oracle 系统的 bin 目录进行配置，如果配置则此处省略，如果没有配置，则在我的电脑上，右击选择属性，在弹出的对话框中，单击"高级"选项卡，再单击"环境变量"按钮，在弹出的环境变量对话框中，编辑"Path"系统变量，添加"E:\app\Administrator\product\11.1.0\db_1\BIN"。

（2）在 D 盘上创建文件夹 mydump，再创建目录对象 mydump，指向"D:\mydump"文件夹，后面的操作都使用 mydump 目录对象。代码如下：

SQL>CREATE DIRECTORY mydump AS ′D:\mydump′；

目录已创建。

（3）导出图书销售管理数据库中的图书表 books、入库单表 entryorders 和销售单表 saleorders，导出文件 booktables.dmp

①单击【开始】→【运行】，在"运行"对话框中输入"cmd"进入 DOS 控制台。

②在 DOS 控制台输入数据泵导出数据表的 EXPDP 命令，命令如下：

C:\…>EXPDP system/system DIRECTORY＝mydump DUMPFILE＝booktables.dmp TABLES＝books,entryorders,saleorders

③执行 EXPDP 命令后，显示表的导出过程如下。从导出结果来看，输出文件名称为 booktables.dmp。

Export：Release 11.1.0.7.0-Production on　星期一，20 5 月，2013 10:21:39

Copyright (c) 2003,2007,Oracle.　All rights reserved.

连接到：Oracle Database 11g Enterprise Edition Release 11.1.0.7.0-Production

With the Partitioning,OLAP,Data Mining and Real Application Testing options

启动 ″SYSTEM″.″SYS_EXPORT_TABLE_01″: system/********DIRECTORY＝mydump DUMPFILE＝booktables.dmp TABLES＝books,entryorders,saleorders

正在使用 BLOCKS　方法进行估计…

处理对象类型 TABLE_EXPORT/TABLE/TABLE_DATA

使用 BLOCKS　方法的总估计：192 kB

处理对象类型 TABLE_EXPORT/TABLE/TABLE

处理对象类型 TABLE_EXPORT/TABLE/INDEX/INDEX

处理对象类型 TABLE_EXPORT/TABLE/CONSTRAINT/CONSTRAINT

处理对象类型 TABLE_EXPORT/TABLE/INDEX/STATISTICS/INDEX_STATISTICS

处理对象类型 TABLE_EXPORT/TABLE/CONSTRAINT/REF_CONSTRAINT

处理对象类型 TABLE_EXPORT/TABLE/INDEX/FUNCTIONAL_AND_BITMAP/INDEX

处理对象类型 TABLE_EXPORT/TABLE/INDEX/STATISTICS/FUNCTIONAL_AND_BITMAP/INDEX_STA TISTICS

处理对象类型 TABLE_EXPORT/TABLE/STATISTICS/TABLE_STATISTICS

.. 导出了 ″SYSTEM″.″BOOKS″　　　　　　　　14.16 kB　　40　行

.. 导出了 ″SYSTEM″.″ENTRYORDERS″　　　　9.804 kB　　40　行

.. 导出了 ″SYSTEM″.″SALEORDERS″　　　　9.585 kB　　43　行

已成功加载/卸载了主表 ″SYSTEM″.″SYS_EXPORT_TABLE_01″

****

小提示：

使用 EXPDP 命令导出数据表必须指定 TABLES 参数，为该参数指定一个或多个表名称，将导出指定的表信息。

2. 导出图书销售管理数据库 book，导出文件为 bookdb.dmp

为了保证导出数据的完整性，在导出数据时可以选择参数 FULL，参数值为 y，则导出整个数据库。

（1）单击【开始】→【运行】，在"运行"对话框中输入"cmd"进入 DOS 控制台。

（2）在 DOS 控制台下，输入导出图书销售管理数据库的 EXPDP 命令，命令如下：

C:\…>EXPDP system/system DIRECTORY＝mydump DUMPFILE＝bookdb.dmp FULL＝y

3. 导出图书销售管理数据库默认表空间 bookspace，导出文件为 bookspace.dmp

（1）单击【开始】→【运行】，在运行对话框中输入"cmd"进入 DOS 控制台。

（2）在 DOS 控制台下，输入导出图书销售管理数据库表空间的 EXPDP 命令，命令如下：

C:\…>EXPDP system/system @book DIRECTORY＝mydump DUMPFILE＝bookspace.dmp TABLESPACES＝bookspace

显示导出过程如下：

Export：Release 11.1.0.7.0-Production on　星期一,20 5 月,2013 10:40:46

Copyright (c) 2003,2007,Oracle.　All rights reserved.

连接到：Oracle Database 11g Enterprise Edition Release 11.1.0.7.0- Production

With the Partitioning,OLAP,Data Mining and Real Application Testing options

启动 "SYSTEM"."SYS_EXPORT_TABLESPACE_01"：　system/******** DIRECTORY＝mydump DUMPFILE＝bookspace.dmp TABLESPACES＝bookspace

正在使用 BLOCKS　方法进行估计...

处理对象类型 TABLE_EXPORT/TABLE/TABLE_DATA

使用 BLOCKS　方法的总估计：0 kB

处理对象类型 TABLE_EXPORT/TABLE/TABLE

处理对象类型 TABLE_EXPORT/TABLE/CONSTRAINT/CONSTRAINT

处理对象类型 TABLE_EXPORT/TABLE/INDEX/STATISTICS/INDEX_STATISTICS

处理对象类型 TABLE_EXPORT/TABLE/CONSTRAINT/REF_CONSTRAINT

处理对象类型 TABLE_EXPORT/TABLE/STATISTICS/TABLE_STATISTICS

..　导出了 "SYSTEM"."SALEORDERS_PART"："MYPART1"　　　　0 kB　　　0 行

..　导出了 "SYSTEM"."SALEORDERS_PART"："MYPART2"　　　　0 kB　　　0 行

..　导出了 "SYSTEM"."SALEORDERS_PART"："MYPART3"　　　　0 kB　　　0 行

已成功加载/卸载了主表 "SYSTEM"."SYS_EXPORT_TABLESPACE_01"

****

4. 将图书销售管理数据库图书表 books 中类别代码（type_id）为 T 的数据导出，导出文件 booktype.dmp

（1）单击【开始】→【运行】，在"运行"对话框中输入"cmd"进入 DOS 控制台。

（2）在 DOS 控制台下，输入导出带条件查询的 EXPDP 命令，命令如下：

C:\…>EXPDP system/system DIRECTORY＝mydump DUMPFILE＝booktypc.dmp TABLES＝books QUERY＝\"WHERE type_id='T'\"

小提示：

参数 QUERY 的参数值，必须用转义字符"\"将特殊符号转义为普通字符，如双引号、单引号等。

显示导出过程如下：

Export：Release 11.1.0.7.0-Production on　星期一,20 5 月,2013 10:43:04

Copyright (c) 2003,2007,Oracle.　All rights reserved.

连接到：Oracle Database 11g Enterprise Edition Release 11.1.0.7.0-Production

With the Partitioning,OLAP,Data Mining and Real Application Testing options

启动 "SYSTEM"."SYS_ EXPORT _ TABLE _ 01"：　system/******** DIRECTORY＝mydump DUMPFILE＝booktype.dmp TABLES＝books QUERY＝"WHERE type_id='T'"

正在使用 BLOCKS 方法进行估计...

处理对象类型 TABLE_EXPORT/TABLE/TABLE_DATA

使用 BLOCKS 方法的总估计：64 kB

处理对象类型 TABLE_EXPORT/TABLE/TABLE

处理对象类型 TABLE_EXPORT/TABLE/INDEX/INDEX

处理对象类型 TABLE_EXPORT/TABLE/CONSTRAINT/CONSTRAINT

处理对象类型 TABLE_EXPORT/TABLE/INDEX/STATISTICS/INDEX_STATISTICS

处理对象类型 TABLE_EXPORT/TABLE/CONSTRAINT/REF_CONSTRAINT

处理对象类型 TABLE_EXPORT/TABLE/INDEX/FUNCTIONAL_AND_BITMAP/INDEX

处理对象类型 TABLE_EXPORT/TABLE/INDEX/STATISTICS/FUNCTIONAL_AND_BITMAP/
　　　　　　INDEX_STA TISTICS

处理对象类型 TABLE_EXPORT/TABLE/STATISTICS/TABLE_STATISTICS

.. 导出了 "SYSTEM"."BOOKS"　　　　　　　　9.921 kB　　　0 行

已成功加载/卸载了主表 "SYSTEM"."SYS_EXPORT_TABLE_01"

****

SYSTEM.SYS_EXPORT_TABLE_01 的转储文件集为：

　　D:\MYDUMP\booktype.dmp

作业 "SYSTEM"."SYS_EXPORT_TABLE_01" 已于 10:43:20 成功完成

子任务 2　使用数据泵(IMPDP)导入数据到图书销售管理数据库

【任务分析】

数据泵(IMPDP)用来实现将数据泵(EXPDP)导出的数据导入数据库。子任务 1 使用数据泵(EXPDP)导出图书销售管理数据库的数据表、数据库和表空间，可以使用数据泵(IMPDP)将其导入图书销售管理数据库。

使用数据泵(IMPDP)导入数据命令的基本格式如下：

IMPDP user_name/password[@sid]　　DIRECTORY = directory_name DUMPFILE = file_name [TABLE−EXISTS_ACTION=replace]　[OPTIONS]

命令中参数选项 TABLE-EXISTS_ACTION＝replace，表示如果要导入的对象已经存在，则覆盖该对象并加载数据。

本任务利用数据泵导入 booktables.dmp 文件的数据表，导入 bookdb.dmp 文件的整个数据库和导入 bookspace.dmp 的表空间。本任务导入的数据文件保存在"D:\mydump"文件夹。

【任务实施】

1. 将导出的数据表文件 booktables.dmp 导入图书销售管理数据库

(1)单击【开始】→【运行】，在"运行"对话框中输入"cmd"进入 DOS 控制台。

(2)在 DOS 控制台输入数据泵导入数据表的 IMPDP 命令，命令如下：

C:\…＞IMPDP system/system DIRECTORY＝mydump DUMPFILE＝booktables.dmp TABLES＝books，entryorders，saleorders TABLE_EXISTS_ACTION＝replace

导入执行过程如下：

Import：Release 11.1.0.7.0-Production on 星期一，20 5 月，2013 10:46:06

Copyright (c) 2003，2007，Oracle. All rights reserved.

连接到：Oracle Database 11g Enterprise Edition Release 11.1.0.7.0-Production

With the Partitioning,OLAP,Data Mining and Real Application Testing options

已成功加载/卸载了主表 "SYSTEM"."SYS_IMPORT_TABLE_01"

启动 "SYSTEM"."SYS_IMPORT_TABLE_01"：　system/******** DIRECTORY＝mydump DUMPFILE＝booktables. dmp TABLES＝books,entryorders,saleorders TABLE_EXISTS_ACTION＝replace

处理对象类型 TABLE_EXPORT/TABLE/TABLE

处理对象类型 TABLE_EXPORT/TABLE/TABLE_DATA

.. 导入了 "SYSTEM"."BOOKS"   14. 16 kB   40 行
.. 导入了 "SYSTEM"."ENTRYORDERS"   9. 804 kB   40 行
.. 导入了 "SYSTEM"."SALEORDERS"   9. 585 kB   43 行

处理对象类型 TABLE_EXPORT/TABLE/INDEX/INDEX

处理对象类型 TABLE_EXPORT/TABLE/CONSTRAINT/CONSTRAINT

处理对象类型 TABLE_EXPORT/TABLE/INDEX/STATISTICS/INDEX_STATISTICS

处理对象类型 TABLE_EXPORT/TABLE/CONSTRAINT/REF_CONSTRAINT

处理对象类型 TABLE_EXPORT/TABLE/INDEX/FUNCTIONAL_AND_BITMAP/INDEX

处理对象类型 TABLE_ EXPORT/TABLE/INDEX/STATISTICS/FUNCTIONAL_ AND_ BITMAP/INDEX_STA TISTICS

处理对象类型 TABLE_EXPORT/TABLE/STATISTICS/TABLE_STATISTICS

作业 "SYSTEM"."SYS_IMPORT_TABLE_01" 已于 10:46:12 成功完成

在执行语句中,使用 IMPDP 命令,指定了 TABLE 导入模式,使用 DIRECTORY 和 DUMPFILE 参数,指定 mypump 目录对象对应目录中的 booktables. dmp 文件。

在 IMPDP 命令中,指定 system/system,表示将数据导入 system 用户模式中,也可以导入其他模式中,语句格式如下：

IMPDP system_manager/admin@ book DIRECTORY＝mydump DUMPFILE＝booktables. dmp TABLES＝books,entryordeers,saleorders TABLE-EXISTS_ACTION＝replace REMAP_SCHEMA＝system:system

小提示：

上述代码将导出的一个用户模式(system)中的内容导入另一个模式(system_manager)中,必须要添加 REMAP_SCHEMA 参数选项。

2. 将导出的数据库文件 bookdb. dmp 导入图书销售管理数据库

(1)单击【开始】→【运行】,在"运行"对话框中输入"cmd"进入 DOS 控制台。

(2)在 DOS 控制台输入数据泵导入数据库的 IMPDP 命令,命令如下：

C:\…＞IMPDP system/system DIRECTORY＝mydump DUMPFILE＝bookdb. dmp FULL＝y

3. 将导出的表空间 bookspace. dmp 文件内容导入图书销售管理数据库

(1)单击【开始】→【运行】,在"运行"对话框中输入"cmd"进入 DOS 控制台。

(2)在 DOS 控制台输入数据泵导入表空间的 IMPDP 命令,命令如下：

C:\…＞IMPDP system/system DIRECTORY＝mydump DUMPFILE＝bookspace. dmp TABLESPACES＝bookspace

4. 将导出的 books 表中类别为"T"的 booktype. dmp 文件内容导入图书销售管理数据库

(1)单击【开始】→【运行】,在"运行"对话框中输入"cmd"进入 DOS 控制台。

(2)在 DOS 控制台输入数据泵导入数据的 IMPDP 命令,命令如下：

C:\…＞IMPDP system/system DIRECTORY＝mydump DUMPFILE＝booktype. dmp TABLES＝books QUERY＝\"WHERE type_id='T'\"

任务 8.2   使用 Data Dump 工具实现数据库之间的迁移

【任务分析】

在实际应用中有时会遇到在数据库之间转移大量数据的情况,Oracle 中使用 EXPDP 和 IMPDP 工具通过传输表空间实现在数据库之间进行数据迁移。

实现步骤如下:

(1)在源和目标数据库上为转储文件集和表空间数据文件设置目录对象。

(2)使用 DBMS_TTS. TRANSPORT_SET_CHECK 过程体检查表空间的自相容性。

(3)使用 EXPDP 命令为 mytemp1 表空间创建元数据。

(4)使用 DBMS_FILE_TRAANSFER 存储过程将转储文件集和数据文件复制到目标数据库。

(5)在目标数据库上,使用 IMPDP 命令添加表空间。

本任务将表空间 bookspace 从 book 数据库迁移到 orcl 数据库。

【任务实施】

(1)在源数据库 book 和目标数据库上创建目录对象

①使用 system 用户连接到源数据库 book,创建保存转储文件集的目录对象 book_dmp,指向表空间 bookspace 的数据文件的存储位置的目录对象 book_dbf,代码如下:

```
SQL>CREATE DIRECTORY book_dmp AS 'E:\mybook';
目录已创建。
SQL>CREATE DIRECTORY book_dbf AS 'E:\mybook';
目录已创建。
```

②使用 system 用户连接到源数据库 orcl,创建保存转储文件集的目录对象 orcl_dmp,指向表空间 bookspace 的数据文件的存储位置的目录对象 orcl_dbf,代码如下:

```
SQL>CREATE DIRECTORY orcl_dmp AS 'E:\myorcl';
目录已创建。
SQL>CREATE DIRECTORY orcl_dbf AS 'E:\myorcl';
目录已创建。
```

(2)检查表空间的自相容性

在迁移表空间 bookspace 之前,使用 DBMS_TTS. TRANSPORT_SET_CHECK 过程进行检查,确保表空间中的所有对象都是自包含的,代码如下:

```
SQL>CONNECT sys/admin AS SYSDBA;
已连接。
SQL>EXEC DBMS_TTS. TRANSPORT_SET_CHECK('bookspace',TRUE);
PL/SQL   过程已成功完成。
SQL>SELECT * FROM transport_set_violations;
未选定行。
```

如果没有查找到任何行,这表示表空间没有外部相关对象,或者属于 sys 拥有的任何对象。

小提示☞:

必须以 DBA 身份登录,才能使用 DBMS_TTS. TRANSPORT_SET_CHECK 存储过程。

（3）使用 EXPDP 导出 bookspace 表空间的元数据

在 Oracle 数据库上，首先设置表空间 bookspace 为只读，表示不允许用户对该表空间进行修改，然后执行 EXPDP 命令，导出表空间 bookspace 相关的元数据，代码如下：

SQL>ALTER TABLESPACE bookspace READ ONLY;

表空间已更改。

C:\…>IMPDP system/system DIRECTORY=book_dmp DUMPFILE=book_temp.dmp TABLESPACES=bookspace

（4）使用 DBMS_FILE_TRANSFER 存储过程复制文件

调用 DBMS_FILE_TRANSFER 存储过程，将表空间 bookspace 的数据文件复制到远程数据库 orcl 中，代码如下：

SQL>EXECUTE DBMS_FILE_TRANSFER.PUT_FILE('book_dbf','bookspace.dbf','orcl_dbf','

　2　bookspace.dbf','orcl');

PL/SQL　过程已成功完成。

（5）使用 IMPDP 导入元数据

在目标数据库 orcl 上运行 IMPDP，以便读取元数据，并导入表空间数据文件。命令如下：

C:\…>IMPDP system/system DIRECTORY=orcl_dbf　DUMPFILE=book_temp.dmp

PL/SQL 过程已成功完成。

最后将 bookspace 表空间修改为可读可写操作，代码如下：

SQL>ALTER TABLESPACE bookspace READ WRITE;

表空间已更改。

任务 8.3　导出和导入 SQL Server 数据库中的数据

在实际应用系统中，经常遇到不同数据库系统之间进行数据交换，如 Oracle 数据库导出与导入 SQL Server 数据库中，或者导出与导入 ACCESS 数据库。Oracle 数据库系统并没有提供与其他类型的数据库系统之间进行导出或导入的工具，那么如何来实现 Oracle 数据库系统与其他数据库之间的导入与导出呢？我们可以利用 ODBC 数据源接口和其他数据库管理系统的导出与导入功能实现。

【任务分析】

SQL Server 数据库系统是微软公司开发的一种大型关系数据库系统软件，目前流行版本是 SQL Server 2008。它工作在 Windows 操作系统平台之上，将结构化、半结构化和非结构化文档数据直接存储到数据库中。SQL Server 2008 提供了一系列的数据库服务，如数据引擎服务（核心服务）、分析服务、通知服务和报表服务以及全文检索服务等。同时可以利用 .NET 应用数据库 SQL Server 2008 开发应用程序。

本任务利用 SQL Server 的 SSIS 工具将 Oracle 数据库图书销售中的图书表 books 导入和导出到 SQL Server 的 book 数据库中，实现 Oracle 数据库与 SQL Server 数据库之间的数据转换。

【任务实施】

1. 将 Oracle 数据库系统中的 book 数据库的 books 数据表导入 SQL Server 数据库系统的 book 数据库

（1）使用 SQL Server Management Studio 工具连接到 SQL Server 2008 服务器，并创建新的数据库 book。

①连接到 SQL Server 2008 服务器

单击【开始】→【程序】→【Microsoft SQL Server 2008 R2】→【SQL Server Management Studio】,在打开的 SQL Server Management Studio 窗口,弹出"连接到服务器"对话框,如图 8-6 所示。在"连接到服务器"对话框中,选择"服务器类型"为"数据库引擎","服务器名称"为"DBSERVER(本机)","身份验证"为 SQL Server 身份验证,"登录名"为 sa,"密码"为 sa,最后单击【连接】按钮完成。

图 8-6 "连接到服务器"对话框

②创建 SQL Server 数据库 book

在 SQL Server Management Studio 窗口的对象资源管理器中,右击数据库节点,再单击"新建数据库"命令,在弹出的"创建数据库"对话框中,按提示操作创建名称为 book 的数据库。具体操作过程略。

(2)使用 SSIS 导入 Oracle 数据库系统中的图书销售管理数据库的 books 数据表

①在对象资源管理器中,展开数据库节点,在 book 数据库上右击,选择【所有任务】→【导入数据】,弹出"欢迎使用 SQL Server 导入和导出向导"窗口,如图 8-7 所示。

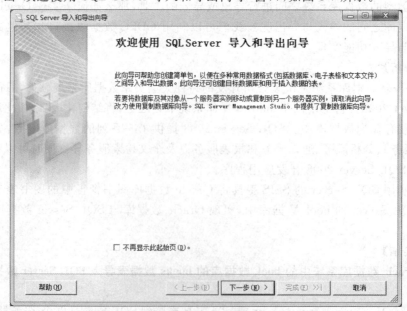

图 8-7 "欢迎使用 SQL Server 导入和导出向导"窗口

②在该窗口中单击【下一步】按钮,弹出"选择数据源"窗口,如图 8-8 所示。在该窗口中,选择数据源类型为"Microsoft OLE DB Provider for Oracle",单击【属性】按钮,弹出"数据链接属性"对话框,如图 8-9 所示。

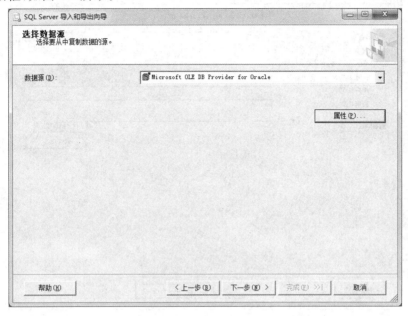

图 8-8 "选择数据源"窗口

③在"数据链接属性"对话框中,"输入服务器名称"为"book",登录数据库的"用户名称"为"system","密码"为"system",必须选择"允许保存密码",单击【测试连接】按钮,如果连接成功,则表示与 Oracle 的服务器连接成功,否则修改相关信息。单击【确定】按钮,返回"选择数据源"窗口。

图 8-9 "数据链接属性"对话框

④在"选择数据源"窗口中单击【下一步】按钮,弹出"选择目标"窗口,选择"目标"为"SQL Server Native Client 10.0","服务器名称"为"DBSERVER"(本机),"身份验证"为"使用 SQL Server 身份验证","用户名"和"密码"为"sa","数据库"选择前面创建的"book"数据库,如图 8-10 所示。

图 8-10 "选择目标"窗口

⑤在"选择目标"窗口中单击【下一步】按钮,弹出"指定表复制或查询"窗口,如图 8-11 所示。

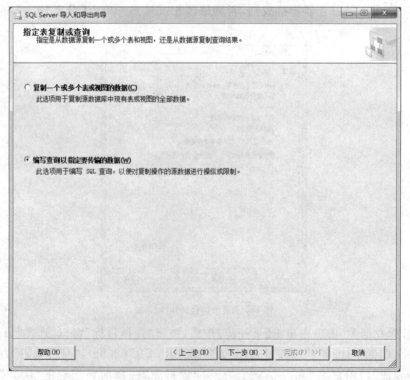

图 8-11 "指定表复制或查询"窗口

　　⑥在"指定表复制或查询"窗口中,选择"编写查询以指定要传输的数据",然后单击【下一步】按钮,弹出"提供源查询"窗口,在"提供源查询"窗口中输入查询 books 数据表的 SELECT 语句,如图 8-12 所示。

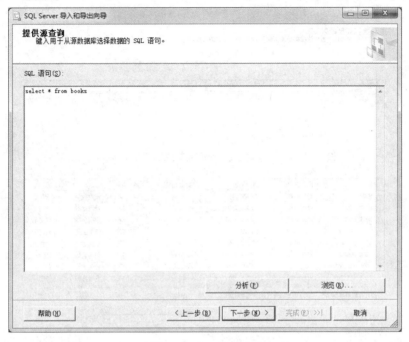

图 8-12　"提供源查询"窗口

　　⑦在"提供源查询"窗口中单击【分析】按钮,系统分析输入的 SELECT 语句是否正确,如果正确,单击【下一步】按钮,弹出"选择源表和源视图"窗口,在窗口中单击"目标"列下方的编辑框,将查询改为"books",即目标表名,如图 8-13 所示。

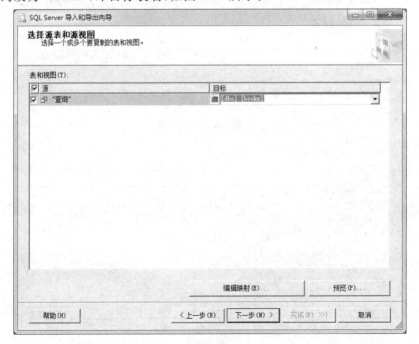

图 8-13　"选择源表和源视图"窗口

⑧在"选择源表和源视图"窗口中单击【下一步】按钮,弹出"查看数据类型映射"窗口,如图 8-14 所示。在"查看数据类型映射"窗口中直接单击【下一步】按钮,弹出"保存并运行包"窗口,选择"立即运行",如图 8-15 所示。

图 8-14　"查看数据类型映射"窗口

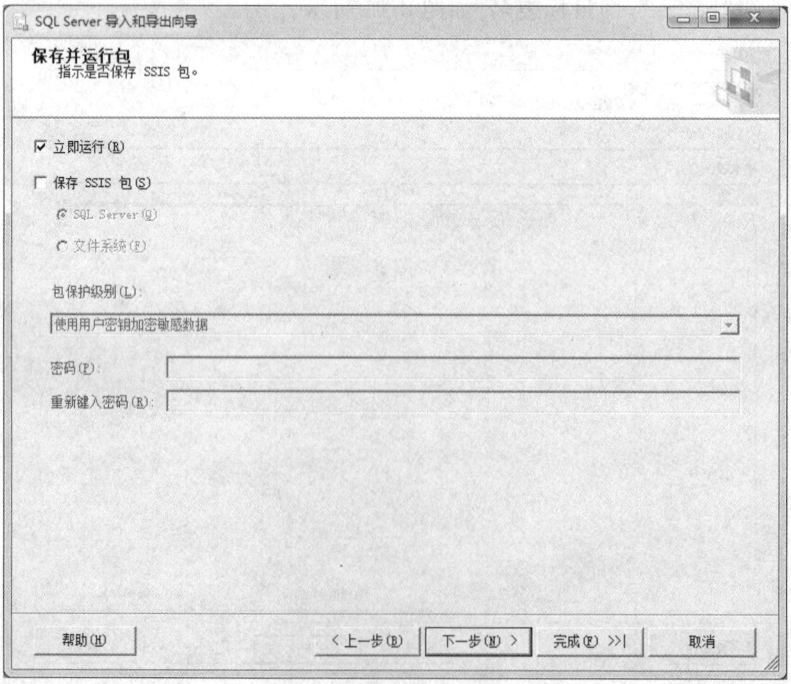

图 8-15　"保存并运行包"窗口

⑨在"保存并运行包"窗口中单击【下一步】按钮,弹出"完成该向导"窗口,如图 8-16 所示。单击【完成】按钮,开始导入数据,显示"执行成功"窗口,如图 8-17 所示,最后单击【关闭】按钮,完成数据导入过程。

图 8-16　"完成该向导"窗口

图 8-17　"执行成功"窗口

2. SQL Server 2008 导出数据到 Oracle 数据库系统

从 SQL Server 数据库将数据导出到 Oracle 数据库操作过程同 SQL Server 2008 导入 Oracle 数据基本相同,只是数据源和目标有所不同而已。操作过程略。

任务小结

为提高数据库的安全性和完整性,当计算机系统出现硬故障和软故障时,能保证及时恢复正常工作状态,Oracle 提供了数据导出和导入功能实现逻辑备份与逻辑恢复。本任务重点介绍了 Data Dump 工具实现 Oracle 数据的导入与导出、不同数据库之间的迁移以及 Oracle 数据库与 SQL Server 数据库之间的数据转换操作。

任务实训 学生管理系统数据的导出和导入

一、实训目的和要求

1. 掌握使用 Data Dump 工具导出数据

2. 掌握使用 Data Dump 工具导入数据

3. 掌握导出和导入其他类型的文件数据

二、实训知识准备

1. 使用 Data Dump 工具的前期准备工作

2. Data Dump Export 导出模式和导出选项

3. Data Dump Import 导入模式和导入选项

三、实训内容和步骤

使用数据泵的 EXPDP 和 IMPDP 应用程序,对数据进行导出和导入操作,其实是对数据进行逻辑备份和恢复。对数据进行增加和修改操作后,需要对数据进行及时备份,以便在数据损坏时对数据进行恢复。

以下操作导出和导入的文件均保存在 D 盘下的 studentdmp 文件夹,目录对象名为 studentpump。

1. 使用 EXPDP 命令将学生管理数据库中系别表、班级表、学生表、课程表和成绩表导出,导出文件为 studenttables. dmp。

2. 使用 EXPDP 命令将学生管理数据库导出,导出文件为 studentdb. dmp。

3. 使用 EXPDP 命令将学生管理数据库的 studentspace 表空间导出,导出文件为 studentspace. dmp。

4. 使用 IMPDP 命令将系别表、班级表、学生表、课程表和成绩表的备份文件 studenttables. dmp 导入。

5. 使用 IMPDP 命令将备份的学生数据库 studentdb. dmp 导入。

6. 使用 IMPDP 命令将学生数据库表空间备份文件 studentspace. dmp 导入。

7. 将学生数据库中的所有数据表导出到 SQL Server 数据库系统中的 student 数据库。

8. 对导入的 SQL Server 数据库系统中的 student 数据库修改,在 student 数据表中增加两条记录,然后将 student 表导入 Oracle 数据库系统中的 student 数据库,并连接到 student 数据库,使用 SELECT 语句查看是否成功导入。

思考与练习

一、填空题

1. 使用 Data Dump 工具进行逻辑数据备份，_____命令实现数据导出，_____命令实现数据导入。

2. 使用 EXPDP 工具导出数据前，必须要建立_____对象，用来指向将要使用操作系统的外部目录。

3. 在使用 EXPDP 和 IMPDP 工具导出和导入数据表时，必须要指定_____参数。

4. 在使用 EXPDP 和 IMPDP 工具导出和导入整个数据库时，必须要指定_____参数，参数值为_____。

5. 在使用 EXPDP 和 IMPDP 工具导出和导入表空间时，必须要指定_____参数。

6. 在 DOS 控制台，使用_____命令启动导出数据，使用_____命令启动导入数据。

7. 根据要导出的对象类型，Oracle 支持五种导出模式，即_____、_____、_____、_____和_____。

8. 在导出数据时，如果要限制返回的行，则使用_____参数加以限制。

9. 在 IMPDP 工具中，可以指定 CONTENT 参数，用来指定要加载的数据，该参数的可选值有 3 个，分别是_____、_____和_____。

10. 要将导出的一个模式中的信息导入另一个模式中，需要使用_____参数。

二、简答题

1. 传统导出/导入数据与数据泵导出/导入有何区别？

2. 使用 Data Dump 工具前要做哪些准备工作？

3. EXPDP 和 IMPDP 导出模式和导入模式分为哪几种？

4. 简述使用 EXPDP 和 IMPDP 工具实现 Oracle 数据库之间传输表空间的操作步骤。

学习重点与难点

- 备份与恢复的概念
- 使用 Rman 备份 Oracle 数据库
- 使用 Rman 恢复 Oracle 数据库
- Oracle 数据库闪回技术的应用

学习目标

- 了解 Oracle 数据库系统的备份与恢复知识
- 掌握 Oracle 数据库备份与恢复方法
- 掌握 Oracle 数据库的闪回技术
- 学会使用 Rman 实现数据的备份与恢复

工作任务

1. 使用 Rman 备份图书销售管理系统的数据。
2. 使用 Rman 恢复图书销售管理系统的数据。
3. 使用闪回功能。

预备知识

数据库系统在运行的过程中,经常会出现由于数据量过大,造成磁盘空间不足,以及因系统硬件或软件方面的故障而出现数据库被破坏的情况。为此在系统发生故障时,为保证数据的连续性、一致性、完整性,需要对数据库及时进行恢复和维护。

知识点1　数据库备份和恢复

1. 数据库备份的概念

数据库备份是将数据库中的数据导出成为副本,该副本包括数据库所有重要的组成部分,如控制文件、数据文件、日志文件等。当数据库因意外事故而无法正常运行时,就可以使用该备份对数据库进行恢复,将意外损失降低到最小。

数据库备份是一项非常复杂的工作,必须认真地规划备份方案并进行大量的操作,这是因为数据对用户而言是非常宝贵的资产,数据库必须保证数据是可靠的、正确的。但是,计算机系统的故障发生,会影响到数据库中数据的正确性,甚至破坏数据库,造成数据库中部分或全部数据的丢失。在发生故障后,数据库管理员必须对数据库进行恢复,保证用户的数据与故障发生前完全一致。

2. 数据库备份的分类

为了最大限度地对数据进行恢复,保证数据库安全运行,应选择最合理的备份方法来防止用户数据的丢失。对于 Oracle 数据库而言,备份方式包括物理备份和逻辑备份。

(1) 物理备份

物理备份是指将实际组成数据库的操作系统文件从一处拷贝到另一处的备份,通常是从磁盘到磁带。该方法实现数据库的完整备份,但数据库必须运行在归档模式下(业务数据库在非归档模式下运行),且需要极大容量的外部存储设备,例如磁带库,具体包括冷备份和热备份。冷备份和热备份是物理备份(也称低级备份),它涉及组成数据库的文件,但不考虑逻辑内容。使用 Rman 备份与还原 Oracle 数据库的方式,属于物理备份方法。

使用 Rman 备份 Oracle 数据库,包括以下三种备份方式。

① 完全备份(Full Backup)与增量备份(Incremental Backup)

完全备份与增量备份是针对数据文件而言的,控制文件和归档日志文件不能进行增量备份。当然,后两者可以做备份优化。

② 打开备份(Open Backup)与关闭备份(Closed Backup)

数据库打开状态下进行备份即打开备份,数据库关闭状态下(加载状态)进行的备份即关闭备份。

③ 一致备份(Consistent Backup)与不一致备份(Inconsistent Backup)

数据库打开状态或不干净关闭状态(Shutdown Abort)进行的备份是不一致备份,利用不一致的备份修复数据库后还需要做数据库的恢复。在数据库干净关闭状态进行的备份是一致备份,利用一致备份修复数据库后不需要做数据库的恢复。

(2) 逻辑备份

逻辑备份是利用 SQL 语言从数据库中抽取数据并存于二进制文件的过程。业务数据库采用此种方式,此方法不需要数据库运行在归档模式下,不但备份简单,而且可以不需要外部存储设备,包括导出/导入(EXPDP/IMPDP)。这种方法包括读取一系列的数据库日志,并写入文件中,这些日志的读取与其所处位置无关。

3. 数据库恢复

数据库恢复,是由于当前数据库存在风险或测试需要,利用有效的备份数据把数据库的当前状态还原成过去某个时刻的安全状态,或者把数据库存在故障的状态转变为无故障状态的过程。由于数据库出现的故障主要包括系统故障和存储介质故障,因此对数据库的恢复也分为实例恢复和介质恢复。

(1) 实例恢复

在数据库实例的运行期间,如果出现实例故障,由于 Oracle 实例不能正常关闭,而且当实例发生故障时,服务器可能正在管理对数据库信息进行处理的事务。在这种情况下,数据库来不及执行一个数据库检查点,以保存内存缓冲区中的数据到数据文件中,这会造成数据文件中数据的不一致性。

实例恢复的目的就是恢复在内存缓冲区中因实例故障,而未保存到数据文件中的数据。实例恢复只需要联机日志文件,不需要归档日志文件。实例恢复的最大特点是 Oracle 系统在下次启动数据库时,会自动使用日志文件进行数据的恢复,而无须用户的参与。

（2）介质恢复

介质恢复主要用于发生存储介质故障时进行恢复，即对被破坏的数据文件和控制文件进行恢复。根据数据库恢复后的运行状态不同，介质恢复方法分为完全数据恢复和不完全数据恢复，至于完全数据恢复和不完全数据恢复的具体内容会在下面 Rman 工具介绍中进行具体阐述。

到目前为止，对数据库进行的恢复都需要管理员进行干预。为了简化数据库的备份与恢复工作，Oracle 提供了恢复管理器工具 Rman，Rman 是一个可以用来备份、恢复和还原数据库的应用程序，具体用法在知识点 2 中进行介绍。

知识点 2　Rman 工具的使用

1. Rman 工具及其特点

（1）Rman 工具简介

Recovery Manager 简称为 Rman，中文含义是恢复管理器，是 Oracle 提供的 DBA 工具，用于管理备份和恢复操作。Rman 只能用于 Oracle 8 或更高的版本。它能够备份整个数据库或数据库部件，其中包括表空间、数据文件，控制文件和归档文件。Rman 可以按要求存取和执行备份与恢复。

（2）Rman 的特点

与传统的备份与恢复方式相比，Rman 主要具有以下特点：

①跳过未使用的数据块

当备份一个 Rman 备份集时，Rman 不会备份从未被写入的数据块。而传统的备份方法无法知道已经使用了哪些数据块。

②备份压缩

Rman 使用的是一种特有的二进制压缩模式来备份设备上的空间，以一种不同于传统备份方法中使用的压缩技术的压缩算法，Rman 使用的压缩算法是定制的，能够最大限度地压缩数据块中的一些典型的数据。

③执行增量备份

使用增量备份每次只需备份上次备份以来发生变化的数据块，可以节省大量的存储空间、备份时间和系统资源等。

④块级别的恢复

Rman 块级别恢复，只需要还原或修复标识为损坏的少量数据块。在 Rman 修复损坏的数据块时，表空间的其他部分以及表空间中的对象仍可以联机。

2. Rman 组件

Rman 是一个以客户端方式运行的备份与恢复工具，Rman 中常用的组件如下：

（1）Rman 命令执行器（Rman Executable）

用来对 Rman 应用程序进行访问，允许 DBA 输入执行备份和恢复操作的命令，通过命令行或者图形界面与 Rman 进行交互。

（2）目标数据库（Target Database）

目标数据库是指要执行备份、转储和恢复操作的数据库。Rman 使用目标数据库的控制文件来收集关于数据库的相关信息，并存储相关的 Rman 操作信息。此外，实际的备份、修复以及恢复操作也是由目标数据库的进程来执行的。

（3）Rman 恢复目录（Rman Recover Catalog）

恢复目录是 Rman 在数据库基础上建立的一种存储对象，由 Rman 自动维护。用来存储执行备份和恢复操作时 Rman 从目标数据库控制文件中获取的信息，如数据库结构、归档日志与数据文件信息等。

（4）Rman 资料档案库（Rman Repository）

使用 Rman 执行相应操作时，使用的管理信息和数据称为 Rman 资料档案库。资料档案库包括备份集、备份段、镜像副本、目标数据库结构和配置设置。

（5）恢复目录数据库（Recover Catalog Database）

用来保存 Rman 恢复目录的数据库，它是一个独立于目标数据库的 Oracle 数据库。

3. Rman 设置与操作

在使用 Rman 进行备份和恢复操作之前，首先应该对 Rman 进行一些必要的设置与操作，例如为 Rman 创建恢复目录、将 Rman 连接到目标数据库以及对 Rman 进行相应的参数设置。另外还需要了解 Rman 中常见的操作命令等。

（1）创建恢复目录

恢复目录是由 Rman 使用和维护，用来存储备份信息的一种存储对象。创建恢复目录的具体步骤如下：

①首先确定数据库处于归档模式，操作如下：

SQL＞CONNECT sys/admin AS SYSDBA;

已连接。

SQL＞ARCHIVE LOG LIST;

数据库日志模式	存档模式
自动存档	启用
存档终点	USE_DB_RECOVERY_FILE_DEST
最早的联机日志序列	178
当前日志序列	180

②创建备份表空间（用来存储相关的备份数据）和 Rman 备份用户，然后对创建的 Rman_admin 用户授予相关权限，权限中必须包括 RECOVERY_CATALOG_OWNER，操作如下：

```
SQL＞CREATE TABLESPACE recovery_tbs
  2   DATAFILE 'E:\myrman\recovery_tbs.dbf' SIZE 10M
  3   AUTOEXTEND ON NEXT 5M
  4   EXTENT MANAGEMENT LOCAL;
```

表空间已创建。

```
SQL＞CREATE USER Rman_admin IDENTIFIED BY Rman_admin
  2   DEFAULT TABLESPACE recovery_tbs;
```

用户已创建。

SQL＞GRANT CONNECT,RESOURCE,RECOVERY_CATALOG_OWNER TO Rman_admin;

授权成功。

③创建恢复目录。首先需要启动 Rman 工具，并使用 Rman_admin 用户登录，来创建恢复目录。具体操作如下：

C:\＞Rman

恢复管理器：Release 11.1.0.7.0 - Production on　星期六 8 月 3 日 09:25:34 2013

Copyright (c) 1982,2007,Oracle.　All rights reserved.

Rman>CONNECT CATALOG Rman_admin/Rman_admin；

连接到恢复目录数据库。

Rman>CREATE CATALOG；

恢复目录已创建。

如果想要删除恢复目录,可以使用如下语句:

DROP CATALOG；

(2)连接到目标数据库

连接到目标数据库是指建立 Rman 与目标数据库之间的连接。在 Rman 中,可以在无恢复目录和有恢复目录这两种情况下连接到目标数据库。

①无恢复目录

• 使用 Rman TARGET 语句

C:\>Rman TARGET/

• 使用 Rman NOCATALOG 语句

C:\>Rman NOCATALOG/

• 使用 Rman TARGET ... NOCATALOG 语句

C:\>Rman TARGET sys/admin NOCATALOG

②有恢复目录

如果在 Rman 中创建了恢复目录,则可以使用 Rman TARGET ... CATALOG ...语句连接到目标数据库,操作如下:

C:\>Rman TARGET sys/admin CATALOG Rman_admin/Rman_admin

恢复管理器:Release 11.1.0.7.0 - Production on　星期六 8 月 3 日 09:32:12 2013

Copyright (c) 1982,2007,Oracle.　All rights reserved.

连接到目标数据库:ORCL (DBID=1342418227)

连接到恢复目录数据库。

在 Rman 中有恢复目录的情况下,连接目标数据库后还需要对数据库进行注册。注册目标数据库时,需要使用 REGISTER 命令,操作如下:

Rman>REGISTER DATABASE；

注册在恢复目录中的数据库。

正在启动全部恢复目录的 resync

完成全部 resync

③取消目标数据库的注册

到此为止,Rman 恢复目录与目标数据库已经连接成功。如果要取消目标数据库的注册,可以使用 UNREGISTER 命令或使用过程。此处使用命令实现,如下:

Rman>UNREGISTER DATABASE；

数据库名为"ORCL" 且 DBID 为 1342418227

是否确实要注销数据库(输入 YES 或 NO)?

已从恢复目录中注销数据库。

根据提示,在输入 YES 后,Oracle 将自动执行注销操作。

(3)Rman 命令

常用的 Rman 命令见表 9-1。

表 9-1	常用的 Rman 命令
命　令	说　明
@	在@后指定的路径名处运行脚本
STARTUP	启用目标数据库
RUN	运行"{"和"}"之间的一组 Rman 语句
SET	为 Rman 会话过程设置配置信息
SHOW	显示所有的或单个的 Rman 配置
SHUTDOWN	从 Rman 关闭目标数据库
SQL	运行那些使用标准 Rman 命令不能完成的 SQL 命令
ADVISE FAILURE	显示针对所发现故障的修复选项
BACKUP	执行带有或不带有归档重做日志的 Rman 备份
CATALOG	将有关文件副本和用户管理备份的信息添加到存储库
CHANGE	改变 Rman 存储库中的备份状态
CONFIGURE	为 Rman 配置持久化参数
CONVERT	为跨平台传送表空间或整个数据库而转换数据文件个数
CREATE CATALOG	为一个或多个目标数据库创建包括 Rman 元数据的存储库目录
CROSSCHECK	对照磁盘或磁带上的实际文件,检查 Rman 存储库中的备份记录
DELETE	删除备份文件或副本,并在目标数据库控制文件中将他们标识为 deleted
DUPLICATE	使用目标数据库的备份来创建副本数据库
FLASHBACK	执行 FLASHBACK DATABASE(闪回数据库)操作
LIST	显示在目标数据库控制文件或者整个数据库执行完全的或不完全的恢复
RECOVER	对数据文件、表空间或者整个数据库执行完全的或不完全的恢复
REGISTER DATABASE	在 Rman 存储库中注册目标数据库
REPAIR FAILURE	修复自动诊断存储库中记录的一个或多个障碍
REPORT	对 Rman 存储数据库进行详尽的分析
RESTORE	通常在存储介质失效后,将文件从映像副本或备份集恢复到磁盘上
TRANSPORT TABLESPACE	为一个或多个表空间的备份创建可移植的表空间集
VALIDATE	检查备份集并报告它的数据是否发生变化

（4）设置 Rman

为了简化数据库管理员的工作,可以维护 Rman 中的参数设置,也就是说,这些设置在 Rman 各会话之间都是有效的。通过 SHOW ALL 命令可以查看这些参数设置信息。根据应用程序的需要,可以对 Rman 中的一些参数进行重新设置。

①保留策略

设置自动保留和管理备份时,可以通过恢复窗口或冗余的方法来实现。使用冗余策略,Rman 将保留每个数据文件和日志文件的特定数量的备份副本。通过恢复窗口,Rman 可以根据需要保留多个备份,以便将数据库切换到恢复窗口内的任何时间点。例如,设置恢复窗口为 7 天,Rman 将会维护足够的映像副本、增量备份和归档重做日志,从而保证将数据库还原和恢复到最后 7 天中的任何时间点。

默认情况下,Rman 使用冗余策略,并且备份副本个数为 1 个(即 RETENTION POLICY TO REDUNDANCY 1 语句)。

【示例 9-1】 将保留策略设置为使用恢复窗口的方法,并且设置恢复时间为 7 天:

Rman>CONFIGURE RETENTION POLICY TO RECOVERY WINDOW OF 7 DAYS;

新的 Rman 配置参数:

CONFIGURE RETENTION POLICY TO RECOVERY WINDOW OF 7 DAYS;

已成功存储新的 Rman 配置参数

正在启动全部恢复目录的 resync

完成全部 resync

②设备类型

Rman 可以使用的通道设备包括磁盘(DISK)和磁带(SBT)。默认的通道设备类型 (DEFAULT DEVICE TYPE)为 DISK,并且为磁盘方式分配的通道个数是 1(DEVICE TYPE DISK PARALLELISM 1)。

【示例 9-2】 将通道设备类型修改为 SBT,并为 Rman 分配两个磁带通道:

Rman>CONFIGURE DEFAULT DEVICE TYPE TO SBT;

新的 Rman 配置参数:

CONFIGURE DEFAULT DEVICE TYPE TO 'SBT_TAPE';

已成功存储新的 Rman 配置参数

正在启动全部恢复目录的 resync

完成全部 resync

Rman>CONFIGURE DEVICE TYPE sbt PARALLELISM 2;

新的 Rman 配置参数:

CONFIGURE DEVICE TYPE 'SBT_TAPE' PARALLELISM 2 BACKUP TYPE TO BACKUPSET;

已成功存储新的 Rman 配置参数

正在启动全部恢复目录的 resync

完成全部 resync

③控制文件自动备份

默认情况下,控制文件不会自动进行备份(CONTROLFILE AUTOBACKUP OFF)。考虑到控制文件的重要性,以及备份控制文件只需要占用很少的磁盘空间,所以,可以设置控制文件为自动备份状态。

【示例 9-3】 将控制文件的备份状态修改为自动备份:

Rman>CONFIGURE CONTROLFILE AUTOBACKUP ON;

新的 Rman 配置参数:

CONFIGURE CONTROLFILE AUTOBACKUP ON;

已成功存储新的 Rman 配置参数

正在启动全部恢复目录的 resync

完成全部 resync

4. Rman 备份与备份类型

在使用 Rman 进行备份时,可以进行的备份类型包括:完全备份(Full Backup)、增量备份 (Incremental Backup)和镜像复制等。在实现备份时,可以使用 BACKUP 命令或 COPYTO 命令。

(1)在进行 Rman 备份时,可以使用 BACKUP 命令,该命令的语法如下:

BACKUP [FULL|INCREMENTAL LEVEL [=] n] (backup_type option);

其中,FULL 表示完全备份;INCREMENTAL 表示增量备份;LEVEL 是增量备份的级别,取值为 0～4(表示 0、1、2、3、4 级增量),0 级增量备份相当于完全备份。

backup_type 是备份对象。BACKUP 命令可以备份的对象包括以下几种:

①DATABASE:表示备份全部数据库,包括所有数据文件和控制文件。

②TABLESPACE:表示备份表空间,可以备份一个或多个指定的表空间。

③DATAFILE:表示备份数据文件。

④ARCHIVELOG[ALL]:表示备份归档日志文件。

⑤CURRENT CONTROLFILE:表示备份控制文件。

⑥DATAFILECOPY[TAG]:表示使用 COPY 命令备份的数据文件。

⑦CONTROLFILECOPY:表示使用 COPY 命令备份的控制文件。

⑧BACKUPSET[ALL]:表示使用 BACKUP 命令备份的所有文件。

option 为可选项,主要参数如下:

①TAG:指定一个标记。

②FORMAT:表示文件存储格式。

③INCLUDE CURRENT CONTROLFILE:表示备份控制文件。

④FILESPERSET:表示每个备份集所包含的文件。

⑤CHANNEL:指定备份通道。

⑥DELETE[ALL]INPUT:备份结束后删除归档日志。

⑦MAXSETSIZE:指定备份集的最大尺寸。

⑧SKIP[OFFLINE|READONLY|INACCESSIBLE]:可以选择的备份条件。

其中 FORMAT 参数用于设置备份文件的存储格式,也可以表示为备份文件的存储目录。

(2)完全备份

完全备份是指对数据库中使用过的所有数据块进行备份,当然,没有使用过的数据块是不做备份的。在一个完全数据库备份中,将所有的数据库文件复制到闪回恢复区。

(3)备份表空间

在数据库中创建一个表空间后,或者在对表空间执行修改操作后,立即对这个表空间进行备份,可以在出现介质失效时缩短恢复表空间所花费的时间。

(4)增量备份

增量备份就是将那些与前一次备份相比发生变化的数据块复制到备份集中。进行增量备份时,Rman 会读取整个数据文件,Rman 可以为单独的数据文件、表空间或者这个数据库进行增量备份。

在 Rman 中建立的增量备份可以具有不同的级别,每个级别都使用一个不小于 0 的整数来标识,也就是在 BACKUP 命令中使用 LEVEL 关键字指定的,例如 LEVEL=0 表示备份级别为 0,LEVEL=1 表示备份级别为 1。

增量备份通过两种方式来实现,见表 9-2。

表 9-2　　　　　　　　　　　　　　增量备份方式

方　式	关键字	默认	说　明
差异备份	DIFFERENTIA	是	将备份上一次进行的同级或者低级备份以来所有变化的数据块
累积备份	CUMULATIVE	否	将备份上一次低级备份以来所有的数据块

（5）镜像复制

Rman 可以使用 COPY 命令创建数据文件的准确副本，即镜像副本（Image Copies）。通过 COPY 命令可以复制数据文件、归档重做日志文件和控制文件。

COPY 命令的基本语法如下：

```
COPY [FULL|INCREMENTAL LEVEL [=] 0 ] input_file TO location_name ;
```

其中，input_file 表示被备份的文件；location_name 表示复制后的文件。

5. Rman 数据恢复模式与命令

使用 Rman 实现正确的备份后，如果数据库文件出现介质错误，可以使用 Rman 通过不同的恢复模式，将系统恢复到某个状态。

（1）Rman 数据恢复模式

①数据库非归档恢复

如果数据库是在非归档模式下运行，并且最近所进行的完全数据库备份有效，则可以在故障发生时进行数据库的非归档恢复。使用 Rman 恢复数据库时，一般情况下需要进行修复和恢复两个过程。

修复数据库：指物理文件的复制。Rman 将启动一个服务器进程，使用磁盘中的备份集或镜像副本，修复数据文件、控制文件以及归档重做日志文件。执行修复数据库时，需要使用 RESTORE 命令。

恢复数据库：恢复数据库主要是指数据文件的介质恢复，即为修复后的数据文件应用联机或归档重做日志，从而将修复的数据库文件更新到当前时刻或指定时刻下的状态。执行恢复数据库时，需要使用 RECOVER 命令。

通过 Rman 执行恢复时，只需要执行 RESTORE 命令，将数据库文件修复到正确的位置，然后就可以打开数据库。也就是说，在 NOARCHIVELOG 模式下的数据库，不需要执行 RECOVER 命令，因为这会导致恢复所有的数据库文件，即使只有一个数据文件不可用。

②数据库归档恢复

与非归档模式的数据库恢复相比，使用数据库归档模式恢复的基本特点是归档重做日志文件的内容将应用到数据文件上，在恢复过程中，Rman 会自动确定恢复数据库需要哪些归档重做日志文件。

③数据块恢复

当数据库中只有少量的块需要恢复时，Rman 可以执行块介质恢复（Block Media Recovery）。块介质恢复可以最小化重做日志应用程序的时间，并能极大地减少恢复所需要的 I/O 数据。在执行块介质恢复时，受影响的数据文件仍可以联机并供用户使用。

Rman 将损坏的块信息记录在视图 v$database_block_corruption 中，可以通过该视图查询损坏的数据块。

为了实现数据块恢复，Rman 必须知道数据文件编号和数据文件内的块编号。根据视图中记录的这两个编号值，执行 RECOVER 语句，可以实现数据块恢复。

④恢复表空间

如果表空间对应的数据文件被损坏，或文件所在的磁盘失效，可以在数据库中执行恢复表空间的操作，在 Rman 中执行恢复表空间操作时，需要使用 RESTORE 命令和 RECOVER 命令。

（2）Rman 数据恢复命令

下面介绍一下上面提到的 Rman 用于数据库恢复的两个重要命令 RESTORE 和

RECOVER,RESTORE 命令可以将 COPY 和 BACKUP 命令备份的文件复制到目标数据库,RECOVER 命令可以对数据库进行同步恢复。RESTORE 命令主要将备份文件复制到数据库目录,而 RECOVER 命令则是通过日志文件对数据文件进行更新。

使用 RESTORE 命令进行恢复的基本语法如下:

```
RESTORE <Object>
```

其中 OBJECT 表示恢复的对象,可以使用的对象如下:

①DATAFILE:表示恢复数据文件

②TABLESPACE:表示恢复一个表空间

③DATABASE:表示恢复整个数据库

④CONTROLFILE TO:表示将控制文件的备份恢复到某个指定目录

⑤ARCHIVELOG ALL:表示将所有的归档日志恢复到指定的目录,为后续使用 RECOVER 命令对数据库进行恢复做好准备。

RECOVER 命令的基本语法与 RESTORE 一样,只是在使用 RECOVER 命令进行恢复时,只可以对表空间、数据文件和整个数据库进行恢复。其中,表空间只能在数据库正常运行状态下实施恢复,如果数据库因为某些原因导致无法启动,则只能恢复数据库文件或数据库。

知识点 3 Oracle 数据库的闪回技术

Oracle 的闪回技术最早出现于 Oracle 9i,为了让用户可以及时获取误操作之前的数据,Oracle 9i 提供了闪回查询(Flashback Query)功能。到了 Oracle 10g,闪回查询功能被大大增强,并从普通的闪回查询发展成了多种形式,包括:闪回表、闪回删除、闪回版本查询、闪回事务查询和闪回数据库。而现在的 Oracle 11g 又引入了新的闪回技术:闪回数据归档。使用 Oracle 闪回技术可以实现数据的快速恢复,而且不依赖于数据备份。下面介绍 Oracle 11g 中的几种常用的闪回技术。

1. 闪回表

闪回表技术用于恢复表中的数据,可以在线进行闪回表操作。闪回表实质上是将表中的数据恢复到指定的时间点(TIMESTAMP)或系统改变号(SCN)上,并将自动恢复索引、触发器和约束等属性,同时数据库保持联机,从而增加整体的可用性。闪回表需要用到数据库中的撤销表空间,可以通过 SHOW PARAMETER undo 语句查看与撤销表空间相关的信息。

进行闪回表操作需要使用 FLASHBACK TABLE 语句,其语法如下:

```
FLASH TABLE [schema.] table_name to {{SCN|TIMESTAMP} expr [{ENABLE|DISABLE}
TRIGGERS]};
```

语法说明如下:

①Schema:模式名。

②table_name:表名。

③SCN:系统改变号。相对时间点而言,系统改变号比较难以理解,用户很难知道应该闪回到那个 SCN,而时间则显得明了得多。可以使用 SCN_TO_TIMESTAMP 函数将 SCN 转变为对应的时间。

④TIMESTAMP:时间戳,包括年月日时分秒。可以使用 TIMESTAMP_TO_SCN 函数将时间转变为对应的 SCN。

⑤expr:指定一个值或表达式,用于表示时间点或 SCN。

⑥ENABLE TRIGGERS：与表相关的触发器恢复后，默认为启用状态。

⑦DISABLE TRIGGERS：与表相关的触发器恢复后，默认为禁用状态。默认情况下为此选项。

2. 闪回数据库（Flashback Database）

闪回数据库，实际上就是将数据库回退到过去的一个时间点或 SCN 上，从而实现整个数据库的恢复，这种恢复不需要通过备份，所以应用起来更方便、更快速。

（1）闪回数据库设置

要想使用闪回数据库技术，需要对 Oracle 数据库进行一系列设置。闪回数据库是依赖于闪回日志的，Oracle 系统提供了一组闪回日志，记录了数据库的前滚操作。

首先需要了解如下几个参数：

- db_recovery_file_dest：闪回日志的存放位置。
- db_recovery_file_dest_size：存放闪回日志的空间（即恢复区）大小。
- db_flashback_retention_target：闪回数据的保留时间，其单位为分，默认值为 1440，即一天。

使用 Show Parameter 语句可以查看上述几个参数的值。

虽然 Oracle 系统默认创建了闪回恢复区，但并没有默认启用闪回数据库功能。启用闪回数据库功能需要使用如下语法形式：

ALTER DATABASE FLASHBACK ON|OFF；

查询数据字典 v＄database 中的 flashback_on 字段，可以了解闪回数据库功能是否已经启用，查询该数据字典需要使用数据库管理员身份。具体如下：

SQL＞CONNECT sys/system AS SYSDBA；

已链接。

SQL＞SELECT flashback_on FROM v＄database；

FLASHBACK_ON

－－－－－－－－－－－－－－－－－

NO

Flashback_on 字段的值为 YES，则表示已启用闪回数据库功能，为 NO 则表示未启用。

启用闪回数据功能的具体步骤如下：

①确定当前数据库的日志模式是否为归档模式，如果不是归档模式，则使用 ALTER DATABASE ARCHIVELOG 命令修改数据库为归档模式，前提必须使用 SHUTDOWN 命令关闭数据库并使用 STARTUP MOUNT 命令启动数据库。

②设置闪回数据库功能为启用状态。使用命令 ALTER DATABASE FLASHBACK ON；

③检查闪回数据库功能是否已经启用。

（2）使用闪回数据库

启用闪回数据库功能后，就可以对数据库进行闪回操作了。使用闪回数据库，需要用户具有 SYSDBA 权限。闪回数据库的语法形式如下：

FLASHBACK［STANDBY］DATABASE［database_name］

［TO［BEFORE］SCN|TIMESTAMP expr］；

语法说明如下：

①STANDBY：表示恢复一个备用数据库，如果没有相应的备用数据库，则系统返回一个错误。如果不指定该选项，则所恢复的数据库可以是主数据库，也可以是备用数据库。

②database_name：数据库名称，默认为当前数据库。

③SCN：指定一个 SCN。

④TIMESTAMP：指定一个时间戳。

⑤expr：指定一个值或表达式。

⑥BEFORE：恢复到指定 SCN 或时间戳之前。

3. 闪回数据归档（Flashback Data Archive）

闪回数据归档的实现机制与前面几种闪回不同，它将改变的数据另外存储到特定的闪回数据归档区中，从而让闪回不再受撤销数据的限制，大大提高了数据的保留时间，闪回数据归档中的数据行可以保留几年甚至几十年。

闪回数据归档并不针对所有的数据改变，它只记录 UPDATE 和 DELETE 语句，而不记录 INSERT 语句。

闪回数据归档区，是指存储闪回数据归档的历史数据的区域，它是一个逻辑概念，其实质是从一个或多个表空间中分出来的一定空间。

（1）创建闪回数据归档区

一个 Oracle 数据库中可以有多个闪回数据归档区，但最多只能允许存在一个默认闪回数据归档区，各个闪回数据归档区都可以有自己的数据管理策略，例如都可以设置自己的数据保留时间等，互不影响。

虽然闪回数据归档区可以基于多个表空间，但是在创建时只能为其指定一个表空间，如果需要指定多个，可以在创建之后使用 ALTER 语句进行添加。创建与修改闪回数据归档区需要用户具有 FLASHBACK ARCHIVE ADMINISTER 系统权限。

创建闪回数据归档区的语法形式如下：

```
CREATE FLASHBACK ARCHIVE [ DEFAULT ] archive_name
TABLESPACE tablespace_name [ QUOTA size K|M ]
RETENTION retention_time ;
```

语法说明如下：

①DEFAULT：指定创建默认的闪回数据归档区。要求用户具有 SYSDBA 系统权限。

②archive_name：闪回数据归档区的名称。

③TABLESPACE：为闪回数据归档区指定表空间。

④QUOTA：为闪回数据归档区分配最大的磁盘限额。如果不使用此选项，则闪回数据归档区的磁盘限额将受表空间中的磁盘限额限制。

⑤RETENTION：为数据指定保留期限。单位可以为 day、month 和 year 等。

【示例 9-4】 在 system 用户下创建非默认闪回数据归档区 archive01，代码如下：

```
SQL>CONNECT system/system;
已连接。
SQL>CREATE FLASHBACK ARCHIVE archive01
  2   TABLESPACE bookspace RETENTION 10 day;
闪回档案已创建。
```

【示例 9-5】 在 sys 用户下创建默认闪回数据归档区 archive_default，代码如下：

```
SQL>CONNECT sys/admin AS SYSDBA;
已连接。
SQL>CREATE FLASHBACK ARCHIVE DEFAULT archive_default
```

　2　TABLESPACE bookspace RETENTION 1 month；

闪回档案已创建。

（2）为表指定闪回数据归档区

为表指定闪回数据归档区，实现及时对表进行跟踪。为表指定闪回数据归档区有两种形式，一种是在创建表时指定，一种是在创建表之后指定。这需要用户具有 FLASHBACK ARCHIVE 对象权限。在不需要时也可以使用 ALTER TABLE 语句取消表的闪回数据归档区。

小提示：

为表指定闪回数据归档区后，将不允许对表执行 DDL 操作，例如：删除表、增加或删除列、重命名等。

①在创建表时为表指定闪回数据归档区

在创建表时为表指定闪回数据归档区，需要使用 FLASHBACK ARCHIVE 子句。

【示例 9-6】 在 system 用户下创建表 table01，并为其指定闪回数据归档区为 archive01。代码如下：

```
SQL>CONNECT system/admin
已连接。
SQL>CREATE TABLE table01 (id NUMBER,text VARCHAR2(10))
  2   FLASHBACK ARCHIVE archive01 ;
表已创建。
```

②为已存在的表指定闪回数据归档区

为已存在的表指定闪回数据归档区，需要使用带有 FLASHBACK ARCHIVE 子句的 ALTER TABLE 语句。

【示例 9-7】 先创建表 table02，然后为其指定闪回归档区为 archive01。具体如下：

```
SQL>CREATE TABLE table02 (id NUMBER,text VARCHAR2(10)) ;
表已创建。
SQL>ALTER TABLE table02 FLASHBACK ARCHIVE archive01 ;
表已更改。
```

小提示：

使用 FLASHBACK　ARCHIVE 子句为表指定闪回数据归档区时，如果不明确指定闪回数据归档区的名称，则表示使用默认闪回数据归档区，而如果数据库中没有默认闪回数据归档区，则 Oracle 返回错误。

③取消表的闪回数据归档区

为表指定闪回数据归档区后，对表的操作将受到限制，例如不允许删除表等。使用 ALTER TABLE 语句可以取消表的闪回数据归档区，其语法形式如下：

```
ALTER TABLE table_name NO FLASHBACK ARCHIVE ;
```

【示例 9-8】 上面为 table01 指定了闪回数据归档区，如果现在删除该表，Oracle 将返回错误：

```
SQL>DROP TABLE table01;
DROP TABLE table01
     *
第 1 行出现错误：
```

ORA-55610：针对历史记录跟踪表的 DDL 语句无效

使用 ALERT TABLE 语句取消 table01 表的闪回数据归档区，如下：

SQL>ALTER TABLE table01 NO FLASHBACK ARCHIVE；

表已更改。

任务 9.1　使用 Rman 备份图书销售管理数据库的数据

【任务分析】

本任务针对任务 2 中创建的图书销售管理系统的数据库与表空间，进行完全备份和表空间的备份。

微课

使用 RAM 备份图书销售管理数据库的数据

【实施步骤】

1. 使用 BACKUP FULL 语句，对图书销售管理系统的数据库执行完全备份

使用 TAG 参数和 FORMAT 参数指定备份文件的位置以及文件的名称格式。代码如下：

```
Rman>RUN{
   2>        ♯BACKUP THE COMPLETE DATABASE
   3>        ALLOCATE CHANNEL ch1 TYPE DISK；
   4>        BACKUP   FULL   TAG full_db_backup FORMAT "E:\backup\db_t%t_s%s_p%p"
            (database)；
   5>        RELEASE CHANNEL ch1；
   6>        }
```

其中：%s 为备份集号，此数字是控制文件中随备份集增加的一个计数器，从 1 开始。%t 指定备份集的时间戳，是一个 4 个字节的数值，与%s 结合构成唯一的备份集名称。%p 为文件备份序号，在备份集中的备份文件片编码，从 1 开始每次增加 1。

小提示：

在 Rman，可以将需要执行的 SQL 语句放在一个 RUN{}语句中进行执行，其中使用♯标识的语句为注释，将不会执行，RUN{}语句中的各个执行语句，在结束时都必须带有分号。

上述 RUN 语句中，第 3 行语句表示打开一个 DISK 通道；第 4、5 行表示对数据执行完全备份；第 6 行表示关闭通道，也就是释放通道。

2. 使用 BACKUP 命令备份图书销售管理数据库的 users 表空间

使用 TAG 参数，指定一个标记信息；使用 FORMAT 参数，指定备份文件的保存位置以及备份文件的名称格式，代码如下：

```
Rman>RUN{
   2>        ALLOCATE CHANNEL ch1 TYPE DISK；
   3>        BACKUP TAG tbs_users_read_only FORMAT "E:\backup\tbs_users_t%t_s%s"
   4>        (TABLESPACE users)；
   5>        RELEASE CHANNEL ch1；
   6>        }
```

3. 使用增量备份备份图书销售管理系统的数据库，执行 0 级增量备份，也就是实现完全数据库备份

代码如下：

```
Rman>RUN{
  2>        ALLOCATE CHANNEL ch1 disk;
  3>        BACKUP INCREMENTAL LEVEL 0 AS COMPRESSED BACKUPSET DATABASE;
  4>        RELEASE CHANNEL ch1;
  5>        }
```

小提示☞:

默认情况下,备份文件存储在"E:\app\Administrator\flash_recovery_area\book"目录下,创建的增量备份为差异增量备份。

任务 9.2　使用 Rman 恢复图书销售管理数据库

【任务分析】

本任务在非归档模式或归档模式下使用 Rman 进行图书销售管理数据库的恢复。

【任务实施】

1. 在 NOARCHIVELOG 模式下恢复数据库

(1)使用 DBA 身份登录到 SQL Plus 后,确定数据库是否处于 NOARCHIVELOG 模式。如果不是,则将模式切换为 NOARCHIVELOG。

(2)运行 Rman,连接到目标数据库 book。

(3)备份整个数据库。

(4)为了演示介质故障,使用 SHUTDOWN 命令关闭数据库后,通过操作系统移动或删除 users01.dbf 数据文件。

(5)启动数据库。

(6)当 Rman 使用控制文件保存恢复信息时,必须使目标数据库处于 MOUNT 状态才能访问控制文件。

(7)执行 RESTORE 命令,让 Rman 确定最新的有效备份集,然后将文件复制到正确的位置,语句如下:

```
Rman>RUN{
  2>        ALLOCATE CHANNEL ch1 TYPE DISK;
  3>        RESTORE DATABASE;
  4>        }
```

2. 在归档模式下对数据库进行归档恢复

实现步骤如下:

(1)确认数据库是否处于 ARCHIVELOG 模式下。如果不是,切换模式为 ARCHIVELOG。

(2)启动 Rman,连接到目标数据库。

(3)备份整个数据库。

(4)模拟介质故障。关闭目标数据库后,通过操作系统移动或删除表空间 USERS 对应的数据文件 users01.dbf。

(5)执行下面的命令来恢复数据库,语句如下:

```
Rman>RUN{
  2>        ALLOCATE CHANNEL ch1 TYPE DISK;
```

```
3>      RESTORE DATABASE；
4>      SQL "ALTER DATABASE MOUNT"；
5>      RECOVER DATABASE；
6>      SQL "ALTER DATABASE OPEN RESETLOGS"；
7>      RELEASE CHANNEL ch1；
8>      ｝
```

（6）恢复数据库后，使用 ALTER DATABASE OPEN 命令打开数据库。

3. 数据块恢复

进行数据块恢复之前，要先通过查询 v＄database_block_corruption 视图，得到损坏文件编号和数据文件内的块编号，假设这个两编号分别为 2、15，根据这两个编号值执行数据块恢复语句，从备份集中将数据恢复，语句如下：

Rman＞RECOVER DATAFILE 2 BLOCK 15 FROM BACKUPSET；

4. 恢复表空间

具体操作步骤如下：

（1）在数据库启动时发现数据文件损坏，从数据字典视图 v＄datafile_header 中查询数据文件所属的表空间，语句如下：

SQL＞STARTUP；

ORACLE 例程已经启动。

ORA-01157：无法识别/锁定数据文件 4－请参阅 DBWR 跟踪文件

ORA-01110：数据文件 4：'E:\APP\ADMINISTRATOR\ORADATA\ORCL\USERS01. DBF'

SQL＞SELECT file＃,status,error,tablespace_name

```
2    FROM    v＄datafile_header WHERE file＃＝4；
FILE＃         STATUS      ERROR         TABLESPACE_NAME
————          ———————     ———————       —————————
4             OFFLINE     FILE NOT FOUND   USERS
```

通过检索视图 v＄datafile_header 的输出结果，一方面验证文件 4 对应有一个 ERROR 错误，另一方面获得该文件对应的表空间为 users；还有 users 表空间对应的状态为脱机状态，否则，执行恢复之前，还需要将该表空间进行脱机。

（2）使用 RESTORE 命令恢复数据文件所在的表空间 users，代码如下：

Rman＞RESTORE TABLESPACE users；

（3）表空间 users 恢复成功后，使用 RECOVER 命令修复表空间，代码如下：

Rman＞RECOVER TABLESPACE users；

任务 9.3　使用 Oracle 数据库的闪回功能

子任务 1　闪回表

【任务分析】

闪回表实质上是将表中的数据恢复到指定的时间上或系统改变号上，本任务新建一个表 mytable，插入一条记录并获取当前系统时间，再向表中输入一条记录，最后进行闪回表操作，将表恢复到插入第一条记录时的状态。

【实施步骤】

(1)在 system 用户下创建表 mytable,代码如下:

SQL>CREATE TABLE mytable(id NUMBER);

表已创建。

(2)向 mytable 表中插入一条记录,并使用 COMMIT 命令提交,代码如下:

SQL>INSERT INTO mytable VALUES (1);

已创建 1 行。

SQL>COMMIT;

提交完成。

(3)查询系统当前时间,用于闪回时使用,代码如下:

SQL>SELECT TO_CHAR(SYSDATE,'YYYY-MM-DD HH24:MI:SS') FROM dual;

————————————————————————————————————

2013-05-30 10:44:47

(4)再次向 mytable 表中添加一条记录,并使用 COMMIT 命令提交,代码如下:

SQL>INSERT INTO mytable VALUES (2);

已创建 1 行。

SQL>COMMIT;

提交完成。

(5)启用 mytable 表的行移动功能,如下:

SQL>ALTER TABLE mytable ENABLE ROW MOVEMENT;

表已更改。

(6)使用 FLASHBACK TABLE 命令,将 mytable 表中的数据闪回到第 3 步查询出来的时间点上,代码如下:

SQL>FLASHBACK TABLE mytable TO TIMESTAMP

  2   TO_TIMESTAMP('2013-05-30 10:44:47','YYYY-MM-DD HH24:MI:SS');

闪回完成。

(7)查询 mytable 表中的数据,观察其数据是否闪回到了时间点 2013-05-30 10:44:47 上,语句如下:

SQL>SELECT * FROM mytable;

ID

—————

1

子任务 2   闪回数据库

【任务分析】

本任务应用闪回数据库操作功能,将数据库恢复到某时间点前的状态,本任务首先创建了两个表分别是 student1 和 student2,并在这两个表中添加了数据,之后获取了系统当前的时间,随后对两个数据表分别进行了删除和修改操作,最后使用闪回数据库操作,将数据库恢复到了两个表没有变动之前的状态。

【实施步骤】

(1)在 scott 用户下创建两个表 student1 与 student2,并向这两个表添加数据(注意使用 COMMIT 命令进行提交)。

（2）获取系统当前的时间，供闪回数据库时使用。

（3）删除 student1 表，并修改 student2 表中的数据（将列 sname 的原值"tracy"改为"PETTER"）。

（4）使用 sys 用户闪回当前数据库，代码如下：

SQL>CONNECT sys/admin as SYSDBA；

已连接。

SQL>SHUTDOWN IMMEDIATE

数据库已经关闭。

已经卸载数据库。

ORACLE　例程已经关闭。

SQL>STARTUP MOUNT EXCLUSIVE

ORACLE　例程已经启动。

Total System Global Area 535662592 bytes

Fixed Size　　　　　　　1334380 bytes

Variable Size　　　　　　234881940 bytes

Database Buffers　　　　293601280 bytes

Redo Buffers　　　　　　5844992 bytes

数据库装载完毕。

SQL>FLASHBACK DATABASE TO TIMESTAMP

　2　TO_TIMESTAMP('2013-08-03 15:21:29','YYYY-MM-DD HH24:MI:SS')；

闪回完成。

SQL>ALTER DATABASE OPEN RESETLOGS；

数据库已更改。

（5）使用 scott 用户连接数据库，查询 student1 表和 student2 表。

从查询结果（略）可以看出，scott 用户下存在 student1 表，并且 student2 表中记录的 sname 值依然为"tracy"，这就说明当前数据库中的数据已经恢复到了指定的时间点。

子任务3　闪回数据归档

【任务分析】

在进行闪回数据归档操作之前，要为表指定闪回数据归档区，指定后就可以借助于闪回数据归档区中的数据检索表中的历史信息。事实上，借助撤销表空间中的数据同样可以查询表中的历史信息，用户并不知道所检索的历史数据是由谁提供的，也就是说 Oracle 对包含 AS OF 子句的查询使用撤销表空间还是闪回数据归档，对用户来说是完全透明的。

本任务使用闪回数据归档查询表 table02 中的历史信息。

【实施步骤】

SQL>SELECT * FROM table02 AS OF TIMESTAMP (SYSTIMESTAMP −INTERVAL '10' DAY)；

上述示例查询的是 table02 表 10 天前的历史信息，查询结果略。

任务小结

本章主要介绍了通过 Oracle 数据库中的 Rman 应用程序实现数据库的备份和恢复，以及如何应用 Oracle 数据库的闪回技术，让用户可以及时地获取误操作之前的数据。

任务实训　学生管理系统的数据备份、恢复与闪回

一、实训目的和要求

1. 掌握使用的 Rman 命令进行表空间的备份

2. 掌握使用的 Rman 命令进行表空间的恢复

3. 掌握闪回数据归档应用

二、实训知识准备

1. Oracle 数据库 Rman 的常用命令及用法

2. Oracle 数据库的各种闪回技术

三、实训内容和步骤

1. 学生管理系统表空间的备份

学生管理系统的所有的数据都创建在 studentspace 表空间中,对应的数据文件是 studentspace.dbf,对该系统的备份方式,可以不使用备份全数据库的方式,而选择使用备份表空间的方式来进行备份。

对 studentspace 表空间进行备份和恢复,使用的操作用户是 stuuser。具体实现步骤如下:

(1)首先使用 DBA 身份连接数据库,确定数据库处于归档模式。

(2)为 stuuser 用户授予 RECOVERY_CATALOG_OWNER 权限。

(3)为 Rman 用户 stuuser 创建恢复目录。

(4)连接到恢复目录数据库,并注册数据库。

(5)执行 BACKUP 命令,备份 studentspace 表空间,同时选择备份文件的保存路径。

2. 学生管理系统表空间的恢复

在 studentspace 表空间中包含有学生管理系统所需要的各个表,有时对这些表操作可能会出现错误,例如对学生表 student 进行操作,如下:

```
SQL>SELECT * FROM STUDENT;
SELECT * FROM  STUDENT
              *
```

第一行出现错误:

ORA-00376:此时无法读取文件 6

ORA-01110:数据文件 6:'E:APP\ADMINISTRATOR\ORADATA\ORCL\STUDENTSPACE.DBF'

这时我们就可以使用 Rman 命令进行 studentspace 表空间的恢复,以恢复所有出错数据。参考步骤如下:

(1)使用 RESTORE 命令和 RECOVER 命令,对 studentspace 表空间执行恢复操作。

(2)验证表空间是否恢复成功。如果恢复成功,则可以对 studentspace 表空间中的表进行正常操作。

3. 使用闪回数据归档查询学生管理系统历史信息

使用闪回数据归档可以查询并恢复学生管理系统数据库中各表的历史数据,本实训要求使用闪回数据归档查询表 student 前 100 天的历史信息。参考操作步骤如下:

(1)为表指定闪回数据归档区。

(2)使用闪回数据归档查询表的历史数据。

思考与练习

一、填空题

1. 对创建的 Rman 用户必须授予_____权限,用户才能够连接到恢复目录数据库。

2. 在 Rman 中要备份全部数据库内容,可以通过 BACKUP 命令,带有_____参数来实现。

3. 在进行增量备份时,可以指定两种方式,其中,_____方式将备份上一次进行的同级或者低级备份以来所有变化的数据块。

4. 使用 Rman 恢复数据库时,一般情况下需要进行_____和_____两个过程。

5. 当数据库中只有少量的块需要恢复时,Rman 可以执行_____。损坏的块信息被记录在视图 v＄database_block_corruption 中,可以通过该视图查询是否存在数据块损坏。

6. Oracle 11g 提供了 6 种闪回技术,它们分别是闪回表（Flashback Table）、_____、_____、_____、闪回数据库（Flashback Database）、_____。

7. Oracle 系统在默认情况下没有启用闪回数据库功能,系统管理员可以使用_____语句启用该功能。

二、选择题

1. 在 Rman 中要连接到目标数据库,可以执行(　　)语句实现。其中,sys/admin 为系统用户;rman_admin/rman_admin 为 RMAN 用户。

A. Rman TARGET/

B. Rman CATALOG

C. Rman TARGET sys/admin NOCATALOG

D. Rman TARGET sys/admin CATALOG rman_admin/rman_admin

2. 在 Rman 的执行命令中,通过 SHOW 命令可以显示所有的或者单个的 Rman 配置;通过(　　)命令可以对 Rman 存储库进行详尽的分析。

A. LIST、REPORT　　　　　　　　　B. CATALOG、REPORT

C. LIST、VALIDATE　　　　　　　　D. REPORT、LIST

3. 执行(　　)命令,可以立即关闭数据库,这时,系统将连接到服务器的所有未提交的事务全部回退,并中断连接,然后关闭数据库。

A. SHUTDOWN　　　　　　　　　　B. SHUTDOWN NORMAL

C. SHUTDOWN ABOUT　　　　　　　D. SHUTDOWN IMMEDIATE

4. 使用 BACKUP 命令备份时,使用 TAG 参数,可以指定一个标记信息;使用(　　)参数,可以指定备份文件的保存位置以及备份文件的名称格式。

A. TAG　　　　　　B. FORMAT　　　　　C. FILESPERSET　　D. CHANNEL

5. 使用 Rman 实现表空间恢复时,执行命令的顺序是什么?(　　)

A. RESTORE、RECOVER　　　　　　B. RECOVER、RESTORE

C. COPY、BACKUP　　　　　　　　D. COPY、RECOVER

6.下面对闪回表操作叙述正确的是(　　　)。

A.使用闪回表技术,可以还原被删除的列

B.使用闪回表技术,可以恢复指定的记录行

C.使用闪回表技术,可以将表中的数据恢复到指定的时间点或 SCN 上

D.使用闪回表技术,可以闪回被删除的表

7.启用闪回数据库功能的语句是(　　　)。

A. ALTER SYSTEM FLASHBACK ON;

B. ALTER SYSTEM FLASHBACK DATABASE ON;

C. ALTER DATABASE FLASHBACK ON;

D. ALTER DATABASE FLASHBACK DATABASE ON;

8.使用如下语句创建表 mytest:

CREATE TABLE mytest (id NUMBER)FLASHBACK ARCHIVE;

下列说法正确的是(　　　)。

A.无法创建成功,因为 FLASHBACK ARCHIVE 子句没有指明闪回数据归档区

B.一定可以创建成功,因为 Oracle 系统将为该表指定默认闪回数据归档区

C.可以创建成功,但要求数据库中存在默认闪回数据归档区

D.如果创建成功,可以使用 DROP 语句删除该表

三、简答题

1.简要说明 Rman 应用程序的特点。

2.如何将数据库的非归档模式修改为归档模式?

3.如何使用 Rman 对数据库进行备份和恢复?

4.简述闪回技术的作用,并分别介绍 Oracle 11g 中常用闪回技术的作用。

5.简述使用闪回数据库还原数据库的步骤以及注意事项。

任务10 新闻发布管理系统的构建

学习重点与难点

- 新闻发布管理系统的分析与设计
- 新闻发布管理系统数据库的设计
- 新闻发布管理系统数据库的实现
- 新闻发布管理系统功能的设计与实现

学习目标

- 掌握新闻发布管理系统的数据库设计
- 掌握新闻发布管理数据库的实现
- 学会应用 ASP. NET 实现新闻发布管理系统的功能

工作任务

1. 新闻发布管理系统的分析与设计。
2. 新闻发布管理系统的数据库设计。
3. 新闻发布管理系统部分功能的实现。

项目概述

1. 新闻发布管理系统开发的背景和意义

随着互联网的进一步发展,网络媒体在人们心中的地位进一步提高,新闻发布管理系统作为网络媒体的核心,其地位是非常重要的。一方面,它提供了新闻发布与管理的功能;另一方面,用户可以很方便地进行相关的新闻评论。当今社会是信息竞争的社会,企业的信息化建设是提高企业管理效率的必要途径,在信息化建设中,企业的新闻发布管理系统是企业对外快速传播信息的门户。

这个"门户"让企业能够及时发布企业的最新信息,让用户第一时间获取信息,以此占有市场先机,谁拥有互联网,谁就拥有了信息;谁拥有了信息,谁就能占据有利竞争地位,这已经成为一条新的市场竞争规则。

2. 新闻发布管理系统开发环境

本系统基于 Internet 的 B/S 软件开发应用模式,采用 ASP. NET(C♯语言)＋IIS 6.0＋Oracle 的组合开发环境。

（1）ASP. NET 介绍

ASP. NET 是 Active Server Page. NET Framework 的缩写,意为"基于动态 WEB 应用程序的技术服务器网页"。ASP. NET 是微软公司开发的代替 ASP 的一种应用技术,它可以与数据库和其他程序进行交互,是一种方便且功能强大的编程工具。ASP. NET 的网页文件的格式是.aspx,常用于各种动态网站中。ASP.NET 是服务器端脚本编写环境,可以用来创建和运行动态网页或 Web 应用程序。ASP.NET 网页可以包含 HTML 标记、普通文本、脚本命令、CSS 以及 COM 组件等。利用 ASP.NET 可以向网页中添加交互式内容(如在线订单),也可以创建使用 HTML 网页作为用户界面的 Web 应用程序。

(2)IIS 6.0

IIS 是 Internet Information Services 的简称,也就是常说的 Internet 信息服务。它是 Windows Server 2003 的一个重要的服务器组件,一般的组织都可以使用 IIS 构建和管理 Internet 或 Intranet 上的网站及文件传输站点(FTP)。IIS 6.0 充分利用了最新的 Web 技术标准,可以通过 ASP.NET、XML(可扩展标记语言)来开发、实施和管理 Web 应用程序。

(3)Oracle 数据库系统

数据库系统是数据管理的最新技术,是计算机科学的重要分支。多年来,数据库管理系统已从专用的应用程序包发展成为通用系统软件。由于数据库具有数据的结构化、可控冗余度、较高的程序与数据独立性、易于扩充、易于编制应用程序等优点,较大的信息系统都是建立在数据库设计之上的。本项目采用的数据库系统为 Oracle,旨在通过本项目的数据库设计使学生熟练掌握 Oracle 数据库系统的设计和使用。

任务 10.1　新闻发布管理系统的需求分析与功能设计

【任务分析】

新闻发布管理系统是一个基于新闻和内容管理的全站管理系统,本系统可以将杂乱无章的信息经过组织,合理有序地呈现在大家面前。当今社会是一个信息化的社会,新闻作为信息的一部分有着信息量大,类别繁多,形式多样的特点,新闻发布管理系统的概念就此提出。新闻发布管理系统的提出使电视不再是唯一的新闻媒体,网络也充当了一个重要的新闻媒介功能。它主要实现对新闻的分类、上传、审核、发布,模拟了一般新闻媒介的新闻发布过程,通过不同权限的帐号分别实现不同的功能。

新闻发布管理系统主要实现新闻前台浏览和新闻后台管理两大功能,为了满足不同的用户需求,系统将用户分为两类,分别是普通用户和系统管理员。

普通用户在本系统中进行新闻浏览、图片发布、阅读和新闻搜索。每条新闻及图片的标题被做成一个链接,用户点击它们就能跳转页面进行新闻阅读。在新闻阅读页面,每篇新闻的详细信息将被取出,包括内容、标题等。用户能根据自己的需要搜索新闻,如可以通过新闻标题或新闻内容对新闻进行搜索,这样可以快速地找到符合条件的新闻,并输出搜索结果。用户也能对新闻进行评论。

系统管理员可以进行新闻分类管理、添加新闻、修改新闻、新闻审核和删除新闻,同时系统管理员能完成用户的添加、修改、删除和权限设置操作。

【任务实施】

1. 新闻发布管理系统的用例图

本系统用例图如图 10-1 所示。

2. 系统功能分析

根据系统需求分析设计新闻发布管理系统的功能结构,如图 10-2 所示。

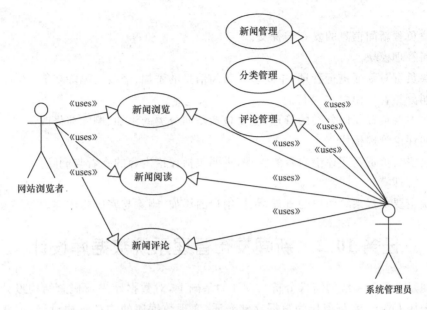

图 10-1　新闻发布管理系统用例图

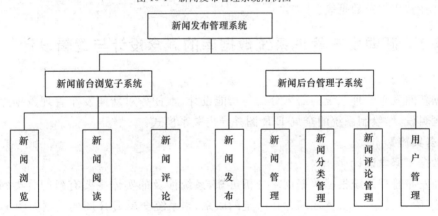

图 10-2　新闻发布管理系统功能结构图

（1）新闻前台浏览子系统

新闻前台浏览子系统主要由新闻浏览、新闻阅读和新闻评论三个子模块组成，主要负责在网页中呈现新闻条目浏览、新闻内容的显示、新闻评论发布等功能。

①新闻浏览模块

该模块以超链接列表的形式来显示新闻标题，用户可以点击某条新闻标题查看具体新闻内容。

②新闻阅读模块

该模块又称新闻详细模块，主要负责用户在点击新闻标题后进行对应标题新闻内容的显示。

③新闻评论模块

该模块在新闻阅读模块的底部实现，主要负责阅读新闻的用户对新闻进行评论的发布。

（2）新闻后台管理子系统

新闻后台管理子系统主要由新闻发布、新闻管理、新闻分类管理、新闻评论管理、用户管理五部分组成。各部分的功能介绍如下：

①新闻发布

该模块负责新闻信息的发布与提交。

②新闻管理模块

该模块负责对新闻进行管理,主要包括新闻信息的添加、修改与删除功能。

③新闻分类管理模块

该模块主要负责新闻分类的管理,主要包括新闻分类的添加、删除与修改。

④新闻评论管理模块

该模块主要负责新闻评论内容的管理,主要包括评论内容的查看与删除。

⑤用户管理模块

该模块主要负责系统用户的管理,包括用户的添加、删除与密码修改等。

任务 10.2 新闻发布管理系统数据库设计

在新闻发布管理系统的需求分析与设计的基础上,对数据库进行概念结构设计和逻辑结构设计。采用 Oracle 数据库作为数据存储介质,实现数据库的物理结构设计,创建系统的数据库、表空间、用户及数据表。

子任务 1 新闻发布管理系统数据库的概念设计与逻辑设计

【任务分析】

根据新闻发布管理系统的需求分析与功能设计,本任务对新闻发布管理数据库进行概念设计与逻辑设计,绘制系统的全局 E-R 图并导出关系模式。

【任务实施】

1. 数据库概念设计

新闻发布管理系统根据数据需求分析可知,系统涉及的实体主要有新闻分类、新闻信息、新闻评论、管理员等,各实体之间存在一定的联系,本系统全局 E-R 图的绘制如图 10-3 所示。

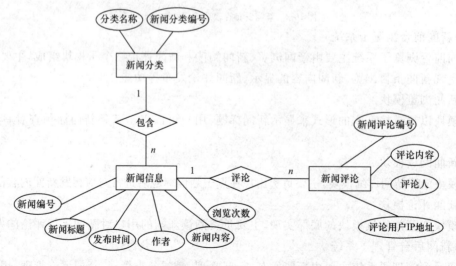

图 10-3 系统全局 E-R 图

2.数据库逻辑设计

根据上述新闻发布管理系统的全局 E-R 图,将系统的数据库在关系模型上实现,根据关系模式的导出原则和规范化,导出如下关系模式:

(1)新闻分类(新闻分类编号,分类名称)

(2)新闻信息(新闻编号,作者,新闻标题,发布时间,新闻内容,浏览次数,新闻分类编号,新闻评论编号)

(3)新闻评论(新闻评论编号,评论内容,评论人,评论用户 IP 地址)

(4)管理员(管理员编号,管理员名,管理员密码)

子任务 2　新闻发布管理系统数据库的物理设计

【任务分析】

本任务使用 Oracle 11g 建立数据库的物理结构。

【任务实施】

1.管理员表结构设计

管理员表主要用来存储管理员用户的信息,主要包括了管理员编号、管理员名、管理员密码,见表 10-1。

表 10-1　　　　　　　　　　　　admin(管理员表)

字段名	数据类型	约束	字段说明
id	NUMBER	主键	管理员编号
admin	VARCHAR2(20)	非空	管理员名
password	VARCHAR2(20)	非空	管理员密码

2.新闻分类表结构设计

新闻分类表主要用来存储每条新闻分类信息,主要包括了新闻分类编号和分类名称信息,见表 10-2。

表 10-2　　　　　　　　　　　　newsclass(新闻分类表)

字段名	数据类型	约束	字段说明
id	NUMBER	主键	新闻分类编号
classname	VARCHAR2(20)	非空	分类名称

3.新闻评论表结构设计

新闻评论表主要用来存储访问者对新闻进行评论的信息,主要包括了新闻评论编号、评论内容、评论人、评论用户 IP 地址,见表 10-3。

表 10-3　　　　　　　　　　　　remark(新闻评论表)

字段名	数据类型	约束	字段说明
id	NUMBER	主键	新闻评论编号
content	CLOB	非空	评论内容
username	VARCHAR2(20)	非空	评论人
ip	VARCHAR2(50)	非空	评论用户 IP 地址
newsid	NUMBER	外键,指向 news 表中的 id	新闻评论编号

4.新闻信息表结构设计

新闻信息表主要用来存储每条新闻的新闻编号、作者、新闻标题、发布时间、新闻内容、浏览次数以及新闻分类编号、新闻评论编号，见表 10-4。

表 10-4   **news(新闻信息表)**

字段名	数据类型	约 束	字段说明
id	NUMBER	主键	新闻编号
author	VARCHAR2(20)	非空	作者
title	VARCHAR2(50)	非空	新闻标题
time	DATE	非空	发布时间
content	CLOB	非空	新闻内容
hits	NUMBER		浏览次数
classid	NUMBER	外键，指向 newsclass 表中的 id	新闻分类编号

子任务 3   在 Oracle 中创建新闻发布数据库

【任务分析】

为存储新闻发布管理系统的数据信息，需要在 Oracle 中创建一个数据库，并在数据库中创建相应的表空间和用户。

【实施步骤】

1.创建数据库

创建数据库可使用 Database Configuration Assistant 管理工具进行创建，也可以使用 SQL 语句进行创建。在此使用 DBCA 管理工具创建新闻发布数据库，具体实现步骤可参阅任务 2 中的任务 2.2。数据库名称为 news。

2.表空间的创建

使用 CREATE TABLESPACE 语句为新闻发布管理系统创建永久性表空间 newsspace。代码如下：

```
SQL>CREATE TABLESPACE  newsspace
  2   DATAFILE 'E:\APP\Administrator\oradata\News\Newsspace.dbf'
  3   SIZE 100M
  4   AUTOEXTEND ON NEXT 10M
  5   MAXSIZE 500M;
表空间已创建。
```

上述创建表空间 newsspace 的语句中，指定其对应的数据文件名称和路径，数据文件初始大小为 100 MB，自动增长，每次增长大小为 10 MB，最大可为 500 MB。

3.创建用户

创建用户 newuser，指定该用户的密码为 admin，代码如下：

```
SQL>CREATE USER  newuser  IDENTIFIED BY admin
  2   DEFAULT TABLESPACE  newsspace
  3   TEMPORARY TABLESPACE temp
  4   QUOTA 20M ON newsspace;
用户已创建。
```

子任务 4　创建数据表和完整性约束

【任务分析】

本任务根据新闻发布管理系统数据库物理设计的结构创建数据表及数据完整性约束。

【实施步骤】

1. admin 表只需要保存管理员的用户名和密码即可，表的字段及说明参考表 10-1，创建用户表（admin）及约束的代码如下：

```
SQL>CREATE TABLE admin
  2  (
  3  id          NUMBER            PRIMARY KEY,
  4  admin       VARCHAR2(20)      NOT NULL,
  5  password    VARCHAR2(20)      NOT NULL
  6  )
  7  TABLESPACE newsspace;
```

表已创建。

2. newsclass 表用于描述新闻的分类的信息，表的字段及说明参考表 10-2。创建新闻类别表（newsclass）及约束的代码如下：

```
SQL>CREATE TABLE newsclass
  2  (
  3  id          NUMBER            PRIMARY KEY,
  4  classname   VARCHAR2(20)      NOT NULL
  5  )
  6  TABLESPACE newsspace;
```

表已创建。

3. remark 表用于描述新闻评价的信息，表的字段及说明参考表 10-3。创建 remark 表及约束的代码如下：

```
SQL>CREATE TABLE remark
  2  (
  3  id          NUMBER            PRIMARY KEY,
  4  content     CLOB              NOT NULL,
  5  username    VARCHAR2(20)      NOT NULL,
  6  ip          VARCHAR2(50)      NOT NULL,
  7  newsid NUMBER,
  8  )
  9  TABLESPACE newsspace;
 10  CONSTRAINT  news_remark FOREIGN KEY (newsid) REFERENCES remark (id)
```

4. news 表用于描述新闻的详细信息，表的字段及说明参考表 10-4。创建新闻表（news）表及约束的代码如下：

```
SQL>CREATE TABLE news
  2  (
  3  id          NUMBER            PRIMARY KEY,
  4  title       VARCHAR2(50)      NOT NULL,
```

```
5   author        VARCHAR2(20)     NOT NULL,
6   time          DATE             NOT NULL,
7   content       CLOB             NOT NULL,
8   hits          NUMBER,
9   classid       NUMBER,
10  CONSTRAINT  news_class  FOREIGN KEY（classid）REFERENCES newsclass（id）
11  )
12  tablespace bookspace;
```
表已创建。

子任务5 主键自增设计

【任务分析】
对数据库中的表添加数据时,自动递增的实现可以减轻程序的压力,而 Oracle 数据库提供的主键不能实现自动增加的功能,需要开发者借助于表的序列进行实现。

【实施步骤】
为包含主键列的表创建序列。以创建 news 表的序列 News_Sequ 为例,代码如下:
```
SQL>CREATE SEQUENCE News_Sequ
2   MINVALUE 1 MAXVALUE 99999
3   INCREMENT BY 1
4   START WITH 1
5   NOCYCLE NOORDER NOCACHE;
```
序列已创建。

使用同样的方法为 newsclass、remark、admin 表创建序列 Newsclass_Sequ、Remark_Sequ、Admin_Sequ,具体实现过程这里不再进行说明。

这样在对相应的表添加数据时,SQL 语句在自增主键位置上的值直接写"序列名.NEXTVAL"即可。

任务 10.3 新闻发布管理系统部分功能的实现

前面介绍了该新闻发布管理系统需要实现多个功能,这里由于篇幅有限,将只对系统中比较重要的功能模块进行具体介绍,系统的其他实现部分可以参考本书的网上配套资源。

子任务1 Oracle 数据库系统的连接

【任务分析】
.NET 中要实现 Oracle 数据库的操作,首先要进行数据库的连接,在连接 Oracle 数据库前首先要确定 Oracle 数据库的服务已经发布,可以通过 Net Manager 工具进行连接测试,如果提示测试连接成功,就可以在.NET 中进行连接操作了。

在.NET 中进行 Oracle 数据库的操作,主要分两个步骤进行:第一步,引入 Oracle 数据库连接类所在的命名空间;第二步,进行操作代码的编写。

【实施步骤】

1. 引入命名空间

引入访问 Oracle 数据库服务器的命名空间代码如下：

Using System. Data；

Using System. Data. OracleCLient；

2. 创建数据库连接类

创建数据库连接类 DB. cs，并建立数据库连接方法 Connect（），该方法在 APP_Code/DB. cs 文件的 DB 类中定义，代码如下：

```
public OracleConnection Connect()
{
        OracleConnection conn = new OracleConnection(ConfigurationManager. ConnectionStrings["ConnectionString"].
                                ToString();
        conn. Open();
        return conn;
}
```

web. Config 文件中的连接字符串的内容如下：

```
<connectionStrings>
<add name="ConnectionString" connectionString="Data Source=News;
User ID=system;Password=oracle; Unicode=True" providerName="System. Data. OracleClient" />
</connectionStrings>
```

其中：

Data Source：用来指定连接的数据库服务。

User ID：指明连接的用户。

Password：用户密码。

providerName：指明数据库驱动程序。

子任务 2　新闻发布管理系统主页的实现

【任务分析】

新闻发布管理系统主页主要是新闻的列表和新闻分类列表的显示，同时要求单击每一个新闻标题能够显示详细新闻内容；单击分类列表中的分类可以按照所单击的分类显示新闻列表，如图 10-4 所示。

【程序代码】

新闻分类列表与新闻标题列表显示的核心代码：

```
public int classid =0;
        protected void Page_Load(object sender,EventArgs e)
        {
                if (Request. QueryString["id"]! =null)
                classid=Convert. ToInt16(Request. QueryString["id"]. ToString());
                newsbind();
                newsclassbind();
        }
```

图 10-4　新闻分类与新闻浏览页面效果

```
//新闻标题列表显示数据绑定过程
public void newsbind()
{
    DB db＝new DB();
    OracleConnection conn＝db.Connect();
    string strsql；
    //按分类显示时的 sql 语句
    if (classid！＝0)
    {
        strsql ＝"select ＊ from news where classid＝"＋classid；
    }
    //无分类显示时的 sql 语句
    else
    {
        strsql ＝"select ＊ from news"；
    }
    OracleDataAdapter da＝new OracleDataAdapter(strsql,conn)；
    DataSet ds＝new DataSet()；
    int count＝da.Fill(ds,"table")；
    if (count＞0)
    {   //GridView 控件 news11 绑定新闻标题数据显示
        news11.DataSource＝ds；
        news11.DataBind()；
    }
}
//新闻分类列表显示数据绑定过程
public void newsclassbind()
{
    DB db＝new DB();
```

```
OracleConnection conn＝db.Connect();
string strsql＝"select * from newsclass";
OracleDataAdapter da＝new OracleDataAdapter(strsql,conn);
DataSet ds＝new DataSet();
int count＝da.Fill(ds,"table");
if(count＞0)
{   //GridView 控件 GridView2 绑定新闻分类数据显示
    GridView2.DataSource＝ds;
    GridView2.DataBind();
}
}
```

子任务 3 新闻分类显示页面的实现

【任务分析】

新闻分类显示页面和首页相似,只是该页面是在用户点击页面左侧的分类项时,按照所选分类进行新闻标题列表显示的,其界面设计与首页相同,只是代码不同。

【程序代码】

具体实现代码如下:

```
//按分类显示时的 sql 语句
if(classid!＝0)
{
    strsql＝"select * from news where classid＝"＋classid;
}
//无分类显示时的 sql 语句
else
{
    strsql＝"select * from news";
}
```

子任务 4 新闻内容显示与评论页面的实现

【任务分析】

新闻内容显示与评论在同一个页面实现,如图 10-5 所示,在浏览新闻时单击某一条新闻标题时就会跳转到本页,本页的上部分显示新闻的具体内容,下部分显示有关该新闻的评论内容及新闻评论发布的窗口(用户在此可以对新闻进行实时的评论)。

【程序代码】

该页面的实现代码主要有两部分,分别是新闻和评论内容显示部分、新闻评论发布部分。代码如下:

1. 新闻与新闻评论内容显示代码

```
Protected void Page_Load(object sender,EventArgs e)
{
    if(Request.QueryString["id"]!＝"")
```

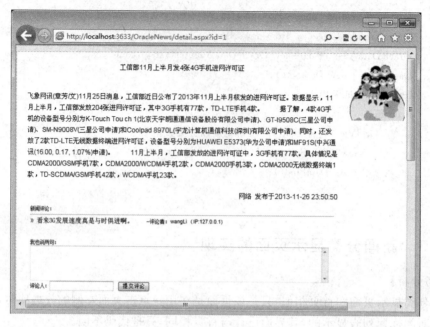

图 10-5　新闻内容与评论页面

```
{
    DB db＝new DB();
    OracleConnection conn＝db. Connect();
    string strsql＝"select ＊ from news where id ＝'"＋Request. QueryString["id"] ＋"'";
    OracleDataAdapter da＝new OracleDataAdapter(strsql,conn);
    DataSet ds＝new DataSet();
    int count＝da. Fill(ds,"table");
    if(count＞0)
    {
        Label1. Text＝ds. Tables["table"]. Rows[0]["title"]. ToString();
        Label2. Text＝ds. Tables["table"]. Rows[0]["content"]. ToString();
        Label3. Text＝ds. Tables["table"]. Rows[0]["author"]. ToString();
        Label4. Text＝ds. Tables["table"]. Rows[0]["time"]. ToString();
        RemarkDisplay();
    }
    else
    {
        Response. Redirect("default. aspx");
    }
}
else
{
    Response. Redirect("default. aspx");
}
}
//新闻评论的显示
```

```
public void RemarkDisplay()
{
    DB db=new DB();
    OracleConnection conn = db.Connect();
    LabReMark.Text="";
    string strsql1="select * from remark where newsid='"+Request.QueryString["id"]+"'";
    OracleCommand mycmd1=new OracleCommand(strsql1,conn);
    OracleDataReader myreader=mycmd1.ExecuteReader();
    while (myreader.Read())
    {
        LabReMark.Text = LabReMark.Text +"》" + myreader["content"].ToString() + "——评论者:"+
        myreader["username"].ToString()+"(IP:"+myreader["IP"].ToString()+")<br><br>";
    }
}
```

2. 新闻评论发布代码

```
protected void Button1_Click(object sender,EventArgs e)
{
    DB db=new DB();
    OracleConnection conn=db.Connect();
    string mysql ="insert into Remark(id,newsid,content,username,ip) values(Remrak_Sequ.
    NEXTVAL," +Convert.ToInt16(Request.QueryString["id"])+",'" + TxtRemark.Text+"','"
    +TxtUser.Text+"','"+Request.UserHostAddress.ToString()+"')";
    OracleCommand mycmd=new OracleCommand(mysql,conn);
        if (mycmd.ExecuteNonQuery()>0)
        {
            RemarkDisplay();
        }
}
```

子任务 5　新闻后台管理页面的实现

【任务分析】

新闻发布管理系统的后台功能主要包括新闻发布、新闻管理、新闻分类管理、新闻评论管理及用户管理五部分,后台管理子系统主页如图 10-6 所示。其中新闻管理涉及新闻的删除与修改的实现,新闻分类管理涉及分类的添加、删除与修改,新闻评论管理只有评论查看和删除功能,管理员用户管理包括:添加、删除与修改管理员用户。

【程序代码】

1. 新闻发布页面的设计与实现

(1)新闻发布页面的设计

设计新闻发布页面前台界面和后台代码,首先做好页面静态设计和控件设计,并进行控件验证。在此页面中需要输入新闻标题、发布时间、作者、分类和具体的新闻内容,发布时间直接取系统的日期,分类使用下拉列表,加载页面时直接从新闻分类数据表中取得,不允许输入。所有新闻内容在发布新闻按钮的代码中进行完整性验证。新闻发布页面效果如图 10-7 所示。

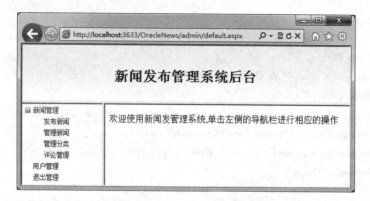

图 10-6　新闻发布管理系统后台管理子系统主页

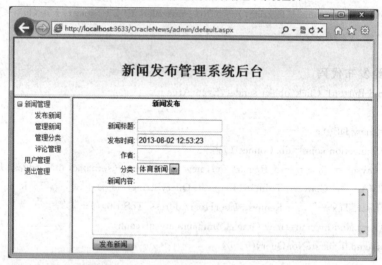

图 10-7　新闻发布页面效果

(2)新闻发布页面的核心代码

```
try
{
    DB db=new DB();
    OracleConnection conn=db. Connect();
    string strsql="insert into news(id,title,time,author,content,hits,classid) values(News_Sequ.
    NEXTVAL,'" + TextBox1. Text +"',sysdate,'" +TextBox3. Text+"','"+TextBox5. Text+"',
    0,"+Convert. ToInt16(DropDownList2. SelectedValue. ToString()) + ")";
    db. Operation(srtsql);
    Response. Redirect("manage. aspx");
}
catch(Exception ee)
{
    Response. Write(ee. ToString());
}
```

2. 新闻管理的核心代码

(1)新闻管理页面的设计

设计新闻管理页面的前台页面,如图 10-8 所示。在新闻管理页面可以实现新闻的修改和删除。本页面使用 GridView 控件，以表格的方式显示当前的新闻条目，并添加了修改和删除控件按钮，以实现新闻的修改和删除功能。当用户单击修改后系统将打开新闻修改页面，自动加载新闻内容，修改后单击保存即可，如图 10-9 所示。

图 10-8　新闻管理页面效果

图 10-9　新闻修改页面效果

（2）新闻管理页面的核心代码

```
<asp:SqlDataSource ID="SqlDataSource1" runat="server"
    ConnectionString="<% $ ConnectionStrings:ConnectionString%>"
    DeleteCommand="DELETE FROM news WHERE id = :id"
    SelectCommand="SELECT * FROM news ORDER BY id DESC"
    ProviderName="<% $ ConnectionStrings:ConnectionString. ProviderName%>">
    <DeleteParameters>
        <asp:Parameter Name="id" DbType="Int32" />
    </DeleteParameters>
</asp:SqlDataSource>
```

（3）新闻修改页面核心代码如下：

```
try
{
    DB db=new DB();
    OracleConnection conn=db.Connect();
    string strsql ="update news set title =''" + TextBox1.Text +"'', time = sysdate, author ='''" +
    TextBox3.Text +"''', content ='''" + TextBox5.Text +"''', classid ='''" + DropDownList2.
    SelectedValue+"''' where id ='''" +Request.QueryString["id"]+"'''";
    db.Operation(srtsql);
    Response.Redirect("manage.aspx");
}
catch(Exception ee)
{
    Response.Write(ee.ToString());
}
```

4. 新闻分类管理核心代码

（1）新闻分类管理页面的设计

单击图 10-6 左侧的"管理分类"在右侧显示新闻分类管理页面如图 10-10 所示。该页面是使用数据源控件绑定 ListView 控件实现的，主要功能编辑、删除与新增都是在数据源控件中通过 SQL 语句实现的。

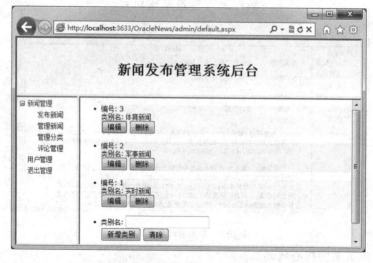

图 10-10　新闻分类管理页面效果图

（2）新闻分类管理页面数据源控件的源代码

```
<asp:SqlDataSource ID="SqlDataSource1" runat="server"
    ConnectionString="<% $ ConnectionStrings:ConnectionString%>"
    DeleteCommand="DELETE FROM newsclass WHERE id =:id"
    InsertCommand="INSERT INTO NEWSCLASS(ID,CLASSNAME) VALUES (NEWSCLASS_
    SEQUE.&quot;NEXTVAL&quot;,:classname)"
    SelectCommand="SELECT * FROM newsclass ORDER BY id DESC"
    UpdateCommand="UPDATE newsclass SET classname =:classname WHERE id = :id"
    ProviderName="<% $ ConnectionStrings:ConnectionString.ProviderName%>">
    <DeleteParameters>
```

```
    <asp:Parameter Name="id" Type="Int32" />
    </DeleteParameters>
    <UpdateParameters>
    <asp:Parameter Name="classname" Type="String" />
    <asp:Parameter Name="id" Type="Int32" />
    </UpdateParameters>
    <InsertParameters>
    <asp:Parameter Name="classname" Type="String" />
    </InsertParameters>
</asp:SqlDataSource>
```

5. 新闻评论管理核心代码

(1)新闻评论管理页面的设计

新闻评论页面，主要包括所有新闻评论的查看与对非法评论的删除功能，在图 10-6 页面左侧单击"评论管理"即可进入该界面，如图 10-11 所示。

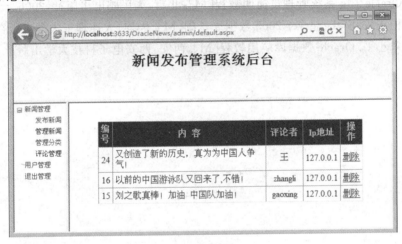

图 10-11　新闻评论页面效果

(2)新闻评论管理页面的数据源控件的源码

```
<asp:SqlDataSource ID="SqlDataSource1" runat="server"
    ConnectionString="<%$ ConnectionStrings:ConnectionString%>"
    DeleteCommand="DELETE FROM remark WHERE id =:id"
    SelectCommand="SELECT * FROM remark ORDER BY id DESC"
    ProviderName="<%$ ConnectionStrings:ConnectionString. ProviderName%>">
    <DeleteParameters>
    <asp:Parameter Name="id" DbType="Int32" />
    </DeleteParameters>
</asp:SqlDataSource>
```

任务小结

本任务主要介绍了应用 Oracle 数据库管理系统结合 ASP.NET 动态网站开发技术，实现新闻发布管理系统的过程，主要涉及系统的需求分析、系统的功能设计、系统数据库的设计与实现、ASP.NET 程序编码与调试等，通过本任务的学习，使学生初步掌握简单 Oracle 数据库信息管理系统的设计与实现过程，培养与提高学生对 Oracle 数据库的实际应用能力。

参考文献

[1] 杨少敏,王红敏.Oracle 11g 数据库应用简明教程[M].北京:清华大学出版社,2010.

[2] 郑阿奇,丁有和,等.Oracle 实用教程[M].2 版.北京:电子工业出版社,2007.

[3] 吴京慧,杜宾,杨波.Oracle 数据库管理及应用开发教程[M].北京:清华大学出版社,2007.

[4] 马晓玉,孙岩,等.Oracle 10g 数据库管理应用与开发标准教程[M].北京:清华大学出版社,2009.

[5] 高云,崔艳春.SQL Server 2008 数据库技术实用教程[M].北京:清华大学出版社,2011.

[6] 赵元杰.Oracle 10g 系统管理员简明教程[M].北京:人民邮电出版社,2006.

[7] 吴伶琳,杨正校.SQL Server 2005 数据库基础[M].大连:大连理工大学出版社,2010.

[8] 朱亚兴,朱小平.Oracle 数据库应用教程[M].西安:西安电子科技大学出版社,2008.

Oracle数据库课程设计任务指导书

一、课程设计的目的

Oracle 数据库是高职计算机应用类专业的专业技能课,通过课堂理论知识的讲授,学生已掌握了 Oracle 数据库应用的基本理论,而实际开发能力有待进一步提高。课程设计是一项非常重要的实践环节,通过课程设计,加深对相关知识的理解和掌握,让学生做到学以致用,把所学的理论知识应用于解决实际问题,编制出完整的应用程序,为以后编制大型的应用系统打下基础。

二、课程设计的要求

1. 符合课题要求,实现相应功能,同时加以其他功能或修饰,使程序更加完善、合理。

2. 要求界面友好美观,操作方便易行。

3. 注意程序的实用性、安全性。

4. 随时记录设计情况(备查,也为编写设计说明书做好准备)。

5. 设计成果:设计说明书一份;源程序能编译成可执行文件并能正常运行。

三、课程设计说明书的内容

1. 课程设计题目。

2. 功能描述:对系统实现的功能进行简明扼要的描述。

3. 概要设计:根据功能描述,建立系统的体系结构,即将整个系统分解成若干子功能模块,用框图表示各功能模块之间的衔接关系,并简要说明各模块的功能。

4. 详细设计:详细说明各功能模块的实现过程,所用到的主要代码、技巧等。

5. 效果及存在问题:说明系统的运行效果(附上运行界面)、存在哪些不足以及预期的解决办法。

6. 心得体会:谈谈自己在课程设计过程中的心得体会。

7. 参考文献:按参考文献规范列出各种参考文献,包括参考书目、论文和网址等。

四、课程设计参考题目

关于数据库管理系统的题目,要求必须有以下几个模块:数据输入模块、数据维护模块、数据查询模块、数据统计模块、报表输出模块。其他功能的模块,请根据系统的需要和用户的要求补充完整。

1. 在线会员管理系统

功能要求:会员注册、会员管理(会员信息修改、会员删除、会员查询)、用户管理(添加、删除、修改)。

2. 在线通信录管理系统

功能要求:通信记录管理(添加、删除、修改、查询)、用户管理(添加、删除、修改)。

3. BBS 论坛

功能要求:会员注册与管理、发帖、回帖、论坛栏目管理(添加、删除、修改)、论坛帖子管理(审核、删除)、用户管理(添加、删除、修改)。

4. 电子商务网店系统

功能要求：会员注册与管理、产品浏览、购物车功能、在线支付、订单提交、产品管理（添加、删除、修改）、订单管理（处理、更新）、用户管理（添加、删除、修改）。

五、成绩评定

本课程设计最后经过答辩演示，由指导教师主要按以下几方面进行评分。

1. 功能实现。包括课程设计中所要求的系统基本功能以及扩展功能，如用户登录检测，网站安全设置等。

2. 用户界面。包括主题、美工、风格、结构、色彩搭配等进行综合评定。

3. 站点结构。站点结构、目录结构、命名等进行综合评定。

4. 综合。即总体效果。

结合以上方面并根据学生出缺席与设计说明书情况，给出优、良、中、及格、不及格的成绩评定等级。

六、课程设计参考案例

这里以题目四为例，对整个课程设计的具体实施过程进行讲解以供参考，此案例拟设计开发一个网上书店系统，具体实现过程如下：

1. 需求分析

通过对当当网等网上书店的研究，网上书店应该具备如下基本功能。

（1）普通用户可以注册、登录、修改个人信息和密码；可以浏览商品、查看商品详细情况；可以将商品添加到购物车，还可以在购物车中修改数量和删除商品；全部选择完毕后可以前往收银台结账。

（2）管理员用户登录后，可以管理普通用户信息；可以添加和删除图书类别；可以添加和删除书籍；可以查看和处理订单。

2. 功能设计

根据以上的需求分析，绘制如附图 1 所示的功能模块图。

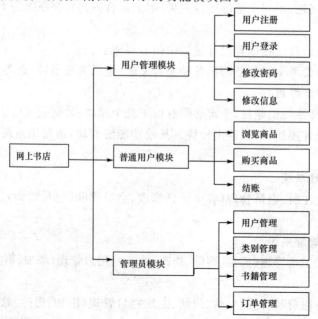

附图 1　网上书店功能模块图

3.数据库设计

本案例涉及用户、图书类别、书籍和订单等信息的存储,下面依次进行存储表的设计。

(1)用户信息是比较独立的,所以可以设计一个 users 表,其关系模式为:

users(user_id,user_name,user_pwd,…)

(2)图书类别信息只需要一个 kind 表,其关系模式为:

kind(kind_id,kind_name)

(3)图书信息相对也是独立的,所以设计为一个 book 表,其关系模式为:

book(book_id,kind_name,kind_id,book_author,book_date,…)

(4)订单信息设计两个表,分别为 orders(订单)表和 order_Particular(订单商品详细)表。

数据表物理结构见附表1～附表5。

附表 1　　　　　　　　　　　　　**kind(类别)表**

字段名	数据类型	约　束	字段说明
kind_id	varchar2(10)	主键	类别编号
kind_name	varchar2(100)	非空	类别名称

附表 2　　　　　　　　　　　　　**book(图书)表**

字段名	数据类型	约　束	字段说明
book_id	varchar2(10)	主键	图书编号
kind_name	varchar2(100)	非空	图书名称
kind_id	varchar2(4)	外键,与图书类别表的 kind_id 关联	图书类号
book_author	varchar2(100)		作者
book_date	date		出版日期
book_num	integer		库存数量
book_price	number(7,2)		图书单价
book_pic	varchar2(20)		图书图片路径
book_intro	varchar2(200)		图书介绍

附表 3　　　　　　　　　　　　　**users(用户)表**

字段名	数据类型	约　束	字段说明
user_id	varchar2(10)	主键	用户编号
user_name	varchar2(20)	非空	用户帐号
user_pwd	varchar2(20)	非空	用户密码
user_sex	varchar2(4)		用户性别
user_tel	varchar2(20)	非空	用户电话
user_email	varchar2(50)		用户邮箱
user_qq	varchar2(20)		用户 qq 号
user_intro	varchar2(20)		用户简介
user_address	varchar2(200)	非空	用户地址
user_postcode	varchar2(20)	非空	用户邮编
user_note	varchar2(200)		备注

附表 4　　　　　　　　　　　　　　　**orders（订单）表**

字段名	数据类型	约　束	字段说明
order_id	varchar2(10)	主键	订单编号
user_id	varchar2(10)	外键，与用户表的 user_id 关联	用户编号
totalnum	integer	非空	购买数量
totalmoney	number(7,2)	非空	总价
submitdate	date	非空	购买日期
consign	Bit		付款标志
consigndate	date		付款日期
note	varchar2(200)		备注

附表 5　　　　　　　　　　　**order_Particular（订单商品详细）表**

字段名	数据类型	约　束	字段说明
id	varchar2(10)	主键	记录编号
order_id	varchar2(10)	外键，与订单表的 order_id 关联	订单编号
book_id	varchar2(10)	外键，与图书表的 book_id 关联	图书编号
booknum	integer	非空	购买数量
note	varchar2(200)		备注

4. 详细设计

按照功能结构设计，大致可以确定如下设计思路。

（1）首页提供用户注册和登录的表单，登录以后可以修改信息和密码。

（2）客户在首页可以浏览全部或某一类图书；可以按书名或作者查找图书；可以查看图书的详细信息；单击【购买】按钮后可以将图书放到购物车中并显示购物车，在购物车中可以修改数量，删除商品。

（3）管理员登录后会进入管理员页面，在其中可以浏览全部注册用户的信息，并可以删除用户；可以添加和删除图书类别；可以添加、编辑或删除图书信息；可以查看、删除订单；发货后可以修改订单的状态。

5. 关键技术

（1）购物车的设计。

①用什么方式保存购买商品？

②应该保存哪些商品信息？

③具体如何保存？

（2）结账处理方法。

（3）对图书封面图片的处理。

6. 具体实现

（1）具体确定用哪些页面实现系统要实现的具体功能。

（2）确定好各页面间的切换与联系。

（3）具体的母版、主题与样式文件以及网站导航的实现。

（4）其他页面的实现。